零起点学创业系列

LINGQIDIAN XUECHUANGYE XILIE

# 零起点

## 学办  兔 场

王秋霞　魏刚才　主编

U0194350

化学工业出版社

·北京·

**图书在版编目（CIP）数据**

零起点学办兔场/王秋霞，魏刚才主编. —北京：化学工业出版社，2015.2（2023.4重印）
（零起点学创业系列）
ISBN 978-7-122-22673-0

Ⅰ.①零… Ⅱ.①王…②魏… Ⅲ.①兔-饲养管理②兔-养殖场-经营管理 Ⅳ.①S829.1

中国版本图书馆 CIP 数据核字（2014）第 313524 号

责任编辑：邵桂林　　　　　　　　　　文字编辑：张春娥
责任校对：边　涛　　　　　　　　　　装帧设计：刘丽华

出版发行：化学工业出版社（北京市东城区青年湖南街 13 号　邮政编码 100011）
印　　装：天津盛通数码科技有限公司
850mm×1168mm　1/32　印张 10　字数 293 千字
2023 年 4 月北京第 1 版第 10 次印刷

购书咨询：010-64518888　　　　　　　售后服务：010-64518899
网　　址：http://www.cip.com.cn
凡购买本书，如有缺损质量问题，本社销售中心负责调换。

定　　价：32.00 元　　　　　　　　　　版权所有　违者必究

## 《零起点学办兔场》

## 编写人员名单

**主　　编**　王秋霞　魏刚才

**副主编**　段佩玲　张　浩　欧长波

**编写人员**　（按姓名笔画排序）

王秋霞（河南科技学院）

张　浩（河南科技学院）

陈圆圆（河南祺祥生物科技有限公司）

欧长波（河南科技学院）

段张秀（新乡市动物卫生监督所）

段佩玲（郑州铁路职业技术学院）

魏化敬（新乡市红旗区畜牧兽医站）

魏刚才（河南科技学院）

# 前　言

　　兔的产品种类多，既可以生产兔肉，又可以生产兔毛和兔皮，具有极高的经济价值。如兔肉与其他畜禽肉相比，其营养成分具有"三高三低"的优点，即高蛋白、高赖氨酸、高磷脂、低脂肪、低胆固醇、低热量，被人们誉为"美容肉"、"益智肉"、"保健肉"；兔毛作为贴身穿着的纺织品，具有比其他天然纤维纺织品更好的保健功能，是毛纺工业的高档原材料；兔皮具有轻便、柔软、纤维细致、保暖性好的特点，特别是獭兔裘皮。同时，养兔业可以充分利用饲草等粗饲料，生产成本较低。所以，我国人民对养兔业十分重视，养兔业已成为人们创业致富的一个好途径。但开办兔场不仅需要掌握养殖技术，也需要掌握开办养殖场的有关程序和经营管理知识等。目前市场上有关学办兔场的书籍数量很少，这严重制约了许多有志人士的创业步伐和发展速度。为此，我们组织有关专家编写了《零起点学办兔场》一书。

　　本书全面系统地介绍了开办兔场的基础知识和主要技术，具有较强的实用性、针对性和可操作性，为成功开办和办好兔场提供了技术保证。本书共分为：办场前的准备、兔场的建设、兔的品种引进及繁育、兔的饲料营养、兔的饲养管理、兔场的经营管理、兔场的疾病控制七章。本书不仅适宜于农村知识青年、打工返乡人员等创办兔场者以及兔场（户）的相关技术人员和经营管理人员阅读，也可以作为大专院校和农村函授及培训班的辅助教材和参考书。

　　由于笔者水平有限，书中可能会有不当之处，敬请广大读者批评指正。

编者

# 目 录

# 第二章 兔场的建设

# 第三章 兔的品种引进及繁育

# 第四章 兔的饲料营养

# 第五章 兔的饲养管理

## 附录 <<<

## 参考文献 <<<

<<<<<

# 第一章

# 办场前的准备

## 核心提示

　　开办兔场的目的不仅是为市场提供优质、量多的肉品，更是为了获得较好的经济效益。开办兔场，不仅需要场地、建筑物、饲料、设备用具等生产资料，也需要饲养管理人员等，这些都需要资金的投入。所以，开办兔场前要了解养兔业的特点及开办兔场具备的条件，进行市场调查和分析，以便确定兔场性质和规模；根据兔场的性质、规模及生产工艺进行投资估算和效益分析等，以便进行投资决策和资金筹措。最后申办各种手续并在有关部门备案。

# 第一节　养兔业的特点及开办兔场需要的条件

## 一、养兔业特点

### （一）产品种类多，经济价值大

　　兔的产品种类多，既可以生产兔肉，又可以生产兔毛和兔皮，具有极高的经济价值。

#### 1. 兔肉

　　兔肉与其他畜禽肉相比，其营养成分具有"三高三低"的优点，即高蛋白、高赖氨酸、高磷脂、低脂肪、低胆固醇、低热量；被人们誉为"美容肉"、"益智肉"、"保健肉"，依据联合国粮农组织发布的数据，兔肉的蛋白质含量达 24.25%，矿物元素含量达 1.52%，均高于猪、牛、羊、马、骆驼、鹿、鸡和鸭等畜禽肉；脂肪含量仅为

1.19%，比以上畜禽肉均低。兔肉因具有高蛋白、高赖氨酸、高磷脂、高消化率等特点，其营养价值位于畜禽肉类之首，又因其含脂肪低，且含不饱和脂肪酸高（63%）、胆固醇低（每100克肉中仅60毫克）、热量低和嘌呤少而具有保健作用。在兔肉的维生素含量中烟酸最高，100克兔肉中含12.8毫克，是鸡、猪、牛、羊肉的2～3倍。烟酸是维生素PP，如果缺乏可使人皮肤粗糙、发炎，故有人又称兔肉为美容肉。特别是目前肉品安全越来越受到人们的重视的前提下，兔肉作为"放心肉"、"保健肉"越来越受到人们的青睐。

### 2. 兔毛

兔毛作为贴身穿着的纺织品，具有比其他天然纤维纺织品更好的保健功能，它不仅不断线、不起球、不缩水，而且最轻、最软、最滑、最白、吸湿性强，尤其是安哥拉兔毛，具有轻软、保暖、吸湿透气、易着色等特点，是毛纺工业的高档原材料。兔毛比羊毛轻20%，细度比70支纱还细30%；其保暖性比羊毛高31.7%，比棉花高90.5%；吸湿性达52%～60%，羊毛仅20%～33%，棉花为18%～24%，化纤只有0.1%～7.5%；可加工生产精细内衣汗衫和高档面料。其织品轻盈、柔软、保暖、美观，既可制作外衣，亦可贴身穿着，并有保健功能。

### 3. 兔皮

兔皮具有轻便、柔软、纤维细致、保暖性好的特点，特别是獭兔裘皮。通过鞣制加工的兔裘皮和革皮，可与水獭及山、绵羊毛皮比美；可制作各式长短大衣、服饰、围巾、手套、鞋、帽、室内装饰品及多种革皮产品，具有较大的市场开发前景。

### 4. 兔粪肥

与其他畜禽粪肥相比，可称为优质、高效。据测定，一只成年兔一年可排粪尿100千克左右，10只兔的年积肥量相当于一头母猪。但兔粪肥中的氮、磷、钾含量却分别为猪粪肥的3.8倍、5.8倍和2.8倍，更大大高于牛、羊粪肥的含量。而养10只成年兔的饲草、饲料消耗，显然比一头母猪要少。

此外，兔头、兔肝、心、肾、胃、小肠、胆等脏器和兔血，不仅可作火锅等风味食品，更是有待开发的制药和提取生物制剂的优质原料。

（二）生产成本低，养殖效益好

兔的生产周期短，繁殖力强，相对生长速度较快，产品产量高。饲养 1 只母兔，每年可以产下 30 多只仔兔。如肉兔，70～120 天体重可以达到 2～2.5 千克，每年每只母兔可以生产 600～750 千克兔肉；以 1 公顷草地计算，养兔可获得 180 千克蛋白质和 1769 兆卡[❶]的能量，而养其他畜禽的蛋白质和能量的产出分别为：家禽 92 千克和 1099 兆卡、猪 50 千克和 1888 兆卡、羔羊 23～43 千克和 502～1291 兆卡、肉牛仅有 27 千克和 741 兆卡。兔为草食家畜，食谱性广，可以利用较多的粗饲料，饲料成本较低，所以养兔具有成本较低的优势。

兔的产品种类多，国外国内市场前景良好。兔毛、兔皮和兔肉是我国的主要产品，供不应求；兔产品的国内市场也越来越好，市场价格越来越高。

养兔业可以充分利用饲草资源，养殖成本低，产品绿色，市场前景广阔，又是国家大力扶持的产业，养殖效益会越来越好。

## 二、开办兔场具备的条件

（一）市场条件

开办兔场的目的是为了获得较好的资金回报，获得较多的经济效益。只有通过市场才能体现其产品的价值和效益高低。市场条件优越，提供产品得到市场认可，产品价格高，生产资料充足易得，同样的资金投入和管理就可以获得较高的投资回报，否则，不了解市场和市场变化趋势，市场条件差，盲目上马或扩大规模，就可能导致资金回报差，甚至亏损。

市场条件优越包括产品适销对路、销售渠道可靠，市场开发能力强，市场信息易获等。产品符合消费者和经销者的要求，适销对路，容易实现其价值；产品有好的销售网和销售商，销售渠道畅通，可以减少投资风险和降低生产成本；市场的开发能力强，可以打开和扩大市场或潜在市场，增加和促进产品的销售；获得最多的信息（如技术

---

❶ 1 卡＝4.1840 焦耳。

信息、市场信息、价格信息等），可以不断提高养兔水平，找到更多的销售市场，制定销售策略和价格等，最大限度地提高养兔效益。

（二）技术条件

投资兔场，办好兔场，技术是关键，必须具备一定的养殖技术及经营管理能力。如日常的饲养管理技术、繁殖技术、疾病防治技术，更重要的是根据不同的养殖项目进行管理，制定完善的饲养管理方案。否则，不能进行科学的饲养管理，不能维持良好的生产环境，不能进行有效的疾病控制，会严重影响经营效果。规模越大，对技术的依赖程度越强。小型兔场的经营者必须掌握一定的养殖技术和知识，并且要善于学习和请教；大中型兔场最好设置有专职的技术管理人员，负责全面技术工作。

（三）资金条件

养兔生产特别是专业化生产，需要场地、建筑兔舍，购买设备用具和种兔以及技术培训等，都需要一定的资金。因规模大小的差异，资金的需求量也不同，所以，准备办兔场前，要考虑自身的经济能力，有多少钱办多大事。如果考虑不周，没有充足的资金保证或良好的筹资渠道，上马后出现资金短缺，会影响兔场的正常运转。

资金需求主要有固定资金和流动资金。固定资金包括土地租赁费、建设费、设备购置费和种兔引种费等；流动资金包括饲料费、药费、水电费、人员工资、折旧维修费以及运输、差旅等费用。新办兔场，相当长一段时间内没有产品，没有收益，需要大量的资金投入。

# 第二节 市场调查分析

随着养殖业的不断发展，市场竞争不断加剧，开办兔场前需要加大市场调查的力度，根据市场情况进行正确的决策，力求使生产更加符合市场要求，以获得较好的生产效益。

## 一、市场调查的内容

影响养兔业生产和效益提高的市场因素较多，都需要认真做好调查，获得第一手资料，才能进行分析、预测，最后进行正确决策，市场调查的具体内容有如下方面。

## （一）市场需求调查

### 1. 市场容量调查

市场容量调查，一是进行区域市场总容量调查。通过调查，有利于企业从整体战略上把握发展规模，是实现"以销定产"的最基本策略。新建兔场应该在建场前进行调查，以市场情况确定规模和性质。正在生产的兔场一般一年左右进行一次，同时，还应调查企业产品所占市场比例，尚有哪些可占领的市场空间，这些情况需要调查清楚。二是具体批发市场销量、销售价格变化的调查。这类调查对销售实际操作作用较大，需经常进行。有利于帮助企业及时发现哪些市场销量、价格发生了变化，查找原因，及时调整生产方向和销售策略。三是国际市场变化调查。兔的产品种类多，许多产品在国际市场占有优势，国际市场变化对我国养兔业影响较大。调查国际市场，可以根据国际市场需求调整生产。同时还要了解潜在市场，为项目的决策提供依据。

### 2. 适销品种调查

兔的经济类型和品种多种多样，如肉兔以产肉为主，毛兔以产毛为主，獭兔皮肉兼用，还有的供实验所用，不同的地区对产品的需求有较大的差异，所以进行适销品种的调查，在宏观上对品种的选择具有参考意义，在微观上对产品结构的调整，满足不同市场需求也很有价值。

### 3. 产品要求调查

兔的产品种类多，消费者对各种产品的数量需求和质量要求也不同。其生产的产品有兔肉、兔皮、兔毛等，而且可以加工成不同的产品，消费者对产品的要求也各有不同，如兔肉具有良好的营养成分，全国各地消费兔肉的习惯各异，有的喜欢购买鲜肉，有的喜欢购买加工后的兔肉制品等；活兔销售有体重、毛色要求；兔皮有肉兔皮和獭兔皮以及皮张的规格大小、被毛质量的要求等；兔毛销售有长短、粗毛、绒毛的不同要求等。调查产品要求，首先，在销售上可灵活调节，为不同市场需求提供不同的产品，做到适销对路；其次，弄清不同市场对产品的要求，还可为深度开发潜在的市场、扩大市场空间提供依据。

**4. 效益调查**

养殖效益如何是开办兔场最为关心的，也直接影响到以后兔场的生产经营。兔场性质和规模与养殖效益之间关系密切。性质不同，生产的产品不同，市场价格不同，投入不同，效益也就不同。规模不同，产品数量不同，生产和销售成本不同，需要投资不同，获得的效益也就不同。通过性质、规模对养殖效益影响的调查，可以合理确定自己开办兔场的性质和最适宜的规模，以便获得更好的经济效益。

**（二）市场供给调查**

对养殖企业来说，要想获得经营效益，仅调查需求方面的情况还不行，对供给方面的情况也要着力调查，因为市场需要由需求和供给两方面组成。

**1. 当地区域产品供给量**

当地主要生产企业、散养户等在下一阶段的产品预测上市量，这些内容的调查有利于做好阶段性的销售计划，实现有计划的均衡销售。

**2. 外来产品的输入量**

目前信息、交通都很发达，跨区域销售的现象越来越普遍，这是一种不能人为控制的产品自然流通现象。在外来产品明显影响当地市场时，有必要对其价格、货源持续的时间等作充分的了解，作出较准确的评估，以便确定生产规模或进行生产规模的调整。

**3. 相关替代产品的情况**

肉类食品中的兔、鸡、鸭、鹅、猪、牛、羊、鱼等都会相互影响，毛皮动物之间也会有影响，有必要了解相关肉类和毛皮类产品的情况。

**（三）市场营销活动调查**

**1. 竞争对手的调查**

需调查的内容是竞争者产品的优势，竞争者所占的市场份额，竞争者的生产能力和市场计划，消费者对主要竞争者的产品的认可程度，竞争者产品的缺陷以及未在竞争产品中体现出来的消费者要求。

**2. 销售渠道调查**

销售渠道是指商品从生产领域进入消费领域所经过的通道，兔产品的销售渠道有多种，如生产企业—批发商—零售商—消费者；生产企业—屠宰厂—零售商—消费者；生产企业—贸易公司—消费者等。调查掌握销售渠道，有利于企业产品的销售。

（四）其他方面的调查

如市场生产资料调查，饲料、燃料等供应情况和价格，人力资源情况等。

## 二、市场调查方法

调查市场的方法很多，有实地调查、问卷调查、抽样调查等，目前调查畜禽市场多采用实地调查当中的访问法和观察法。

（一）访问法

访问法是将所拟调查事项，当面或书面向被调查者提出询问，以获得所需资料的调查方法。访问法的特点在于整个访谈过程是调查者与被调查者相互影响、相互作用的过程，也是人际沟通的过程。在兔交易市场调查中经常采用个人访问。

个人访问法是指访问者通过面对面地询问和观察被访者而获得信息的方法。访问要事先设计好调查提纲或问卷，调查者可以根据问题顺序提问，也可以围绕调查问题自由交谈，在谈话中要注意做好记录，以便事后整理分析。访问对象有批发商、零售商、消费者、养兔户、市场管理部门等，调查的主要内容是市场销量、价格、品种比例、品种质量、货源、客户经营状况、市场状况等。

要想取得良好的效果，访问方式的选择是非常重要的。一般来讲，个人访问有三种方式：

**1. 自由问答**

自由问答是指调查者与被调查者之间自由交谈，获取所需的市场资料。自由问答方式，可以不受时间、地点、场合的限制，被调查者能不受限制地回答问题，调查者则可以根据调查内容和时机以及调查进程灵活地采取讨论、质疑等形式进行调查，对于不清楚的问题可采取讨论的方式解决。进行一般性、经常性的市场调查多采用这种方式，选择公司客户或一些相关市场人员作调查对象，自由问答，获取所需的市场信息。

**2. 发问式调查**

发问式调查又称倾向性调查，指调查人员事先拟好调查提纲，面谈时按提纲进行询问。进行兔市场的专项调查时常用这种方法，目的性较强，有利于集中、系统地整理资料，也有利于提高效率，节省调查时间和费用，选择发问式调查，要注意选择调查对象，尽量选择与本行业有关的人员，以全面了解市场状况、行业状况。

**3. 限定选择**

限定选择又称强制性选择，类似于问卷调查，指个人访问调查时列出某些调查内容选项，让调查对象选择。此方法多适用于专项调查。

（二）观察法

观察法是指调查者在现场对调查对象直接观察、记录，以取得市场信息的方法。观察法有自然、客观、直接、全面的特点。在调查兔市场中，运用观察法调查的主要内容大体上有：

**1. 市场经营状况观察**

选择适当的时间段观察市场整体状况，包括销售点的多少、大小、设置，顾客购买情况，兔产品库存情况，结合访问等得到的资料，初步综合判断市场经营状况等。

**2. 产品质量、档次的观察**

观察兔的体重、毛色，观察兔毛的长短、粗细以及观察兔皮的规格大小、被毛质量等，可以判断兔及产品的质量档次。

**3. 顾客行为观察**

通过观察顾客活动及其进出市场的客流情况，如顾客购买兔产品的偏好，对价格、质量的反映评价，对品种的选择，不同时间的客流情况等，可以得出顾客的构成、行为特征，产品畅销品种，客流规律情况等市场信息。

**4. 顾客流量观察**

观察记录市场在一定时段内进出的车辆，购买者数量、类型，借以评定、分析该市场的销量、活跃程度等。

**5. 痕迹观察**

有时观察调查对象的痕迹比观察活动本身更能取得准确的所需资料，如通过批发商的购销记录本、市场的一些通知、文件资料等，可以掌握批发商的销量、卖价以及市场状况，收集一些难以直接获得的可靠信息。

为提高观察调查法的效果，观察人员要在观察前做好计划，观察中注意运用技巧，观察后注意及时记录整理，以取得深入、有价值的信息，做出准确的调查结论。

在实际调查中，往往将访问、观察等调查方法综合运用，要根据调查目的、内容不同而灵活运用方法，才能取得良好效果。

# 第三节 兔场的生产工艺

兔场生产工艺是指养兔生产中采用的生产方式（兔群组成、周转方式、饲喂饮水方式、清粪方式和产品的采集等）和技术措施（饲养管理措施、卫生防疫制度、废弃物处理方法等）。工艺设计是开办兔场的基础，也是以后进行生产的依据和纲领性文件。经过市场调查，确定兔场建设，首先进行生产工艺设计，根据工艺设计进行投资估测、效益预测和投资分析，最后进行筹资、投资和建设。

## 一、兔场性质和规模

### （一）兔场性质和规模的概念

#### 1. 兔场性质

根据生产任务和繁育体系，兔场分为原种场、种兔场和商品兔场。原种场按照家系繁育的方法培育纯种兔，负责向全国各地提供完全符合要求的优良种兔；种兔场是在养兔比较集中的县、市建立的具有一定规模的兔场，其任务是由原种场选购数个品种的种兔进行纯繁，生产纯种兔，供应商品兔场或养兔户；商品兔场是利用纯种兔进行品种间杂交，生产大批体质健壮、生长速度快、适应性好、抗病能力强的杂交后代，以肉、皮、毛等产品供应市场需求。

#### 2. 兔场规模

兔场规模就是兔场饲养兔的多少。兔场规模表示方法一般有三种：一是以存栏繁殖母兔只数来表示；二是以年出栏商品兔只数来表示；三是以常年存栏兔的只数来表示。

根据我国兔场规模情况，兔场可划分为大型、中型、小型兔场，即基本母兔群在 1500 只以上的，为大型兔场；基本母兔群在 500～1500 只之间的，为中型兔场；基本母兔群在 500 只以下的，为小型兔场。

（二）影响兔场性质和规模的因素

兔场经营方向和规模的大小，受到内外部各种主客观条件的影响，主要有如下因素。

**1. 市场需要**

市场的活兔价格、兔肉价格、兔毛及兔皮价格以及饲料价格等是影响兔场性质和饲养规模的主要因素。如市场（国际市场需求尤为明显）对兔的皮毛需求量大，皮毛价格高时，饲养毛用和皮用兔有利；市场肉兔价格高时，饲养肉兔有利。兔场生产的产品是商品，商品必须通过市场进行交换而获得价值。同样的资金，不同的经营方向和不同的市场条件获得的回报也有很大差异。确定兔场经营方向（性质），必须考虑市场需要和容量，不仅要看到当前需要，更要掌握大量的市场信息并进行细致分析，正确预测市场近期和远期的变化趋势和需要（因为现在市场价格高的产品，等到你生产出来产品时价格不一定高），然后进行正确决策，才能取得较好的效益。

市场需求量、兔产品的销售渠道和市场占有量直接关系到兔场的生产效益。如果市场对兔产品需求量大，价格体系稳定健全，销售渠道畅通，规模可以大些，反之则宜小些。只有根据生产需要进行生产，才能避免生产的盲目性。

**2. 经营能力**

经营者的素质和能力直接影响到兔场的经营管理水平，规模越大，层次越高的兔场，对经营者的经营能力要求越高。经营者的素质高，能力强，能够根据市场需求不断进行正确决策，不断引进和消化吸收新的科学技术，合理地安排和利用各种资源，充分调动饲养管理人员的主观能动性，获得较好经济效益，可以建设较大规模或层次较高的兔场。

**3. 资金数量**

兔场建设需要一定资金，层次越高，规模越大，需要的投资也越多。如原种兔场，基本建设投资大，引种费用高，需要的资金量要远远大于同样规模的商品兔；同样性质场，规模越大需要的资金量也就越多。不根据资金数量多少而盲目上层次、扩规模，结果投产后可能由于资金不足而影响生产正常进行。因此确定兔场性质和规模要量力而行，资金拥有量大，其他条件具备的情况下，经营规模可以适当大一些。

**4. 技术水平**

现代养兔业对品种、环境、饲料、管理等方面都要求较高的技术支撑，兔的高密度舍内饲养和多种应激反应严重影响兔的健康，也给疾病控制增加了更大难度。要保证兔群健康，生产性能发挥，必须应用先进技术。

不同性质的兔场，对技术水平要求不同。高层次兔场要求的技术水平高，需要进行杂交制种、选育等工作，其质量和管理直接影响到下一代兔和商品兔的质量和生产表现，生产环节多，饲养管理过程复杂，对隔离、卫生和防疫要求严格，对技术水平要求高；而商品兔场生产环节少，饲养管理过程比较简单，相对技术水平较低。如果不考虑技术水平和技术力量，就可能影响投产后的正常生产。

不同规模的兔场，对技术水平要求也不同。规模越大，对技术水平要求越高。不根据技术水平高低，盲目确定规模，特别是盲目上大规模，缺乏科学技术，不能进行科学的饲养管理和疾病控制，结果兔的生产潜力不能发挥，疾病频繁发生，不仅不能取得良好的规模效益，甚至会亏损倒闭。

**(三) 兔场性质和规模的确定**

**1. 兔场性质的确定**

兔场性质不同，兔群组成不同，周转方式不同，对饲养管理和环境条件的要求不同，采取的饲养管理措施不同，兔场的设计要求和资金投入也不同。所以，建设兔场要综合考虑社会及生产需要、技术力量和资金状况等因素确定自己的经营方向（如果市场对种兔需求量大，市场价格高，又有充足的资金和技术，可以开办种兔场；如果资金、技术力量薄弱，种兔市场需求不旺盛，最好开办商品兔场。由于兔的产品种类较多，还要根据市场效益合理选择兔场种类）。否则，就可能影响投资效果。

**2. 兔场规模的确定**

养兔的最终结果是为了获取利益，即使兔养得很好，而规模过小，其经济效益也不可太多；而饲养规模过大，超出了饲养者的承受能力，养殖条件差，兔的生产性能低，也不可能获得最好经济效益。因此，选择什么样的养殖规模是决定饲养效益的前提和关键环节。而兔场规模的大小又受到资金、技术、市场需求、市场价格以及环境的影响，这就需要饲养者精于统筹规划，根据资源情况确定适度规模。适度规模的确定方法如下：

（1）对比分析法　如对 64 个兔场生产情况调查，结果见表 1-1。

表 1-1　64 个兔场生产情况

| 规模（基础母兔）/只 | 平均总资产/万元 | 平均劳动力/人 | 平均年产胎数/次 | 平均胎产仔数/只 | 年产断奶活兔数/只 | 年出栏商品兔数/只 | 育成率/% | 劳均管理母兔数/只 | 劳均年出商品兔数/只 | 兔均利润/元 | 母兔均利润/元 | 资产利润率/% | 成本利润率/% |
|---|---|---|---|---|---|---|---|---|---|---|---|---|---|
| 小型 | 289 | 37 | 4.2 | 5.84 | 7.26 | 32.07 | 8834 | 72.1 | 70 | 2103.3 | 16.7 | 498.3 | 38.9 | 53.3 |
| 中型 | 878 | 186 | 8.5 | 6.34 | 7.82 | 39.13 | 32154 | 73.8 | 113.3 | 3782.8 | 21.6 | 876.1 | 41.3 | 66.0 |
| 大型 | 4395 | 853 | 28.5 | 5.92 | 7.5 | 33.91 | 138772 | 71.1 | 122.6 | 3460.6 | 18.4 | 603.9 | 31.1 | 50.0 |

注：表中数据来源于刁朔、邓心安的《不同规模兔场的经济效益调查与分析》，2010 年。

由表 1-1 可知，中型规模兔场在平均年产胎数、平均胎产仔数、年产断奶仔兔数、劳均年产商品兔数都明显地大于小型规模和大型规模兔场的相应指标数。每只商品兔创造利润、每只母兔创造利润、劳均利润、资产利润率、成本利润率，均以中等规模为最佳；小型规模兔场生产成本比较低，但多项效益指标落后，主要原因在于生产技术落后；大型规模兔场的优势在于能够及时把握市场动态，掌握先进生产技术。导致其经济效益不高的原因主要是饲养管理仍不够精心。

（2）综合评分法　此法是比较在不同经营规模条件下的劳动生产率、资金利用率、兔的生产率和饲料转化率等项指标，评定不同规模间经济效益和综合效益，以确定最优规模。

具体做法是先确定评定指标并进行评分，其次是合理地确定各指标的权重（重要性），然后采用加权平均的方法，计算出不同规模的综合指数，获得最高指数值的经营规模即为最优规模。

（3）投入产出分析法　此法是根据动物生产中普遍存在的报酬递减规律及边际平衡原理来确定最佳规模的重要方法。也就是通过产量、成本、价格和赢利的变化关系进行分析和预测，找到盈亏平衡点，再衡量规划多大的规模才能达到多赢利的目标。

养兔生产成本可以分为固定成本和变动成本两种。兔场占地、兔舍笼具及附属建筑、设备设施等投入为固定成本，它与产量无关；种兔的购入成本、饲料费用、人工工资和福利、水电燃料费用、医药费、固定资产折旧费和维修费等为变动成本，与主产品产量呈某种关系。可以利用投入产出分析法求得盈亏平衡时的经营规模和计划一定盈利（或最大赢利）时的经营规模。利用成本、价格、产量之间的关系列出总成本的计算公式：

$$PQ = F + QV + PQX \qquad\qquad (1\text{-}1)$$

$$Q = \frac{F}{[P(1-X)-V]}$$

式中，$F$ 为某种产品的固定成本；$X$ 为单位销售额的税金；$V$ 为单位产品的变动成本；$P$ 为单位产品的价格；$Q$ 为盈亏平衡时的产销量。

**【例1】** 某肉兔场固定资产投入 30 万元，计划 10 年收回投资；每千克肉兔的变动成本为 5 元，肉兔价格为 6 元/千克，每只繁殖母兔年产 25 头仔兔，肉兔 5 千克/只出售，求盈亏平衡时的规模和赢利10 万元的规模。

**解：**（1）盈亏平衡时出售的肉兔量＝30000.00 元(年折旧费)÷(6－5)元/千克＝30000 千克

则盈亏平衡时繁殖种兔的存栏量＝30000 千克÷(25×5)千克/只＝240 只

如果获得利润，繁殖种兔存栏量必须超过 240 只。

（2）如要赢利 10 万元，需要存栏繁殖种兔[（30000＋100000）元÷(6－5)元/千克]÷125 千克/只＝1040 只。

（3）成本函数法 通过建立单位产品成本与养兔生产经营规模变化的函数关系来确定最佳规模，单位产品成本达到最低的经营规模即为最佳规模。

## 二、兔场的工艺流程

如图 1-1 所示。

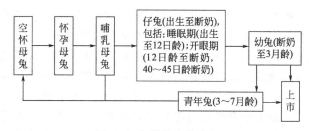

图 1-1　兔场的工艺流程

## 三、主要的工艺参数

见表 1-2、表 1-3。

表 1-2　兔场的主要工艺参数

| 性成熟时间/月龄 | 公兔 4～5；母兔 3～4 | 初配时间/月龄 | 公兔 8～9；母兔 7～8 |
|---|---|---|---|
| 发情周期/天 | 4～6 | 妊娠期/天 | 30～32 |
| 哺乳期/天 | 30～40 | 年生产胎次/次 | 4～5 |
| 每胎产仔数/只 | 6～8 | 仔兔初生重/克 | 50～60 |
| 仔兔断奶重/千克 | 大型兔：1000～1500；中型兔：450～550 | 成年兔体重/千克 | 大型兔：6；中型兔：4～5；小型兔 2～3 |
| 仔兔成活率/% | 70～80 | 幼兔成活率/% | 70～80 |
| 公母比例 | 1：（8～10） | 毛用兔剪毛量/千克 | 0.5～0.9（毛长 8～10 厘米） |

表 1-3　年消耗饲料量

| 兔别 | 粗饲料/千克 | 精饲料/千克 | 多汁饲料/千克 |
|---|---|---|---|
| 种公兔 | 32 | 62 | 240 |
| 种母兔 | 32 | 32 | 240 |
| 中兔 | 7.5 | 9.0 | 52 |
| 幼兔 | 1.6 | 1.2 | 8.0 |

## 四、饲养管理方式

### （一）饲养方式

饲养方式是指为便于饲养管理而采用的不同设备、设施（栏圈、笼具等），或每（栏）容纳畜禽的多少，或管理的不同形式。饲养方式的确定，需考虑畜禽种类、投资能力和技术水平、劳动生产率、防疫卫生、当地气候和环境条件、饲养习惯等。兔的饲养方式有放养、栅养、窖养和笼养。笼养又分为平列式兔笼、重叠式兔笼、半阶梯式和全阶梯式兔笼。

（二）饲喂方式

饲喂方式是指不同的投料方式或饲喂设备或不同方式的人工喂饲等。采用何种喂饲方式应根据投资能力、机械化程度等因素确定。

（三）饮水方式

水槽饮水和各种饮水器（杯式、乳头式）自动饮水。水槽饮水不卫生，劳动量大，饮水器自动饮水清洁卫生，劳动效率高。

（四）清粪方式

清粪方式有人工清粪和机械清粪，机械清粪有传送带清粪和刮粪板清粪。

## 五、兔群的结构

兔场一般由种母兔、种公兔、后备公母兔、仔兔及幼兔和商品兔组成，性质不同，兔群结构不同。如种兔场，大多采用自繁自养，以一个规模为 100 只繁殖母兔的种兔场为例，若公母比例为 1∶8，则需要公兔 13 只。种兔利用年限为 3 年，则年更新约 1/3，即更新母兔 33～34 只、公兔 4～5 只。选留后备兔时应适当高些。则全场常年存栏数为：繁殖母兔 100 只，种公兔 13 只，后备公母兔 45 只，仔兔及幼兔 500 只（以每只兔年产 4 胎，每胎育成 5 只计算），全年饲养量 2000 只以上。

商品兔场可以实行"全进全出"的流水作业方式。在肉兔生产中，可对母兔采取同步发情、同期配种、同期产仔、仔兔同期断奶的方式。在集约化生产条件下，母兔分娩后 1～2 天之内再次配种，这样每年可产 7～8 胎，每胎产仔 8 只。一个拥有 100 只生产母兔的养兔场，配备 12 只公兔；每只成年母兔一年提供商品兔 55 只，100 只母兔即提供 5500 只商品兔；仔兔 28 日龄断奶，断奶后即进入商品兔群，再饲养 42～47 天（即 70～75 日龄）体重达 2.5～2.7 千克上市屠宰。

## 六、环境参数和建设标准

### (一) 兔场环境参数

兔场环境参数包括温度、湿度、通风量和气流速度、光照强度和时间、有害气体浓度、空气含尘量和微生物含量等,以为建筑热工特性、供暖降温、通风排污和排湿、光照等设计提供依据。兔场环境参数标准见表1-4、表1-5。

**表 1-4 兔舍内小气候标准**

| 类 型 | 温度/℃ | 相对湿度/% | 噪声/分贝 | 尘埃/(毫克/立方米) | 有害气体 | | |
|---|---|---|---|---|---|---|---|
| | | | | | $CO_2$/(毫克/立方米) | $NH_3$/(毫克/立方米) | $SO_2$/(毫克/立方米) |
| 成年兔舍 | 15～25 | 60～70 | 90 | 2～5 | 3500 | 30 | 10 |
| 1～5日龄仔兔舍 | 35～30 | 60～70 | 90 | 2～5 | 3500 | 30 | 10 |
| 5～10天仔兔舍 | 30～25 | 60～70 | 90 | 2～5 | 3500 | 30 | 10 |
| 20～30日龄仔兔舍 | 25～20 | 60～70 | 90 | 2～5 | 3500 | 30 | 10 |
| 肉兔 | 10～26 | 60～70 | 90 | 2～5 | 3500 | 30 | 10 |

**表 1-5 采光标准**

| 兔舍类型 | 光照时间/小时 | 光照强度/勒克斯 |
|---|---|---|
| 封闭式或笼棚 | 16～18 | 75(荧光灯);50(白炽灯) |
| 幼兔舍 | 16～18 | 10(荧光灯);10(白炽灯) |

### (二) 建设场地标准

1只基础母兔规划占地8～10平方米;1只基础母兔及其仔兔需要建筑面积1.5～2.0平方米。

## 七、兔场的人员组成

规模化兔场的人员主要有管理人员、技术人员和饲养人员组成,人员多少与管理定额有关。管理定额的确定主要取决于牧场性质和规模、不同畜群的要求、饲养管理方式、生产过程的集约化及机械化程度、生产人员的技术水平和工作熟练程度等。管理定额应明确规定工作内容和职责，以及工作的数量（如饲养畜禽的头只数、畜禽应达到的生产力水平、死淘数、饲料消耗量等）和质量（如畜舍环境管理和卫生情况等）。管理定额是兔场实施岗位责任制和定额管理的依据，也是牧场设计的参数。由于影响管理定额的因素较多，而且其本身也并非严格固定的数值，故实践中需酌情确定并在执行中进行调整。

## 八、卫生防疫制度

疫病是畜牧生产的最大威胁，积极有效的对策是贯彻"预防为主，防重于治"的方针，严格执行《家畜家禽防疫条例》和农业部制定的《家畜家禽防疫条例实施细则》。工艺设计应据此制定出严格的卫生防疫制度。此外，兔场还须从场址选择、场地规划、建筑物布局、绿化、生产工艺、环境管理、粪污处理利用等方面注重设计并详加说明，全面加强卫生防疫，在建筑设计图中详尽绘出与卫生防疫有关的设施和设备，如消毒更衣淋浴室、隔离舍、防疫墙等。

## 九、兔舍的样式、构造、规格和设备

兔舍样式、构造的选择，主要考虑当地气候和场地地方性小气候、兔场性质和规模、兔的种类以及对环境的不同要求、当地的建筑习惯和常用建材以及投资能力等。

兔舍设备包括饲养设备（如笼具等）、饲喂及饮水设备、清粪设备、通风设备、供暖和降温设备、照明设备等。设备的选型须根据工艺设计确定的饲养管理方式（饲养、饲喂、饮水、清粪等方式）、畜禽对环境的要求、舍内环境调控方式（通风、供暖、降温、照明等方式）、设备厂家提供的有关参数和价格等进行选择，必要时应对设备进行实际考察。各种设备选型配套确定之后，还应分别计算出全场的设备投资及电力和燃煤等的消耗量。

## 十、兔舍种类、幢数和尺寸的确定

在完成了上述工艺设计步骤后，可根据兔群组成、饲养方式和劳动定额，计算出各类兔所需笼具和面积、各类兔舍的幢数；然后可按确定的饲养管理方式、设备选型、兔场建设标准和拟建场的场地尺寸，徒手绘出各种兔舍的平面简图，从而初步确定每幢兔舍的内部布置和尺寸；最后可按各兔舍之间的关系、气象条件和场地情况，作出全场总体布局方案。

### 十一、粪污处理利用工艺及设备选型配套

根据当地自然、社会和经济条件及无害化处理和资源化利用的原则，与环保工程技术人员共同研究确定粪污利用的方式和选择相应的排放标准，并据此提出粪污处理利用工艺，继而进行处理单元的设计和设备的选型配套。

# 第四节　兔场的投资概算及效益分析

## 一、投资概算

投资概算反映了项目的可行性，同时也有利于资金筹措和准备。

（一）投资概算的范围

投资概算可分为三部分：固定投资、流动资金、不可预见费用。

**1. 固定投资**

固定投资包括建筑工程的一切费用（设计费用、建筑费用、改造费用等）、购置设备发生的一切费用（设备费、运输费、安装费等）。

在兔场占地面积、兔舍及附属建筑种类和面积、兔的饲养方式、环境调控设备以及饲料、运输、供水、供暖、粪污处理利用设备的选型配套确定之后，可根据当地的土地、土建和设备价格，粗略估算固定资产投资额。

**2. 流动资金**

流动资金包括饲料、药品、水电、燃料、人工费等各种费用，并要求按生产周期计算铺底流动资金（产品产出前使用）。根据兔场规模、工资定额、饲料和能源消耗和其他消耗，可以粗略估算流动资金额。

**3. 不可预见费用**

主要考虑建筑材料、生产原料的涨价，其次是其他变故损失。

（二）投资的计算方法

兔场总投资＝固定资产投资＋产出产品前所需要的流动资金＋不可预见费用 　　　　　　　　　　　　　　　　　　　　　　　　　　　(1-2)

## 二、效益预测

按照调查和估算的土建、设备投资以及引种费、饲料费、医药费、工资、管理费、其他生产开支、税金和固定资产折旧费，可估算出生产成本，并按本场产品销售量和售价，进行预期效益核算。一般常用静态分析法，就是用静态指标进行计算分析，主要指标公式如下。

投资利润率/％＝年利润÷投资总额×100％ 　　　　　　　(1-3)

投资回收期/年＝投资总额÷平均年收入 　　　　　　　　　(1-4)

投资收益率/％＝（收入－经营费－税金）÷总投资×100％　 (1-5)

## 三、投资分析举例

【例2】年出售1000只肉用种兔的兔场投资概算和效益分析。

（一）投资估算

**1. 固定资产投资**

包括：① 兔场建筑投资　112平方米（其中兔舍面积84平方米，值班饲料室28平方米）×400元/平方米＝44800.00元

② 设备购置费　笼具　25组笼×240元/组＝6000.00元

　　　　　　　　　风机、采暖、光照、饲料加工等设备10000.00元

合计：60800.00元。

**2. 土地租赁费**

1亩×2000元/(亩·年)＝2000元

**3. 种兔购置培育费**（包括种兔购置费，培育的饲料费、医药费、人工费、采暖费、照明费等）

60只×200元/只＝12000.00元

**4. 流动资金**

种兔的饲料费用　60只×0.2千克×2.50元×100天＝3000元

总投资＝60800.00＋2000.00＋12000.00＋3000.00＝77800.00元

（二）效益预测

**1. 总收入**

出售肉种兔收入　1000 只×75.00 元/只×=75000.00 元

出售淘汰兔收入　60 只×80.00 元/只×=4800.00 元

合计：79800.00 元。

**2. 总成本**

（1）兔舍和设备折旧费　兔舍利用 10 年，年折旧费 4480.00 元；设备利用 5 年，年折旧费 3200.00 元。

（2）年土地租赁费　2000.00 元。

（3）种兔摊销费　12000.00 元。

（4）种兔的饲料费用　60 只×0.2 千克×2.50 元×360 天=10800.00 元。

（5）仔兔的饲料费用　1000×7.5 千克×3.00 元=22500.00 元。

（6）人工费、电费等与副产品抵消。

合计：54980.00 元

**3. 年收入**

年收益=总收入－总成本

$$=79800.00 \text{ 元}-54980.00 \text{ 元}=24820.00 \text{ 元}$$

**4. 资金回收年限**

资金回收年限=77800.00÷24820.00≈3.13

**5. 投资利润率**

投资利润率×100%=24820.00÷77800.00×100%=31.9%

# 第五节　办场手续和备案

规模化养殖不同于传统的庭院养殖，养殖数量多，占地面积大，产品产量和废弃物排放多，必须要有合适的场地，最好进行登记注册，这样可以享有国家有关养殖的优惠政策和资金扶持。登记注册需要手续，并在有关部门备案。

## 一、项目建设申请

（一）用地申批

近年来，传统农业向现代农业转变，农业生产经营规模不断扩大，农业设施不断增加，对于设施农用地的需求越发强烈（设施农用地是指直接用于经营性养殖的畜禽舍、工厂化作物栽培或水产养殖的生产设施用地及其相应附属设施用地，农村宅基地以外的晾晒场等农业设施用地）。

《国土资源部、农业部关于完善设施农用地管理有关问题的通知》（国土资发［2010］155号）对设施农用地的管理和使用做出了明确规定，将设施农用地具体分为生产设施用地和附属设施用地，认为它们直接用于或者服务于农业生产，其性质不同于非农业建设项目用地，依据《土地利用现状分类》（GB/T 21010—2007），按农用地进行管理。因此，对于兴建养殖场等农业设施占用农用地的，不需办理农用地转用审批手续，但要求规模化畜禽养殖的附属设施用地规模原则上控制在项目用地规模7%以内（其中，规模化养牛、养羊的附属设施用地规模比例控制在10%以内），最多不超过15亩。养殖场等农业设施的申报与审核用地按以下程序和要求办理。

**1. 经营者申请**

设施农业经营者应拟定设施建设方案，方案内容包括项目名称、建设地点、用地面积、拟建设施类型、数量、标准和用地规模等；并与有关农村集体经济组织协商土地使用年限、土地用途、补充耕地、土地复垦、交还和违约责任等有关土地使用条件。协商一致后，双方签订用地协议。经营者持设施建设方案、用地协议向乡镇政府提出用地申请。

**2. 乡镇申报**

乡镇政府依据设施农用地管理的有关规定，对经营者提交的设施建设方案、用地协议等进行审查。符合要求的，乡镇政府应及时将有关材料呈报县级政府审核；不符合要求的，乡镇政府及时通知经营者，并说明理由。涉及土地承包经营权流转的，经营者应依法先行与农村集体经济组织和承包农户签订土地承包经营权流转合同。

**3. 县级审核**

县级政府组织农业部门和国土资源部门进行审核。农业部门重点就设施建设的必要性与可行性，承包土地用途调整的必要性与合理性，以及经营者农业经营能力和流转合同进行审核，国土资源部门依据农业部门审核意见，重点审核设施用地的合理性、合规性以及用地协议，涉及补充耕地的，要审核经营者落实补充耕地情况，做到先补后占。符合规定要求的，由县级政府批复同意。

（二）环保审批

由本人向项目拟建所在乡镇提出申请并选定养殖场拟建地点，报县环保局申请办理环保手续（出具环境评估报告）。

【注意】环保审批需要附项目的可行性报告，与工艺设计相似，但应包含建场地点和废弃物处理工艺等内容。

## 二、养殖场建设

按照相关批复进行项目建设。开工建设前申领"动物防疫合格证申请表"、"动物饲养场、养殖小区动物防疫条件审核表"，按照审核表内容要求施工建设。

## 三、动物防疫合格证办理

养殖场修建完工后，申请验收，相关部门按照审核表内容到现场逐项审核验收，验收合格后办理动物防疫合格证。

## 四、工商营业执照办理

凭动物防疫合格证按相关要求办理工商营业执照。

## 五、备案

养殖场建成后需进行备案。备案是畜牧兽医行政主管部门对畜禽养殖场（指建设布局科学规范、隔离相对严格、主体明确单一、生产经营统一的畜禽养殖单元）、养殖小区（指布局符合乡镇土地利用总体规划，建设相对规范、畜禽分户饲养，经营统一进行的畜禽养殖区域）的建场选址、规模标准、养殖条件予以核查确认，并进行信息收集管理的行为。

（一）备案的规模标准

养猪场设计存栏规模 300 头以上、家禽养殖场 6000 只以上、奶牛养殖场 50 头以上、肉牛养殖场 50 头以上、肉羊养殖场 200 只以上、肉兔养殖场 1000 只以上应当备案。

各类畜禽养殖小区内的养殖户达到 5 户以上，生猪养殖小区设计存栏 300 头以上、家禽养殖小区 10000 只以上、奶牛养殖小区 100 头以上、肉牛养殖小区 100 头以上、肉羊养殖小区 200 只以上、肉兔养殖小区 1000 只以上应当备案。

## （二）备案具备的条件

申请备案的畜禽养殖场、养殖小区应当具备下列条件：

一是建设选址符合城乡建设总体规划，不在法律法规规定的禁养区，地势平坦干燥，水源、土壤、空气符合相关标准，距村庄、居民区、公共场所、交通干线 500 米以上，距离畜禽屠宰加工厂、活畜禽交易市场及其他畜禽养殖场或养殖小区 1000 米以上。

二是建设布局符合有关标准规范，畜禽舍建设科学合理，动物防疫消毒、畜禽污物和病死畜禽无害化处理等配套设施齐全。

三是建立畜禽养殖档案，载明法律法规规定的有关内容；制定并实施完善的兽医卫生防疫制度，获得《动物防疫合格证》；不得使用国家禁止的兽药、饲料、饲料添加剂等投入品，严格遵守休药期规定。

四是有为其服务的畜牧兽医技术人员，饲养畜禽实行全进全出，同一养殖场和养殖小区内不得饲养两种（含两种）以上畜禽。

# 第二章

# 兔场的建设

<<<<

**核心提示**

　　兔场建设的目的是为兔创造一个适宜的环境条件，促进生产性能的充分发挥。按照工艺设计要求，选择一个隔离条件好、交通运输便利、地势高燥、水源条件好的场址，合理进行分区规划和布局，加强兔舍的保温隔热、通风换气和采光设计，配备完善的设施设备等是创造适宜环境条件的基础。

## 第一节　兔场场址选择、规划布局

### 一、场址选择

　　兔场场址的选择应按照设计要求，对地形、地势、土质、水源、居民点的配置、交通、电力等因素进行全面考虑。

　　（一）地势

　　兔场应选在地势高、有适当坡度、背风向阳、地下水位低、排水良好的地方。低洼潮湿、排水不良的场地不利于兔体热调节，而有利于病原微生物的孳生，特别是适合寄生虫（如螨虫、球虫等）的生存。为便于排水，兔场地面要平坦或稍有坡度，以 1%～3% 为宜。山地建场场地选在向阳的南坡，地势较为平坦的地方，不要选在山顶，也不要在山谷底部。

　　（二）地形

　　地形要开阔、整齐、紧凑，不宜过于狭长或边角过多，以便缩短道路和管线长度，提高场地的利用率，节约资金和便于管理。可利用天然地形、地物（如林带、山岭、河川等）作为天然屏障和场界。

（三）土质

理想的土质为沙壤土，其兼具沙土和黏土的优点，透气透水性好，雨后不会泥泞，易于保持适当的干燥。其导热性差，土壤温度稳定，既有利于兔子的健康，又利于兔舍的建造和延长使用寿命。

（四）水源

兔场除了人和兔的直接饮用外，粪便的冲刷、笼具的消毒、用具和衣服的洗刷等都需要水，需水量比较大，必须要有足够的水源。同时，水质状况直接影响兔和人员的健康。水源的水量要足，满足现在用水，还要考虑以后发展；水质要好，不含过多的杂质、细菌和寄生虫，不含腐败有毒物质；还要便于保护和取用。最理想的水为地下水。

（五）交通

兔场建成投产后，物流量比较大，如草料等物资的运进、兔产品和粪肥的运出等，对外联系也比一般养殖场多，若交通不便则会给生产和工作带来困难，甚至会增加兔场的开支。因此兔场一定要交通方便。

（六）周边环境

兔场的周围环境主要包括居民区、交通、电力和其他养殖场等。兔生产过程中形成的有害气体及排泄物会对大气和地下水产生污染，因此兔场不宜建在人烟密集的繁华地带，而应选择相对隔离的偏僻地方，有天然屏障（如河塘、山坡等）作隔离则更好。大型兔场应建在居民区之外500米以上，处于居民区的下风头，地势低于居民区。但应避开生活污水的排放口，远离造成污染的环境，如化工厂、屠宰场、制革厂、造纸厂、牲口市场等，并处于它们的平行风向或上风头。兔子胆小怕惊，因此兔场应远离噪声源，如铁路、石场、打靶场和爆破声的场所等。集约化兔场对电力条件有很强的依赖性，应靠近输电线路，同时应自备电源。但为了防疫，应距主要道路300米以上

（如设隔离墙或有天然屏障，距离可缩短一些），距一般道路100米以上。

## 二、兔场的规划布局

兔场建筑物布局应从人和兔的保健角度出发，建立最佳的生产联系和卫生防疫条件，合理安排不同区域的建筑物，特别是在地势和风向上进行合理的安排和布局（图2-1）。

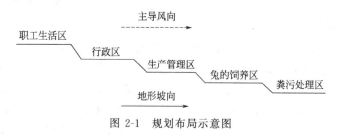

图 2-1 规划布局示意图

具有一定规模的兔场要分区布局，一般分成生产区、管理区、生活区、隔离区四大块。

### （一）生活区

生活区主要包括职工宿舍、食堂和文化娱乐场所。为了防疫应与生产区分开，并在两者入口连接处设置消毒设施。办公区应占全场的上风向和地势较好的地段。至于各个区域内的具体布局，则本着利于生产和防疫、方便工作及管理的原则，合理安排。

### （二）管理区

管理区是办公和接待来往人员的地方，通常由办公室、接待室、陈列室和培训教室组成。其位置应尽可能靠近大门口，使对外交流更加方便，也减少对生产区的直接干扰；供水设施和供电设施可以设置在管理区内。

### （三）生产区

生产区即养兔区，是兔场的主要建筑，包括种兔舍、繁殖舍、育成舍、育肥舍或幼兔舍等。生产区是兔场的核心部分，其排列方向应面对该地区的长年风向。为了防止生产区的气味影响生活区，生产区应与生活区并列排列并处偏下风位置。优良种兔舍（即核心群）应置于环境最佳的位置，育肥舍和幼兔舍应靠近兔场一侧的出口处，以便于出售。生产区入口处以及各兔舍的门口处，应有相应的消毒设施，如车辆消毒池、脚踏消毒池、喷雾消毒室、紫外灯消毒室等。兔舍间距保持 10～20 米；饲料加工车间、饲料库（原料库和成品库）等靠近生产区，兼顾饲料的运进和饲料的分发；生产区的运料路线（清洁道）与运粪路线（污染道）不能交叉。

### （四）病畜隔离区

尸体处理处、粪场、变电室、兽医诊断室、病兔隔离室等，应单独成区，与生产区隔开，设在生产区、管理区和生活区的下风，以保证整个兔场的安全。

兔场的布局如图 2-2 所示。

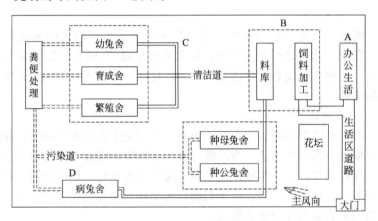

图 2-2　兔场布局示意图

A—生活福利区；B—管理区；C—生产区；D—兽医隔离区

# 第二节　兔舍的建筑设计

## 一、兔舍的类型

### （一）封闭式兔舍

兔舍上部有顶，四周有墙，前后有窗，是规模化养殖最为广泛的一种兔舍类型。可分为单列式和双列式（图 2-3）。

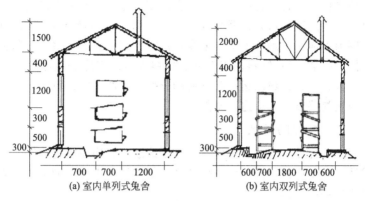

(a) 室内单列式兔舍      (b) 室内双列式兔舍

图 2-3 封闭式兔舍（单位：毫米）

### 1. 单列式

兔笼列于兔舍内的北面，笼门朝南，兔笼与南墙之间为工作走道，兔笼与北墙之间为清粪道，南北墙距地面20厘米处留对应的通风孔。这种兔舍优点是冬暖夏凉，通风良好，光线充足，缺点是兔舍利用率低。

### 2. 双列式

两列兔笼背靠背排列在兔舍中间，两列兔笼之间为清粪沟，靠近南北墙各一条工作走道。南北墙有采光通风窗，接近地面处留有通风孔。这种兔舍，室内温度易于控制，通风透光良好，但朝北的一列兔笼光照、保暖条件较差。由于空间利用率高，饲养密度大，在冬季门窗紧闭时有害气体浓度也较大。

### （二）地下或半地下式

利用地下温度较高而稳定、安静、噪声低、对兔无惊扰的特点，在地下建造兔舍。尤其适于高寒地区兔的冬繁。应选择地势高燥、背风向阳处建舍，管理中注意通风换气和保持干燥。

### （三）室外笼舍

在室外修建的兔舍，由于建在室外，通风透光好，干燥卫生，兔的呼吸道疾病发病率明显低于室内饲养。但这种兔舍受自然环境影响大，温湿度难以控制。特别是遇到不良气候，管理很不方便。常分为室外单列式兔舍和室外双列式兔舍（图2-4）。

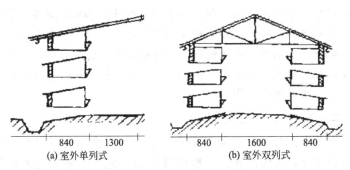

| (a) 室外单列式 | (b) 室外双列式 |
| --- | --- |

图 2-4 室外笼舍（单位：毫米）

**1. 室外单列式兔舍**

兔笼正面朝南，兔舍采用砖混结构，为单坡式屋顶，前高后低，屋檐前长后短，屋顶采用水泥预制板或波形石棉瓦，兔笼后壁用砖砌成，并留有出粪口，承粪板为水泥预制板。为了适应露天条件，兔舍地基宜高些，兔舍前后最好要有树木遮阳。

**2. 室外双列式兔舍**

室外双列式为两排兔笼面对面而列，两列兔笼的后壁就是兔舍的两面墙体，两列兔笼之间为工作走道，粪沟在兔舍的两面外侧，屋顶为双坡式屋顶或钟楼式。兔笼结构与室外单列式兔舍基本相同。与室外单列式兔舍相比，这种兔舍保暖性能较好，饲养人员可在室内操作，但缺少光照。

**（四）塑料棚舍**

在室外的笼舍上部架一塑料大棚。塑料膜为单层或双层，双层膜之间有缓冲层，保温效果好。这种兔舍适于寒冷地区或其他地区冬季繁殖。

## 二、兔舍的建筑要求

**（一）兔舍要坚固耐用**

一是基础要坚固，一般比墙宽 10～15 厘米，埋置深度在当地上层最大冻结深度以下。二是墙体要坚固，要抗震、防水、防火、抗冻和便于消毒，同时具备良好的保温隔热性能。三是屋顶和天花板要严密、不透气，多雨多雪和大风较多的地区，屋顶坡度适当大些。四是地板要致密，平坦而不滑，耐消毒液及其他化学物质的腐蚀，容易清扫，保温隔热性能好，屋顶要选择导热系数小的材料和复合结构，如下面石膏板，上面覆盖泡沫塑料，最外层是钢板瓦或石棉瓦，保温隔热效果良好，地板要高出舍外地面 20～30 厘米。五是兔笼材料要坚固耐用，防止被兔啃咬损坏。

**（二）门窗合理设置**

门窗关系到兔舍的通风、采光、卫生和安全。兔舍门与窗要结实，开启方便，关闭严实，一般向外拉启。此外，要求门表面无锐物，门下无台阶。兔舍的外门一般宽 1.2 米、高 2 米。较长的兔舍应在阳面墙的中间设门，寒冷地区北墙不宜设门。窗户对于采光、自然通风换气及温湿度的调节有很大影响。一般要求兔舍地面和窗户的有效采光面积之比为：种兔舍 10∶1 左右，幼兔舍 10∶1 左右，入射角不小于 25°、透光角不小于 5°。

**（三）保持舍内干燥**

兔舍内要设置排水系统；排粪沟要有一定坡度，以便在打扫和用水冲时能将粪尿顺利排出舍外，通往蓄粪池，也便于尿液随时排出舍外，降低舍内湿度和有害气体浓度。

**（四）适宜的高度**

兔舍的高度和规格根据笼具形式及气候特点而定。在寒冷地区，兔舍高度宜低，以 2.5 米左右为宜；炎热地区和实行多层笼养，其高度应再增加 0.5～1 米；单层兔笼可低些，3 层兔笼宜高。兔舍的跨度没有统一规定，一般来说，单列式应控制在 3 米以内，双列式在 4 米左右，三列式 5 米左右，四列式 6～7 米。兔舍的长度没有严格的规定，一般控制在 50 米以内，或根据生产定额，以一个班组的饲养量确定兔舍长度。

# 第三节　兔场的设备

## 一、兔笼

目前国内多采用多层兔笼，上下笼体完全重叠，层间设承粪板，一般为 2～3 层。该种形式的笼具房舍的利用率高，但重叠层数不宜过多。兔舍的通风和光照不良，也会给管理带来不便。最底层兔笼的离地高度应在 25 厘米以上，以利通风、防潮，使底层兔亦有较好的生活环境。

（一）兔笼的结构

兔笼是由笼体及附属设备组成。笼体由如下部分构成。

**1. 笼门**

笼门安装于笼前，要求启闭方便，能防兽害、防啃咬。可用竹片、打眼铁皮、镀锌冷拔钢丝等制成。一般以右侧安转轴，向右侧开门为宜。为提高工效，草架、食槽、饮水器等均可挂在笼门上，以增加笼内实用面积，减少开门次数。

**2. 笼壁**

笼壁一般用水泥板或砖、石等砌成，也可用竹片或金属网钉成，要求笼壁保持平滑，坚固防啃，以免损伤兔体和钩脱兔毛。如用砖砌或水泥预制件，需预留承粪板和笼底板的搁肩（3 厘米）；如用竹木栅条或金属网条，则以条宽 1.5～3.0 厘米、间距 1.5～2.0 厘米为宜。

**3. 承粪板**

承粪板的功能是承接兔排出的粪尿，以防污染下面的兔及笼具。通常承粪板选用石棉瓦、油毡纸、水泥板、玻璃钢、石板等材料制作，要求表面平滑，耐腐蚀，质量轻。安装承粪板应呈前高后低式倾斜，并且后边要超出下面兔笼 8～15 厘米，以便粪便顺利流出而不污染下面的笼具。

**4. 笼底网**

笼底网一般用镀锌冷拔钢丝制成，要求平而不滑，坚而不硬，易清理，耐腐蚀，能够及时排除粪便，宜设计成活动式，以利清洗、消毒或维修。网孔要求断乳后的幼兔笼 1.0～1.1 厘米，成兔 1.2～1.3 厘米。

（二）兔笼的材料

**1. 水泥预制件兔笼**

兔笼的侧壁、后墙和承粪板采用水泥预制件或砖块砌成，笼门及笼底板仍由其他材料制成。这类兔笼的优点是构件材料来源较广，价格低廉，施工方便，防腐性能强，能进行各种方式的消毒。缺点是防潮、隔热性能较差，通风不良。

**2. 竹、木制兔笼**

在山区竹、木材料普遍以及兔饲养量较少的情况下，可以采用竹、木制兔笼。这类兔笼的优点是可就地取材，价格低廉，使用方便，有利于通风、防潮，隔热性能较好。缺点是易于腐烂和被啃咬，不能长久使用。

**3. 金属兔笼**

一般由镀锌钢丝焊接而成。这类兔笼的优点是结构合理，安装、使用方便，特别适宜于集约化、机械化生产。缺点是造价较高，只适用于在室内或比较温暖地区使用，室外使用时间较长容易腐锈，必须设有防雨、防风设施。

**4. 全塑兔笼**

采用工程塑料零件组合而成。这类兔笼的优点是结构合理，拆装方便，便于清洗和消毒，耐腐蚀性能较好。缺点是造价较高，只能采用药液消毒，不宜在室外使用，使用不很普遍。

（三）笼的规格

育肥兔笼的单笼规格是宽66～86厘米，深50厘米，高35～40厘米。每个笼可养育肥兔7只左右。种兔笼的规格见表2-1。

表 2-1　种兔笼的规格

| 饲养方式 | 种兔类型 | 笼宽/厘米 | 笼深/厘米 | 笼高/厘米 |
|---|---|---|---|---|
| 室内笼养 | 大型 | 80～90 | 55～60 | 40 |
| | 中型 | 70～80 | 50～55 | 35～40 |
| | 小型 | 60～70 | 50 | 30～35 |
| 室外笼养 | 大型 | 90～100 | 55～60 | 45～50 |
| | 中型 | 80～90 | 50～60 | 40～45 |
| | 小型 | 70～80 | 50 | 35～40 |

## 二、饲喂设备

（一）食槽

兔用食槽有很多种类型。有简易食槽，也有自动食槽。因制作材料的不同，又有竹制食槽、陶制食槽、水泥食槽、铁皮食槽、塑料食槽之分。工厂化养兔多用自动食槽。自动食槽容量较大，安置在兔笼前壁上，适合盛放颗粒饲料，从笼外添加饲料，喂料省时省力，饲料不容易被污染，浪费也少。自动食槽用镀锌铁皮制作或用工程塑料模压成型，兼有喂料及贮料的功能，加料一次，够兔只几天采食。食槽由加料口、采食口两部分组成，多悬挂于笼门外侧，笼外加料，笼内采食。食槽底部均匀地分布着小圆孔，以防颗粒饲料中的粉尘被吸入兔只的呼吸道而引起咳嗽和鼻炎。常见的饲槽类型如图 2-5 所示。

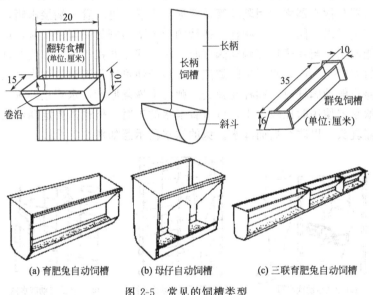

图 2-5　常见的饲槽类型

（二）草架

草架为盛放粗饲料、青草和多汁饲料的饲具，是家庭兔场必备的工具（图 2-6）。为防止饲草被兔踩踏污染，节省饲草，一般采用槽架喂草。笼养兔的槽架一般固定在兔笼前门上，亦呈 "V" 形，槽架内侧间隙为 4 厘米、外侧为 2 厘米，可用金属丝、木条和竹片制作。

## 三、饮水设备

工厂化养兔多采用乳头式自动饮水器。其采用不锈钢或铜制作，

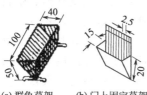

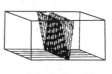

(a) 群兔草架　　(b) 门上固定草架　　(c) 门上活动草架　　(d) 笼间 "V" 形草架

图 2-6　草架（单位：厘米）

由外壳、伸出体外的阀杆、装在阀杆上的弹簧和阀杆乳胶管等组成。饮水器与饮水器之间用乳胶管及三通相串联，进水管一端接水箱，另一端则予以封闭。平时阀杆在弹簧的弹力下与密封圈紧密接触，使水不能流出。当兔子口部触动阀杆时，阀杆回缩并推动弹簧，使阀杆与密封圈产生间隙，水通过间隙流出，兔子便可饮到清洁的饮水。当兔子停止触动阀杆时，阀杆在弹簧的弹力下恢复原状，水停止外流。这种饮水器使用时比较卫生，可节省喂水的工时，但也需要定期清洁饮水器乳头，以防结垢而漏水。兔的饮水器示意如图 2-7 所示。

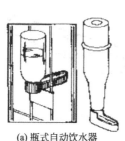
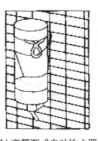

(a) 瓶式自动饮水器　　(b) 弯管瓶式自动饮水器　　(c) 乳头式自动饮水器

图 2-7　兔的饮水器

## 四、产仔箱

产仔箱又称巢箱，供母兔筑巢产仔，也是 3 周龄前仔兔的主要生活场所。通常在母兔接近分娩时放入笼内或挂在笼外。产仔箱有多种，工厂化养殖主要采用以下几种（参见图 2-8）。

### （一）悬挂式产箱

产箱悬挂于笼门上，在笼门和产箱的对应处留一个供母兔出入的

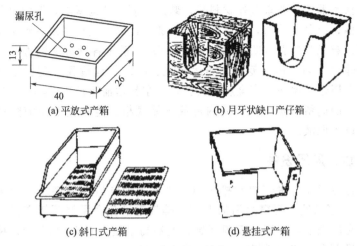

(a) 平放式产箱         (b) 月牙状缺口产仔箱

(c) 斜口式产箱         (d) 悬挂式产箱

图 2-8 常见产仔箱（单位：厘米）

孔。产箱的上部最好设置一活动的盖，平时关闭，使产箱内部光线暗淡，适应母兔和仔兔的习性。打开上盖，可观察和管理仔兔。由于产箱悬挂于笼外，不占用兔笼的有效面积，不影响母兔的活动，管理也很方便。

（二）平放式产箱

用 1 厘米厚的木板钉制，上口水平，箱底可钻一些小孔，以利排尿、透气。产仔箱不宜做得太高，以便母兔跳进跳出。产仔箱上口四周必须制作光滑，不能有毛刺，以免损伤母兔乳房，导致乳房炎。

（三）月牙状缺口产仔箱

高度要高于平口产仔箱。产仔箱一侧壁上部留一个月牙状的缺口，以供母兔出入。

## 五、喂料车

喂料车用来装料喂兔。一般用角铁制成框架，用镀锌铁皮制成箱体，在框架底部前后安装 4 个车轮，其中前面两个为万向轮。

## 六、运输笼

运输笼仅作为种兔或商品兔途中运输用，一般不配置草架、食槽、饮水器等。要求制作材料轻，装卸方便，结构紧凑，笼内可分若干小格，以分开放兔，要坚固耐用，透气性好，大小规格一致可重叠放置，有承粪装置（防止途中尿液外溢），适于各种方法消毒。有竹制运输笼、柳条运输笼、金属运输笼、纤维板运输笼、塑料运输箱等。金属运输笼底部有金属承粪托盘，塑料运输箱是用模具一次压制而成，四周留有透气孔，笼内可放置笼底板，笼底板下面铺垫锯末屑，以吸尿液。

## 七、通风设备

自然通风有进气口和排风口，进气管通常嵌在纵墙上、距天棚40～50厘米处、两窗之间的上方。排气管沿兔舍屋脊两侧交错垂直安装在屋顶上，下端由天棚开始，上端高出屋脊0.5～0.7米；机械通风设备有轴流式排风机（参数见表2-2）。

表 2-2 兔舍常用风机性能参数

| 型号 | HRJ-71 型 | HRJ-90 型 | HRJ-100 型 | HRJ-125 型 | HRJ-140 型 |
|---|---|---|---|---|---|
| 风叶直径/毫米 | 710 | 900 | 100 | 125 | 140 |
| 风叶转速/（转/分钟） | 560 | 560 | 560 | 360 | 360 |
| 风量/（立方米/分钟） | 295 | 445 | 540 | 670 | 925 |
| 全压/帕斯卡 | 55 | 60 | 62 | 55 | 60 |
| 噪声/分贝 | ≤70 | ≤70 | ≤70 | ≤70 | ≤70 |
| 输入功率/千瓦 | 0.55 | 0.55 | 0.75 | 0.75 | 1.1 |
| 额定电压/伏特 | 380 | 380 | 380 | 380 | 380 |
| 电机转速/（转/分钟） | 1350 | 1350 | 1350 | 1350 | 1350 |
| 安装外形尺寸长×宽×厚/毫米 | 810×810×370 | 1000×1000×370 | 1100×1100×370 | 1400×1400×400 | 1550×1550×400 |

## 八、消毒设备

### （一）人员的清洗消毒设施

对本场人员和外来人员进行清洗消毒。一般在兔场入口处设有人员脚踏消毒池，外来人员和本场人员在进入场区前都应经过消毒池对鞋进行消毒。在生产区入口处设有消毒室（见图2-9），消毒室内设有更衣间、消毒池、淋浴间和紫外线消毒灯等，本场工作人员及外来人员在进入生产区时，都应经过淋浴、更换专门的工作服和鞋、通过消毒池、接受紫外线灯照射等过程，方可进入生产区，紫外线灯照射的时间要达到15～20分钟。

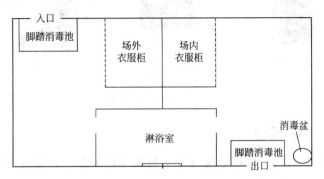

图2-9 兔场生产区入口的人员消毒室示意图

## （二）车辆的清洗消毒设施

兔场的入口处设置车辆消毒设施，主要包括车轮清洗消毒池和车身冲洗喷淋机（图2-10）。

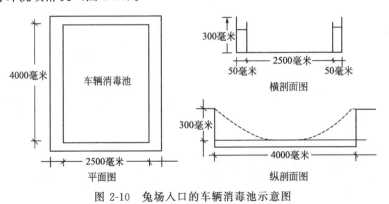

图2-10 兔场入口的车辆消毒池示意图

## （三）场内清洗消毒设备

兔场常用的场内清洗消毒设施有高压冲洗机、喷雾器和火焰消毒器。其中高压冲洗机使用最多最广泛，如图 2-11 所示。

(a) 简易压力式　　　　　(b) 背负式电动　　　　　(c) 高压电动消毒
　消毒喷壶　　　　　　　消毒喷雾器　　　　　　　喷雾器

图 2-11　清洗消毒设备

## 九、其他设备

包括耳号钳、耳标等编耳号工具和环境控制、环保以及监控设施等。

第三章

<<<<<

# 兔的品种引进及繁育

**核心提示**

兔的品种多种多样，各具特点，必须根据生产方向选择适应性强、生产性能好的品种。注重种兔的选择和选配，提供适宜的环境和充足的营养，采用人工催情、重复配种和双重配种、频密繁殖法等繁殖方法，提高兔的繁殖率和仔兔质量。

## 第一节 兔的品种及引进

### 一、兔的品种类型

兔的品种是人类为了生产、生活需要，在一定社会、自然条件下，通过选育而形成的具有某种经济特性的类群。兔是由野生穴兔驯化而成，经过世世代代的选育，目前世界各国饲养的兔品种约60多个，品系多达200多个。我国目前饲养的众多兔品种，大部分由国外引进，我国也培育成了一些品种和品系。

由于各地育种的经济目的、选育方法和饲养管理条件等不同，使兔的各个品种之间在外貌特征、体格大小、被毛结构以及生产性能等方面，呈现不同程度的差异，但也有其共同的特点。把具有某些相同特点的兔品种划为一类，这就叫兔品种的分类。兔的品种分类方法见表3-1。

### 二、兔的品种介绍

兔品种的优劣，直接关系着养兔业生产水平高低和经济效益的好

表 3-1　兔的品种分类方法

| 分类方法 | 类型 | 特　征 |
|---|---|---|
| 根据被毛类型分类 | 标准毛品种 | 亦叫普通毛兔品种。该类型兔的被毛中粗毛(枪毛)长约 3.5 厘米,绒毛长约 2.2 厘米,二者的长度相差悬殊,而且被毛中粗毛所占比例大。常见的肉用和皮肉兼用兔品种,绝大多数均属于这一类型。如中国白兔、新西兰兔、加利福尼亚兔、青紫蓝兔等 |
| | 长毛品种 | 其特点是被毛较长,成熟毛均在 5 厘米以上,粗毛和绒毛均为长毛,且粗毛比例较标准毛类型小,如安哥拉兔等 |
| | 短毛品种 | 短毛类型的兔品种很少,最典型的代表是力克斯兔(獭兔),其特点是毛纤维很短(毛长约 1.5 厘米),一般为 1.3~2.2 厘米,不仅粗毛含量少,而且粗毛和绒毛一样长,没有突出于绒毛之上的枪毛 |
| 根据经济用途分类 | 肉用兔 | 其经济特性以生产兔肉为主。其特点是体型较大,多为大、中型;体躯丰满、肌肉发达;繁殖力强;生长快,饲料转化率高,屠宰率高,肉质鲜美。如新西兰兔、加利福尼亚兔等 |
| | 皮用兔 | 其经济特性是以生产优质兔皮为主,同时也可提供兔肉。其特点是体型多为中、小型;被毛浓密、平整,色泽鲜艳;皮板组织细密。毛皮是制作华丽名贵裘衣的原料,在国际市场上深受欢迎,如力克斯兔、哈瓦那兔、亮兔等 |
| | 毛用兔 | 以生产兔毛为主。其特点是体型中等偏小,绒毛密生于体躯及腹下、四肢、头等部分;毛质好,生长快,70 天毛长可达 5 厘米以上,每年可采毛 4~5 次。安哥拉兔是世界上唯一的毛用兔品种 |
| | 皮肉兼用兔 | 其经济特性是没有突出的生产方向,介于肉用和皮用兔二者之间,兼顾肉与皮生产能力。如青紫蓝兔、日本大耳白兔、德国花巨兔 |
| | 实验用兔 | 兔是医学、药物、生物等众多学科的科研和生产部门广泛应用的实验动物,这是由于它具有体小,性情温驯,繁殖力高,易于保定,注射、采血容易,观察方便等特点。如日本大耳白兔,就具有耳大、血管清晰、容易注射的特点,因此成为比较理想的实验用兔品种。此外,新西兰白兔、喜马拉雅兔、荷兰兔等,均为应用较多的实验用品种 |
| | 观赏性用兔 | 有些兔品种由于外貌奇特,或其被毛华丽珍稀,或其体格轻微秀丽,适于观赏。如垂耳兔、荷兰矮兔、波兰兔、喜马拉雅兔等 |
| 根据体型大小分类 | 大型兔 | 成年体重 5 千克以上。其特点是体格硕大,成熟较晚,增重速度快,但饲料转化率较低。如法国公羊兔、弗朗德巨兔、德国花巨兔、哈白兔、塞北兔等 |

续表

| 分类方法 | 类型 | 特　征 |
|---|---|---|
| 根据体型<br>大小分类 | 中型兔 | 成年体重3～5千克。其特点是体型结构匀称，体躯发育良好，增重速度快，饲料转化率好，屠宰率高，优良的肉用品种多属于这一类型，如新西兰白兔、加利福尼亚兔、丹麦白兔、日本大耳白兔等 |
| | 小型兔 | 成年体重2～3千克。其特点是性成熟早、繁殖力高，但增重速度不快，生产性能不高。如中国白兔、中系安哥拉兔、英系安哥拉兔 |
| | 微型兔 | 成年体重在2千克以下。其特点是性情温驯，体重多为1千克左右，小巧玲珑，逗人喜爱。典型的微型观赏品种，属于这一类型。如荷兰矮兔、波兰兔、喜马拉雅兔（国外培育的观赏用类群）等 |

坏。一个好的品种，在不增加或少增加投资的情况下，可以产出更多更好的兔产品，所以兔饲养者都应把"良种化"作为提高兔生产、改善经济效益的首要措施。因此，了解兔品种的有关知识，有利于引种、保种以及正确的饲养管理和经营管理，从而做到少损失、多收益。我国目前饲养的兔品种，除少数是由我国自己培育外，多数由国外引进。

（一）肉用型品种

**1. 新西兰白兔**

【产地及外貌特征】原产于美国，是当代世界著名的肉用品种，也是重要的实验用兔品种之一。有白色、红色和黑色3个变种，其中以白色最为著名，饲养也最广泛。新西兰白兔体型中等，头圆额宽，两耳直立，眼球呈粉红色，腰背宽平，体躯丰满，后躯发达，臀部宽圆，四肢强壮有力。脚底毛粗、浓密、耐磨，能防脚皮炎，适于笼养。

【生产性能及特点】最显著的特点是早期生长发育快，40日龄断奶重1.0～1.2千克，8周龄体重可达2千克，90日龄可达2.5千克以上。成年母兔体重4.0～5.0千克，成年公兔为4.0～4.5千克，屠宰率为50%～55%，产肉性能好，肉质细嫩。繁殖力强，年可繁殖5胎以上，每胎产仔7～9只。

新西兰白兔性情温驯，抗病力较强，适应性较好，容易管理，是集约化生产的理想品种。在肉兔生产中，与中国白兔、日本大耳白兔、加利福尼亚兔等杂交，能获得较好的杂种优势。但对饲养管理要求较高，中等偏下的营养水平早期增重快的优势得不到充分发挥。同时，其被毛较长和回弹性稍差，毛皮质量不理想，利用价值较低。

### 2. 加利福尼亚兔

【产地及外貌特征】原产于美国加利福尼亚州，故亦简称加州兔。系由喜马拉雅兔、青紫蓝兔和新西兰白兔杂交选育而成的世界著名肉用兔品种，在美国的饲养量仅次于新西兰白兔。

加利福尼亚兔仔兔哺乳期被毛全白，换毛以后体躯被毛白色，但两耳、鼻端、四肢末端和尾部呈黑褐色，故亦有"八点黑"之称。夏季色淡。眼呈红色，耳较小直立，颈粗短，躯体紧凑，肩、臀发育良好，肌肉丰满。被毛柔软厚密，富有光泽，弹性好，秀丽美观。

【生产性能及特点】该兔体型中等，成年公兔体重 3.4～4.0 千克，母兔 3.5～4.5 千克。6 周龄体重达 1～1.2 千克，2 月龄重 1.8～2 千克，3 月龄可达 2.5 千克。屠宰率 52%～54%，肉质鲜嫩，繁殖力强。平均每胎产仔 7～8 只，且兔发育均匀。

该兔外形秀丽，性情温驯，早熟易肥，肌肉丰满，肉质肥嫩，屠宰率高，母兔繁殖性能好，生育能力和毛皮品质优于新西兰白兔，尤其是哺乳力特强，同窝兔生长发育整齐，兔成活率高，故享有"保姆兔"之美誉。该兔的遗传性稳定，在国外，多用之与新西兰白兔杂交，利用杂种优势来生产商品肉兔。在我国也表现了良好适应性和生产性能，在改良本地肉用兔生产性能方面获得明显效果，但该兔生长速度略低于新西兰白兔，对断奶前后的饲养条件要求较高。

### 3. 比利时兔

【产地及外貌特征】源于比利时佛兰德地区的野生穴兔，后经英国选育而成，是比较古老的大型肉用兔品种。比利时兔的形态和毛色酷似野兔，被毛黄褐色或深褐色，耳尖有光亮黑色毛边和尾部内侧呈黑色是其显著特征。体躯结构匀称，头型似马，两耳较长且直立，颊部突出，脑门宽圆，鼻梁隆起，颈部粗短，肉髯不发达，四肢粗壮，后躯发达，肌肉丰满，骨骼粗重。

【生产性能及特点】属于大型品种，成年公兔体重 5.5～6 千克，母兔 6～6.5 千克，高者可达 9 千克，屠宰率达 52%～55%。繁殖力强，平均每胎产仔 7～8 只，最高可达 16 只。

比利时兔具有生长发育快、耐粗饲、适应性强、泌乳力高、肌肉丰满等优点。与中国白兔、日本大耳白兔、加利福尼亚兔、青紫蓝兔杂交，杂种优势明显。该兔与中型肉用兔相比，成熟较晚，饲料报酬低，因骨骼粗壮，净肉率较低。同时在金属网底上饲养时，患脚皮炎的比例较高。因此，在商品肉兔饲养中，可作为父本品种饲养，用于和中小型品种母兔杂交生产商品肉兔，一般可获得良好效果。

**4. 哈尔滨大白兔**（哈白兔）

【产地及外貌特征】由中国农业科学院哈尔滨兽医研究所培育的一个大型肉用品种。以比利时兔为父本，哈尔滨本地白兔和上海大耳兔为母本，所产白色杂种母兔，再用德国花巨兔公兔进行杂交，选留其中白色后代，经横交固定选育而成。

哈白兔全身被毛洁白，毛密柔软。头大小适中，耳长大直立，耳尖钝圆，眼大有神，呈粉红色。公、母兔都具肉髯。四肢健壮，体躯较长，前后躯匀称，体质结实，肌肉丰满。

【生产性能及特点】属于大型品种，成年公兔体重 5～6 千克，母兔 5.5～6.5 千克。平均窝产 10.5 只，其中活 8.8 只。初生兔只均体重 55 克，42 日龄断奶只均体重 1.08 千克，60 日龄只均 1.89 千克，90 日龄 2.76 千克。据报道，1 月龄日均增重 22～43 克，2 月龄日均增重 31～42 克，早期生长发育最高峰在 70 日龄，平均日增重 35～61 克，70 日龄以后增重速度逐渐减弱。据 36 只 45～90 日龄兔饲养试验测定结果，饲料转化率 1:3.11，半净膛屠宰率 57.6%，全净膛屠宰率 53.5%。

哈白兔具有耐寒、适应性强、饲料转化率高、早期生长发育快、毛皮质量好等优点，但需要良好的饲养条件。

**5. 齐卡肉兔配套系**

【产地】齐卡肉兔是由德国齐卡兔育种公司培育的世界著名肉兔配套系。齐卡配套系肉兔由大、中、小 3 个专门化品系构成，3 系配套生产商品肉兔。

【生产性能及特点】在德国全封闭式兔舍、标准化饲养条件下，年产商品活兔数 60 只，每胎平均产 8.2 只，28 日龄断奶重 650 克，56 日龄体重 2.0 千克，84 日龄体重 3.0 千克，日增重高达 40 克，料肉比为 2.8:1。四川省畜牧兽医研究所在开放式自然条件下测定结果为：商品肉兔 90 日龄体重 2.4 千克，日增重 32 克以上，料肉比 3.3∶1。

**6. 布列塔尼亚配套系**

【产地】布列塔尼亚肉兔配套系是法国养兔专家贝蒂经多年精心培育而成的大型白色肉兔配套系，由 A、B、C、D 四系组合而成。

【生产性能及特点】该配套系具有较高的产肉性能、极高的繁殖性能和较强的适应性。该配套系在良好的饲养管理条件下，一般每胎产 9～12 只，最高达 23 只。该肉兔要求有理想的管理条件和较高的饲养水平。

**7. 伊普吕配套系**

【产地】该配套系由法国克里莫兄弟公司经 20 年的精心培育而成。

【生产性能及特点】该肉兔具有繁殖力强、生长速度快、抗病力强、屠宰率高等特点。母兔年产 8.7 窝，每窝产活仔 9.3～9.5 只，年产仔 80.91～82.65 只，窝断奶仔兔数 8.1～8.5 只，窝上市商品肉兔 7.1～7.7 只，70 日龄体重 2.34 千克，屠宰率 58%～59%。

**8. 伊拉配套系**

【产地】法国培育而成的 4 系配套系。

【生产性能及特点】父系（AB 公兔）成年体重 5.4 千克，母系（CD 母兔）成年体重 4.0 千克，窝产仔 8.9 只，32～35 日龄断奶体重 820 克，日增重 43 克，70 日龄体重 2.47 千克，饲料转化率 2.7～2.9，屠宰率为 58%～59%。

**（二）毛用型品种**

**1. 法系安哥拉兔**

【产地及外貌特征】原产法国，是当前世界著名的粗毛型长毛兔。头部偏而尖削，面长鼻高，耳大而薄，耳背无长绒毛，俗称"光板"。额毛、颊毛和脚毛均为短毛，腹毛亦较短，被毛密度差，粗毛含量多，绒毛不易缠结，毛质较粗硬。

【生产性能及特点】体型较大，成年体重 3.5～4.0 千克。法国非常重视对安哥拉兔的选育，生产性能不断提高，由 1950 年平均年产毛量 500～600 克提高到目前优秀个体年产毛量过 1200 克，粗毛含量 13%～20%。年可繁殖 4～5 胎，每胎产 6～8 只。

　　法系安哥拉兔具有粗毛含量高、适应性强、耐粗饲、繁殖力强、泌乳性能好、抗病力较强等特点，在培育中国粗毛型长毛兔新品系中起到了重要的作用。

**2. 德系安哥拉兔**

　　【产地及外貌特征】原产于德国，我国通称为西德长毛兔，该兔是目前世界上饲养最普遍、产毛性能最好的安哥拉兔类群之一。该兔属细毛型长毛兔，被毛厚密，有毛丛结构，毛纤维具有明显的波浪形弯曲，粗毛含量低，不易缠结。腹毛长而密，四肢毛和脚毛非常丰盛，毛长毛密再加上粗壮的骨骼，形似老虎爪。头型扁而尖削，面部绒毛着生情况很不一致，有些面部有少量长毛，两耳上缘有长毛；有些则耳毛、颊毛、额毛较丰盛；而多数面颊和耳背均无长毛，只有耳尖有一撮毛飘出耳外。

　　【生产性能及特点】体型较大，成年兔体重一般在4~4.5千克以上。据德国种兔测定站测定，成年公兔平均年产毛量为1190克，最高达1720克；成年母兔平均年产毛量为1406克，最高达2036克。我国引入的德系安哥拉兔平均年产毛量800~1000克，高者达1600克。粗毛含量5%~6%，结块率约为1%。

　　德系安哥拉兔繁殖性能较差，年可繁殖3~4胎，每胎产仔6~7只，最高可达12只。幼兔生长迅速，1月龄平均体重0.5~0.6千克，42天断奶重0.9~0.95千克。德系安哥拉兔自1978年引进饲养以来，具有产毛量高、绒毛品质好、不易缠结等突出优点，在改善我国长毛兔产毛性能方面起到了积极的推动作用，但不足之处是繁殖受胎率低，耐热性较差，抗病力较弱，耐粗饲性差，对饲养管理条件要求较高。

**3. 镇海巨型高产长毛兔**

　　【产地及外貌特征】镇海巨型高产长毛兔系是浙江省镇海种兔场采用本地长毛兔与德系长毛兔及多品种高产兔杂交培育而成。该兔是目前已知的安哥拉兔品种中平均体重最大、群体产毛量最高的种群。

　　【生产性能及特点】成年兔平均体重5千克以上，最高达7.45千克；平均年产毛量1500克。被毛密度很大，尤其是腹毛更为突出，脚毛也很丰盛，毛丛结构明显，绒毛纤维较粗，不缠结，粗毛含量较高。兔群繁殖性能良好；窝均产仔5.5只，母性强，兔成活率高。幼兔生长快，2月龄平均体重达2千克左右，3月龄达3千克以上，6月龄4.25千克以上。该兔适应性和抗病力均较强，但要求有较好的饲养管理条件。

**4. 中国粗毛型长毛兔新品系**

【产地及外貌特征】镇海巨型高产长毛兔系是浙江省镇海种兔场采用本地长毛兔与德系长毛兔及多品种高产兔杂交培育而成。该兔是目前已知的安哥拉兔品种中平均体重最大、群体产毛量最高的种群。中国粗毛型长毛兔新品系共分3系，即苏Ⅰ系、浙系、皖Ⅲ系，是在20世纪80年代中后期分别由江苏、浙江、安徽三省农科院等众多科研和生产单位的科技人员通力协作，采用多品系、多品种杂交创新，然后横交固定，并经系统选育，形成了具有双高特征（高粗毛率、高产毛量）的粗毛型长毛兔新品系。

【生产性能及特点】

（1）苏Ⅰ系粗毛型长毛兔　苏Ⅰ系兔的生活力强，繁殖力高，体重大，粗毛率和产毛量高。成年兔体重平均在4.5千克以上。平均每胎产仔数7.14只，产活兔6.76只，42天断奶育成兔5.71只，断奶体重达1080克。8月龄的粗毛率达15.75%，12月龄时粗毛率达17.72%，最高达24%以上。平均年产毛量达900克，最高达1200～1300克。

（2）浙系粗毛型长毛兔　浙系兔成年体重3.9千克左右。繁殖性能良好，平均每胎产6.77只，产活数6.28只，42天断奶育成4.39只，断奶体重平均1115克。该兔具有产毛量和粗毛率均较高的特点，12月龄的粗毛率达15.94%，平均年产毛量960克，最高达1400克。

（3）皖Ⅲ系粗毛型长毛兔　皖Ⅲ系兔成年体重平均4.1千克。繁殖性能好，平均每胎产7.06只，产活数6.62只，42天断奶育成5.65只，断奶体重平均867克。年产毛量800～1000克，粗毛率达15%以上。

（三）皮用型品种

**1. 力克斯兔**

【产地及外貌特征】原产法国科伦地区，是当今世界最著名的短毛类型的皮用兔品种。由于毛皮与水獭皮相似，所以在我国通常称为"獭兔"。最初育成的力克斯兔，只有一种毛色，即海狸力克斯。后来，各种毛色的力克斯兔相继出现，目前美国公认的色型有 14 种，即黑色、海豹色、加利福尼亚色、山猫色、巧克力色、乳白色、碎花色等。但实际上还不止 14 种毛色，据报道，英国有 28 种色型的力克斯兔。

【生产性能及特点】外形清秀，结构匀称，头小嘴尖，眼大而圆，耳长中等，竖立成"V"字形，须眉细而弯曲，肌肉丰满，四脚强健有力，动作灵敏，全身被毛浓密，毛长 1.3～2.2 厘米，短而平整，坚挺有力，直立无毛向，柔软富弹性，光亮如绢丝，枪毛很少且与绒毛等长，出锋整齐，不易脱落，保温性强，色彩鲜艳夺目。力克斯兔体型中等，成年兔 3.0～3.5 千克。母兔年产 4～5 窝，每窝平均产活 6～8 只。商品力克斯兔在 5～5.5 月龄、体重 2.5 千克以上时屠宰取皮，皮质较好，产肉率亦高。

力克斯兔的皮毛天然色型绚丽多彩，且被毛具有短、密、细、平、美、牢等优点，但对饲养管理条件要求较高，不适应粗放管理，母兔哺乳性能较差，容易造成仔兔死亡，抗病能力亦较弱。

**2. 亮兔**

【产地及外貌特征】是力克斯兔的一个变种，因其皮毛表面光滑亮泽鲜艳而得名。据报道，该兔于 1930 年在美国首次发现。

亮兔的两耳直立，头中等，背腰丰满，臀圆，体质健壮。该兔的被毛结构特殊，与力克斯兔正好相反，枪毛长 2.5～3.8 厘米，而且较绒毛生长快，把绒毛全部覆盖在枪毛之下，并自然地紧紧贴在皮板上，所以只见枪毛不见绒毛。由于枪毛发生突变，鳞片非常平整，使得全身明亮如缎，质地柔软，色彩鲜艳悦目。被毛有巧克力色、青铜色、黑色、蓝色、白色、棕色、红色、加利福尼亚色等色型。

【生产性能及特点】体型中等，成年公兔平均体重超过 4 千克，母兔 4.5 千克。母兔繁殖力较好，年可繁殖 5 窝，每窝产 6～10 只。兔初生重 50～60 克，30 日龄 500 克以上，42 日龄断奶重平均 0.75 千克，3～4 月龄体重可达 2～2.5 千克。

亮兔具有被毛品质优良、色彩鲜艳、繁殖力较高、生长发育快等优点。但性成熟较晚，窝产仔数变化较大。我国也已引进，尚处于试养观察阶段，分布不广。

## （四）皮肉兼用型品种

### 1. 中国白兔（中国本兔）

【产地及外貌特征】是我国劳动人民长期培育成的一个地方优良品种，由于过去饲养该兔主要作肉用，故又称菜兔。该品种属皮肉兼用的小型品种。在全国各地均有饲养，以四川省最多，但由于引入品种的不断增加，数量逐渐减少。

中国白兔体躯结构紧凑，头小嘴尖，耳小直立，后躯发育良好，动作敏捷灵活，善于跑跳。被毛洁白而短密，但也有少量黑色、灰色和棕黄色等个体，皮板厚实，被毛优良。白色兔的眼睛呈粉红色，杂色兔的眼睛则为黑褐色。

【生产性能及特点】体型小，成年体重2～2.5千克，据成都市资料，成年兔体重平均为2.35千克。性成熟早，繁殖力强，4月龄即可配种繁殖，年产6胎以上，每胎产6～9只，最多可达15只，兔初生重50克左右。母兔性情温驯，哺育力强，兔成活率高，28日龄断奶成活率95%。90日龄体重970克，150日龄体重1500克，180日龄1730克，增重高峰期在60日龄前后。

中国白兔具有耐粗饲、适应性好、抗病能力强、性成熟早、配怀率高、耐频密繁殖、肉质鲜美等优点，但存在体型小、生长速度慢、产肉性能不高、皮张面积小等缺点。今后应加强对该品种的选育提高工作，充分利用和保留该品种的优良特性，改进其缺点。

### 2. 日本大耳白兔（大耳兔、日本白兔）

【产地及外貌特征】是以日本兔和中国白兔杂交选育而成的皮肉兼用型品种。我国各地均有饲养。被毛纯白紧密，眼睛红色，以耳大著称，耳根及耳尖部较细，形似柳叶，母兔颌下有肉髯，颈部粗壮，体型较大，质结实。但因该品种在日本分布地区不同而存在很大差异，现已统一规定以皮毛纯白、8月龄体重约4.8千克、毛长约25毫米、耳长180毫米左右、耳壳直立者，称作标准的大耳白兔。本品种由于具有耳长大、白色皮肤和血管清晰的特点，是较为理想的实验用兔品种。

【生产性能及特点】体型较大，成年兔体重4.5～5.0千克，母兔年产5～6窝，每窝产8～10只，最高达17只，初生兔平均重60克，母兔泌乳量大，母性好。幼兔生长迅速，2月龄达1.4千克，4月龄

3 千克，7 月龄 4 千克。

日本大耳白兔体型较大，生长发育较快；繁殖力强，泌乳性能好；肉质好，皮张品质优良；体格健壮，能很好地适应我国的气候和饲养条件，从南到北均有饲养，是我国饲养数量较多的一个品种，但存在骨架较大、胴体欠丰满、净肉率较低的缺点。

**3. 青紫蓝兔**

【产地及外貌特征】青紫蓝兔原产于法国，因其被毛色泽与南美洲的一种珍贵毛皮兽"青紫蓝"（我国称毛丝鼠或绒鼠）的毛色非常相似而得名。青紫蓝兔是由嘎伦兔、喜马拉雅兔和蓝色贝韦伦兔杂交育成。该品种原为著名的皮用品种，后经选育向皮肉兼用型发展，当今已成为优良的皮肉兼用品种，亦是常见的实验用兔。

青紫蓝兔被毛蓝灰色，并夹杂全黑和全白的枪毛，耳尖和尾背面为黑色，眼圈和尾底为白色，腹部为淡灰色到灰白色。每根毛纤维分为 5 个色段，自基部到毛尖依次为深灰色、乳白色、珠灰色、白色、黑色，在微风吹拂下，其被毛呈现彩色轮状漩涡，甚为美观。眼睛为茶褐色或蓝色。目前青紫蓝兔有 3 个类型，即标准型、美国型和巨型。

【生产性能及特点】

（1）标准型　体型较小，成年母兔体重 2.7～3.6 千克，公兔 2.5～3.4 千克。被毛颜色较深，呈灰蓝色，并有明显的黑白相间的波浪纹，色泽美观。体质结实紧凑，耳短直立，颌下无肉髯。

（2）美国型　体型中等，成年母兔体重 4.5～5.4 千克，公兔 4.1～5.0 千克。体长中等，腰背丰满，耳长，被毛颜色较浅，母兔颌下有肉髯。

（3）巨型　体型大，偏向肉用型，成年母兔体重 5.9～7.3 千克，公兔 5.4～6.8 千克。肌肉丰满，耳较长，公母兔均有肉髯，被毛颜色较淡。

青紫蓝兔很早以前就引入到我国，现在全国各地广为饲养，尤以标准型和美国型较普遍。该兔具有毛皮品质好、耐粗饲、适应性强、繁殖力高、泌乳力好等优点，能很好适应我国的饲养条件，深受群众欢迎，其美中不足的是生长速度较慢。

**4. 丹麦白兔**

【产地及外貌特征】丹麦白兔原产于丹麦，是著名的中型皮肉兼用兔。被毛纯白，柔软浓密，体型匀称丰满，头较短宽，耳小直立，眼睛红色，颈短而粗，背腰宽平，四肢较细。体型中等。

【生产性能及特点】成年兔体重 3.5～4.5 千克。兔初生重在 50 克以上，40 日龄断奶体重达 1 千克左右，90 日龄达 2.0～2.3 千克。每胎平均产 7～8 只，最高达 14 只。

丹麦白兔性情温驯，早期生长较快，产肉性能较好，毛皮质地良好，适应性和抗病力强，尤其是兔的繁殖率高，是作为杂交母本生产商品兔的一个好品种。

### 5. 德国花巨兔

【产地及外貌特征】原产于德国，为著名的大型皮肉兼用品种。花巨兔在德国称作德国巨型兔。此外，有英国花巨兔、美国花巨兔等。由于我国 1976 年由丹麦引进的系为德国巨型兔，故在我国习惯称作德国花巨兔。德国花巨兔体躯较长，略呈弓形，腹部离地面较高。性情活泼，行动敏捷，善于跳跑，目光锐利，不够温驯，富于神经质。全身毛色为白底黑花，黑色斑块往往对称分布，最典型的标志是从耳后到尾根沿背脊有一条边缘不整齐的黑色背线，黑嘴环，黑睛圈，黑耳朵，在眼睛和体躯两侧往往有若干对称大小不等的蝶状黑斑，全身色调非常美观大方，故有"熊猫兔"之称。

【生产性能及特点】在德国成年兔体重一般超过 6.5 千克，最低 5 千克，引入我国后，据东北农学院观测，成年兔体重为 5.5～6.0 千克，40 日龄断奶体重为 1.1～1.2 千克，90 日龄体重为 2.5～2.6 千克。该品种的产仔数很高，平均每胎产 11～12 只，有的高达 17～19 只。兔初生重 70 克左右。甘肃省临洮县乳兔（主要供兽医生物药厂生产疫苗用）生产中，充分利用该兔产数高的特点来繁殖乳兔，母兔可年产 8～10 胎，年提供乳兔 50～80 只，是乳兔生产中较理想的一个品种，深受群众欢迎。

德国花巨兔的主要缺点是母性不强，哺育兔的能力差，故兔成活率低。毛色遗传不够稳定，在纯繁时，后代会出现全黑和全白个体，在黑花分布上个体间差异很大。

### 6. 塞北兔

【产地及外貌特征】塞北兔是由河北省张家口农专用法系公羊兔与比利时兔，经过二元轮回杂交、选择定型、培育提高三个育种阶段，历时 10 年育成的大型肉皮兼用新品种。塞北兔体型呈长方形，初毛黄褐色，四肢内侧、腹部及尾腹面为浅白色。被毛绒密，皮质弹性好。鼻梁有 1 条黑色鼻峰线。耳较大，一侧直立，一侧下重，少数两耳直立或下垂。胸宽深，背平直，后躯丰满，四肢短粗、健壮。

【生产性能及特点】塞北兔个体大，生长快，耐粗饲，性温驯，适应性、抗病力强，繁殖率高，年产 4～6 胎，每胎产 7～8 只，多者可达 15～16 只。兔初生重 60～70 克，30 日龄断奶体重 650～1000 克。在一般饲养管理条件下，平均日增重 25～37.5 克，料肉比为 3.29∶1。成年兔体重平均为 5.3 千克。

## 三、种兔的选择和引进

种兔要到育种场和信誉高的种兔场引进，并进行严格挑选，搞好运输管理。

### （一）种兔的挑选

#### 1. 外貌特征要求

见表 3-2。

表 3-2　种兔的外貌特征要求

| 部位 | 要　　求 |
| --- | --- |
| 头部 | 头的大小要与身体相匀称，公兔的头应稍显宽阔，母兔的头应显得清秀。眼睛明亮圆睁，没有眼泪，反应敏捷；鼻孔干净通畅呈粉红色，没有任何附着物，没有损伤和脱毛；两耳直立灵活，温度适宜，无疥癣，耳孔内没有脓痂或分泌物 |
| 体躯 | 胸部宽深、背部平直、臀部丰满，腹部有弹性而不松弛 |
| 四肢 | 强壮有力，肌肉发达，姿势端正；无软弱、外翻、跛行、瘫痪现象或"划水"姿势 |
| 皮毛 | 被毛的颜色、长短和整齐度符合品种特征，肉兔和兼用兔被毛浓密、柔软，有弹性和光泽；长毛兔被毛洁白、光亮、松软不结块；獭兔毛色纯正、出锋整齐、光亮。皮肤厚薄适中，有弹性。全身被毛完整无损、无伤斑和疥癣 |
| 外生殖器 | 母兔外阴开口端正，没有异常的肿胀和炎症，周围的毛不湿也不发黄；公兔的阴茎稍微弯曲但不外露，阴茎头无炎症，包皮不肿大，睾丸大小适中，两侧光滑、一致、坚实有弹性，阴囊无外伤和伤痕 |
| 乳头 | 奶头和乳房无缺损，乳头数越多越好，至少 4 对以上 |
| 肛门 | 周围洁净，没有粪便污染。挤出的粪便呈椭圆形，大小一致，干湿适中，不带有黏液和血迹 |

**2. 技术要求**

（1）了解种兔 弄清楚品种及来源，种兔的规格〔公母比例一般为 1：（4～6）适当〕。

（2）注意系谱卡和耳标号 细致观察种兔有没有系谱卡和耳标号，并且保证准确真实。

（3）进行疫苗免疫和驱虫 调运前 20 天作兔瘟、兔巴氏杆菌和魏氏梭菌三联苗注射。调运前 15 天作体内寄生虫和体外寄生虫的驱除工作。

**（二）种兔的引进**

**1. 做好引进准备**

根据数量多少和距离远近选择好交通工具，准备好包装箱，并进行彻底的清洁消毒；准备好路上遮风、挡雨、防晒的用具；路途超过 24 小时的，冬季每天准备 0.25～0.5 千克/只的胡萝卜和 50克/只混合料，夏季准备 0.25～0.5 千克/只鲜嫩草，并携带种兔场0.75～1 千克/只的混合精料或颗粒料，以备到达目的地后饲料过渡之用。

**2. 运输**

（1）装箱装车 用粗钢丝、细钢筋、打孔铁片制成的包装箱，每箱 4～6 只；装车时要在每层笼下铺一层干草、稻草或塑料布，防止上层对下层的粪尿污染，汽车运输，箱的层数一般为 2～5 层。

（2）运输管理 最好选在春秋气候温和的时候运输。冬季运输注意保温，仅在车后留空隙进行通风；夏季注意降温，在凉爽的时候运输。运输要平稳，避免强烈颠簸和高速转弯，避免雨淋、日晒，每 4小时可检查一次。

**3. 引入后的管理**

运到目的地，立即卸车，把笼箱单摆开，放在背风、向阳或通风、遮阴（夏季）处检查清理，最好放入运动场休息 1～1.5 小时，喂少许的青草或胡萝卜，饮 0.5％的糖水；在隔离舍内饲养 15～20天，确认无病后可与大群混合饲养；为防止种兔带来疥癣或其他病原体，卸车后用 5％的三氯杀螨水溶液将耳、爪等涂搽一遍，在饲料中加入一点抗菌药物；饲喂的饲料逐渐更换为本场饲料（4～5 天过渡期）。

# 第二节　兔的繁育

## 一、繁育方法

兔的繁育方法，一般可分为纯种繁育和杂交繁育两种。

### （一）纯种繁育

纯种繁育又称本品种选育，就是指同一品种内选配和选育。目的是为了保持本品种的优良特性和增加品种个体数量。

纯种繁育主要用于地方良种的选育、外来品种优良性稳定与提高及新品种的培育。通常对具有高度生产性能，适应性基本上已能满足社会经济水平要求的肉兔品种均采用这种繁育方法。在纯种繁育过程中，每个肉兔品种一般都有几个品系，每个具备本品种的一般特性，并具有明显突出的超越本品种特征的某些优点，品系间也可以开展杂交。所以品系繁育是纯种繁育重要一环，是促进品种不断提高和发展的一项重要措施。纯种繁育的措施主要有：一是整顿兔群，建立选育核心群；二是健全性能测定制度；三是开展品系繁育；四是做好引进外来品种的保种和风土驯化工作；五是引入同种异血种兔进行血液更新。

### （二）杂交繁育

不同品种或品系的公母兔交配称杂交代或称杂种。杂交可获得兼有不同品种（或品系）特征的后代，采用这种繁育方法可以产生"杂种优势"，即后代的生产性能和经济效益等都不同程度地高于其双亲的平均值。目前在肉兔中常用的杂交方式主要有以下几种。

**1. 经济杂交**（简单杂交）

利用两个或两个以上兔品种（品系）杂交，生产出具有超出亲本品种（品系）的杂种优势（杂种优势是指杂种后代的性能超过两个亲本平均值）的后代。肉兔商品生产中广泛采用。杂交方式有简单杂交、多品种杂交、轮回杂交、级进杂交、三元杂交和双杂交等。毛兔的商品生产基本不采用杂交，因为杂交会使毛色变乱，影响毛皮质量。

**2. 引入杂交**（导入杂交）

通常是为了克服某品种的某个缺点或为了吸收某个品种的某个优

点时使用。一般只杂交一次，然后从一代杂种中选出优良的公兔与原品种回交，再从第二代或第三代中（含外血 1/4 或 1/8）选出优秀的个体进行横交固定。

**3. 级进杂交**（改造杂交）

一般用外来优良品种改良本地品种。具体做法是：选用外来优良公兔与本地母兔交配，杂种后的母兔与外来良种公兔回交，一般连续杂交 3～5 代，使外血比重越来越高，达到理想要求为止。当出现理想型后就停止杂交，杂交进行自群繁育，并横交固定。

**4. 育成杂交**

主要用于培育新品种，又分简单育成杂交和复杂杂交。世界上许多著名的肉兔品种都是以育成杂交培育成的，如蓝兔和哈尔滨白兔。育成杂交一般可分为以下三个阶段：

（1）杂交阶段　通过两个或两个以上品种的公、母兔杂交，使各个品种的优点尽量在杂种后代中结合，目的是获得预期的理想型肉兔。

（2）确定阶段　当杂交达到理想型要求后，即可停止杂交，进行横交是为了迅速巩固理想类型和加速育成品种，往往采取近交或品育方法。

（3）提高阶段　通过大量繁殖，迅速增加理想型数量和扩大分布地目的，不断完善品种结构和提高品种质量，准备鉴定验收。如青紫蓝型兔育成的杂交模式如图 3-1 所示。

喜马拉雅山兔×野灰色噶伦兔　蓝色贝韦伦兔×野灰色噶伦兔
↓　　　　　　　　　　　↓
喜灰杂种兔　　×　　蓝灰杂种兔
↓
青紫蓝型兔
↓
青紫蓝型兔

图 3-1　青紫蓝型兔育成的杂交模式图

# 二、兔的选种和选配

## （一）兔的选种

**1. 选种方法**

（1）个体选择　根据兔的外形和生产成绩而选留种兔的一种方

法。这种选择对质量性状的选择最为有效，对数量性状的选择其可靠性受遗传力大小的影响较大，遗传力越高的性状，选择效果越准确。选择时不考虑窝别，在大群中按性状的优势或高低排队，确定选留个体，这种方法主要用于单性状的性能测定，按某一性状的表型值与群体中同一性状的均值之间的比值大小（性状比）进行排队，比值大的个体就是选留对象。如果选择 2～3 个性状，则要将这些性状按照遗传力大小、经济重要性等确定一个综合指数，按照指数的大小对所选的种兔进行排队，指数越高的兔其种用价值越高，高指数的个体就是选留对象。如评定安哥拉种兔指标主要有外形、繁殖性能、体重、产毛量和产毛率等。以各项重要程度定出其百分比为外形 10%、繁殖性能 10%、体重 15%、产毛量 30%、产毛率 20%、优质毛率 15%。个体选择比较简单易行、经济快速，但对遗传力低的性状不可靠，对胴体性状、限性性状（一种性相关遗传，基因位于常染色体或性染色体上，但性状仅在一种性别中表达，这些性状常和第二性状相关）无法考察。

（2）家系选择　以整个家系（包括全同胞家系和半同胞家系）作为一个选择单位，而根据家系某种生产性能平均值的高低来进行选择。利用这种方法选种时，个体生产水平的高低，除对家系生产性能的平均值有贡献外，不起其他作用，这种方法选留的是一个整体，均值高的家系就是选留对象，那些存在于均值不高的家系中而生产性能较高的个体并不是选留的对象。家系选择多用于遗传力低，受环境影响较大的性状。对于遗传力较低的繁殖性状如窝产仔数、产活仔数、初生窝重等采用这种方法选择效果较好。

（3）家系内选择　根据个体表型值与家系均值离差的大小进行选择，从每个家系选留表型值较高的个体留种，也就是每个家系都是选种时关注的对象，但关注的不是家系的全部，而是每个家系内表型值较高的个体，将每个家系挑选最好的个体留种就能获得较好的选择效果。这种选择方法最适合家系成员间表型相关很大而遗传力又低的性状。

（4）系谱选择　系谱是记录一头种兔的父母及其各祖先情况的一种系统资料，完整的系谱一般应包括个体的两三代祖先，记载每个祖先的编号、名称、生产成绩、外貌评分以及有无遗传性疾病、外貌缺陷等，根据祖先的成绩来确定当代种兔是否选留的一种方法就是系谱选择，也称系谱鉴定。系谱一般有三种形式即竖式系谱、横式系谱和结构式系谱，这些系谱格式在一般养兔书上都有介绍，一些大中型养殖场也都有系谱记录，这里仅列出横式系谱，其余不再赘述。系谱选择多用于对幼兔和公兔的选择。根据遗传规律，以父母代对子代的影响最大，其次是祖代，再次是曾祖代。祖代越远对后代的影响越小，通常只比较 2～3 代就可以了，以比较父母的资料为最重要。利用这种方法选种时，通常需要两只以上种兔的系谱对比观察，选优良者做种用。系谱选择虽然准确度不高，但对早期选种很有帮助，而且对发现优秀或有害基因，进行有计划的选配具有重要意义。

（5）同胞选择　通过半同胞或全同胞测定，对比半同胞或全同胞或半同胞-全同胞混合家系的成绩，来确定选留种兔的一种选择方法，同胞选择也叫同胞测验。同胞选择是家系选择的一种变化形式，二者不同的是家系选择选留的是整个家系，中选个体的度量值包括在家系均值中，而同胞选择是根据同胞平均成绩选留，中选的个体并不参与同胞均值的计算，有时所选的个体本身甚至没有度量值（如限性性状）。从选择的效果来看，当家系很大时，两种选择效果几乎相等。由于同胞资料获得较早，根据同胞资料可以达到早期选种的目的，对于繁殖力、泌乳力等公兔不能表现的性状，以及屠宰率、胴体品质等不能活体度量的性状，同胞选择更具有重要意义。对于遗传力低的限性性状，在个体选择的基础上，再结合同胞选择，可以提高选种的准确性。同胞选择能为所选个体胴体性状、限性性状提供旁证，花费时间也不太长，但准确性较差。

（6）后裔选择　根据同胞、半同胞或混合家系的成绩选择上一代公母兔的一种选种方法，它是通过对比个体子女的平均表型值的大小从而确定该个体是否选留，这种方法也称为后裔鉴定，常用的方法有母女比较法、公兔指数法、不同后代间比较法和同期同龄女儿比较法。后裔选择依据的是后代的表现，因而被认为是最可靠的选种方法，但是这种方法所需的时间较长，人力和物力耗费也较大，有时因条件所限，只有少数个体参加后裔鉴定；同时当取得后裔测定结果时，种兔的年龄已大，优秀个体得不到及早利用，延长了世代间隔，因此常用于公兔的选择。后裔选择时应注意同一公兔选配的母兔尽可能相同，饲养条件尽可能一致，母兔产仔时间尽可能安排在同一季节，以消除季节差异。后裔测定效果最可靠，但费时间、人力和物力。

**2. 选种程序**

种兔的系谱鉴定、个体选择、同胞选择和后裔鉴定在育种实践中是相互联系、密不可分的，只有把这几种鉴定方法有机结合起来，按照一定的程序严格进行测定和筛选，才能对种兔作出最可靠的评价。由于种兔的各项性状分别在特定的时期内得以表现，对它们的鉴定和选择必然也要分阶段进行。

不同类型的兔，在仔兔断奶时都应进行系谱鉴定，并结合断奶体重和同窝同胞的整齐度进行评定和选择。随后，不同类型的兔，在生长发育的不同阶段，按各自的要求对后备兔进行评定和选择，即个体鉴定。经过系谱鉴定和个体鉴定，把符合要求的个体留作种用，当其后代有了生产记录后再进行后裔鉴定。选择后备种兔时，一定要从良种母兔所产的3～5胎幼兔中选留，开始选留的数量应比实际需要量多1～2倍，而后备公兔最好应达到10∶1或50∶1的选择强度（国外2%）。

为了提高性状的遗传改进量，减少计算量，兔选种时应减少拟选性状的个数，同时将拟选性状分成两组，分别对公、母兔进行选择，公兔或父本品系主要选择产肉方面的性状，母兔或母本品系主要选择母性方面的性状，如泌乳力、断奶成活数等。不同类型兔的选种程序见表3-3。

**表 3-3 兔的选种程序**

| 类型 | 选择时间 | 选 择 标 准 |
|------|----------|-------------|
| 肉用种兔 | 第一次<br>仔兔断奶时进行 | 主要根据断奶体重进行选择，选留断奶体重大的幼兔作为后备种兔，因为幼兔的断奶体重对其后的生长速度影响较大（$r=0.56$），再结合系谱和同窝同胞在生长发育上的均匀度进行选择 |
| | 第二次<br>10～12周龄内进行 | 着重测定个体重、断奶至测定时的平均日增重、饲料消耗比等性状，用此三项指标构成选择指数进行选择，可达到较好的选择效果 |
| | 第三次<br>4月龄时进行 | 根据个体重和体尺大小评定生长发育情况，及时淘汰生长发育不良的个体和患病个体 |

| 类型 | 选择时间 | 选 择 标 准 |
|------|---------|------------|
| 肉用种兔 | 第四次<br>初配时进行 | 一般中型品种在5～6月龄、大型品种在6～7月龄。根据体重和体尺的增长以及生殖器官发育的情况选留,淘汰发育不良个体。母兔要测体重,因为母兔体重与仔兔初生窝重有很大关系($r=0.87$);公兔要进行性欲和精液品质检查,严格淘汰繁殖性能差的公兔。对选留种兔安排配种 |
| | 第五次<br>1岁左右母兔繁殖3胎后进行 | 主要鉴定母兔的繁殖性能,淘汰屡配不上的母兔。根据母兔前3胎受配情况、母性、产(活)仔数、泌乳力、仔兔断奶体重和断奶成活率等,进行综合指数选择,选留繁殖性能好的母兔,淘汰繁殖性能差的母兔 |
| | 第六次<br>后裔测定 | 后代有生产性能记录时进行后裔测定 |
| 毛用种兔 | 第一次<br>仔兔断奶时进行 | 主要根据断奶体重进行选择,选留断奶体重大的幼兔作为后备种兔,因为幼兔的断奶体重对其后的生长速度影响较大($r=0.56$),再结合系谱和同窝同胞在生长发育上的均匀度进行选择 |
| | 第二次<br>10～12周龄内进行 | 剪毛量不作为选种依据,重点检查有无缠结毛,如果发现有缠结毛且不是饲养管理所造成的,则应淘汰这只幼兔;同时评定生长发育情况 |
| | 第三次<br>4月龄时进行 | 着重对产毛性能(产毛量、粗毛率、产毛率和结块率等)进行初选,同时结合体重、外貌等情况。选择方法可采用指数选择法 |
| | 第四次<br>初配时进行 | 主要根据体重、体尺的增长以及生殖器官的发育的情况进行选留,淘汰发育不良个体,对选留种兔安排配种 |
| | 第五次<br>1岁左右母兔繁殖3胎后进行 | 根据此次剪毛情况,采用指数选择对产毛性能进行复选,并根据个体重、体尺大小和外貌特征进行鉴定,对公兔进行性欲和精液品质检查,严格淘汰繁殖性能差的公兔 |
| | 第六次<br>后裔测定 | 后代有生产性能记录时进行后裔测定 |
| 皮用种兔(獭兔) | 第一次<br>仔兔断奶时进行 | 主要根据断奶体重进行选择,选留断奶体重大的幼兔作为后备种兔,因为幼兔的断奶体重对其后的生长速度影响较大($r=0.56$),再结合系谱和同窝同胞在生长发育上的均匀度进行选择 |
| | 第二次<br>3月龄时进行 | 着重测定个体重、断奶至3月龄时的平均日增重和被毛品质,采用指数选择法进行选择。选留生长发育快、被毛品质好、抗病能力强、生殖系统无异常的个体留作种用 |

| 类型 | 选择时间 | 选 择 标 准 |
|------|----------|------------|
| 皮用种兔(獭兔) | 第三次<br>4月龄时进行 | 对个体重和被毛品质进行复选,并进行体尺测定 |
| | 第四次<br>5~6月龄初配前进行 | 鉴定的重点是生产性能和外形。根据体重、被毛品质、体尺以及生殖器官发育的情况选留,淘汰发育不良个体。公兔要进行性欲和精液品质检查,体型小、性欲差的公兔不能留作种用。对选留种兔安排配种 |
| | 第五次<br>1岁左右时进行 | 主要鉴定母兔的繁殖性能,淘汰屡配不孕的母兔。根据母兔前3胎受配情况、母性、产(活)仔数、泌乳力、仔兔断奶体重和断奶成活率等,进行综合指数选择,选留繁殖性能好的母兔,淘汰繁殖性能差的母兔 |
| | 第六次<br>后裔测定 | 后代有生产性能记录时进行后裔测定 |

## (二) 兔的选配

选种与选配是兔繁育中不可分割的两个方面,选配是选种的继续,是育种的重要手段之一。在养兔生产中,优良的种兔并不一定会产生优良的后代。因为后代的优劣,不仅决定于其双亲本身的品质,而且还决定于它们的配对是否合宜。因此,欲获得理想的后代,除必须做好选种工作外,还必须做好选配工作。选配可分为表型选配、亲缘选配和年龄选配。

### 1. 表型选配 (品质选配)

表型选配就是根据外表性状或品质选配公母兔的一种方法。它又可以分为同型选配和异型选配两种。

(1) 同型选配  同型选配就是选择性状相同、性能表现一致的公母兔配种,以期获得相似的优秀后代。选配双方愈相似,愈有可能将共同的优秀品质传给后代。其目的在于使这些优良性状在后代中得到保持和巩固,也有可能把个体品质转化为群体的品质,使优秀个体数量增加。例如,为了提高兔群的生长速度,可选择生长速度快的公母兔交配,使它们的后代保持这一优良特性。因此,这种选配方法适用于优秀公母兔之间。

(2) 异型选配  异型选配可分为两种情况,一种是选择有不同优异性状的公母兔交配，以期将两个性状结合在一起，从而获得兼有双亲不同优点的后代。例如，选择兔毛生长速度快和兔毛密度大的公母兔交配，从而使后代兔毛生长速度快和兔毛密度大，最终使后代产毛量提高。

另一种情况是选择同一性状优劣程度不同的公母兔交配，即所谓以优改劣，以优良性状纠正不良性状。例如在本品种中，有些肉用种兔繁殖性能较好，只是生长速度较慢，即可选择一只生长速度快的肉用公兔与其相配，使后代不仅繁殖力高而且生长速度也较快。实践证明，这是一种可以用来改良许多性状的行之有效的选配方法。

**2. 年龄选配**

年龄选配，就是根据公母兔之间的年龄进行选配的一种方法。兔的年龄明显地影响其繁殖性能。一般青年种兔的繁殖能力较差，随着年龄的增长繁殖性能逐渐提高，1～2岁繁殖性能逐渐达到高峰，2岁半以后逐渐下降。在我国饲养管理条件下，种兔一般使用到3～4岁。所以在养兔生产实践中，通常主张壮年公兔配壮年母兔，采用这种选配方式效果较好。

**3. 亲缘选配**

亲缘选配，就是考虑到公母兔之间是否有血缘关系的一种选配方式，如果交配的公母双方有亲缘关系（在畜牧学上规定7代以内有血缘关系）称之为亲交，没有血缘关系的称之为非亲交，兔近亲交配往往带来不良后果，如繁殖力下降、后代生活力降低等。但也有报道认为，近交可使毛兔产毛量提高，皮肉兔皮板面积增大。在育种过程中，应用近交有利于固定种兔优良性状，迅速扩大优良种兔群数量。由此可见，近交有有利的一面，也有不利的一面。在生产实践中，商品兔场和繁殖场不宜采用近交方法，尤其是养兔专业户更不宜采用。即使在兔育种中采用也应加强选择，及时淘汰因近亲交配而产生的不良个体，防止近亲衰退。

## 三、兔的繁殖

### （一）兔的繁殖生理

### 1. 精子的发生

公兔睾丸曲细精管上皮组织中的精原细胞在雄性激素的作用下，

经过分裂、增殖和发育等不同阶段的复杂生理变化形成精细胞，之后精细胞附着在营养细胞上，经过变态期形成精子，这一过程称为精子的发生。一个精原细胞可生成多个精子，其外形如蝌蚪状，由头部、颈部和尾部组成，全长33.5～62.5微米。头部大部分被细胞核所占据，前部有顶体，后部有核后帽保护，是精子的核心。颈部起头、尾的连接作用。尾部是精子的运动器官，精子的运动主要靠尾的鞭索状波动向前推进。精子在发生过程中除了在形态上发生变化外，核酸、蛋白质、糖和脂类的代谢也发生了变化。但从睾丸释放出来的精子并不具有运动和受精的能力，还需在附睾运行过程中，受附睾微环境中的pH、渗透压、离子和大分子物质的作用才逐渐获得运动和受精能力。当公兔交配射精时，精子通过输精管与副性腺分泌物混合成精液排出体外。一般公兔每次排出的精液量为0.4～1.5毫升，每毫升精液中含100万～200万个精子。

**2. 卵子的发生**

母兔卵巢中的卵原细胞经增殖、生长和成熟等阶段成为卵子的过程，称为卵子的发生。在雌性胎儿的卵巢内由种上皮形成的细胞团，其中的性原细胞可分化成为卵原细胞。卵原细胞经分裂后进入生长期，于胎儿出生前或出生后不久增殖成为卵母细胞。卵母细胞的生长与卵泡的发育密切相关，在卵泡增长的后期，卵母细胞逐渐成熟，最后卵子从卵泡中释放出来。与精子的发生不同的是，在卵子发生过程中，一个卵母细胞仅变成一个卵子。卵子的形态为球形，其结构近似体细胞，有放射冠、透明带、卵黄膜及卵黄等构造。兔在一次发情期间，从两侧卵巢所产生的卵子数为18～20个。

**3. 性成熟**

兔长到一定月龄，性器官发育成熟，公兔睾丸能产生成熟的精子、母兔卵巢能产生成熟的卵子，并表现出有发情等性行为，交配能受孕，称为兔子的性成熟。达到性成熟的月龄因品种、性别、个体、营养水平、遗传因素等不同而有差异。一般小型兔3～4月龄，中型兔4～5月龄，大型兔5～6月龄达到性成熟。

**4. 初配年龄**

兔达到性成熟，不宜立即配种，因为此时兔体各部位器官仍处于发育阶段。如过早配种繁殖，不仅影响自身的发育，造成早衰，而且受胎率低，所产仔兔弱小，死亡率高。当然，初配时间也不宜过迟，过迟配种会减少种兔的终身产仔数，影响效益。兔的初配年龄应晚于性成熟。在较好的饲养管理条件下，适宜的初配月龄为：小型品种4～5月龄、中型品种5～6月龄、大型品种7～8月龄。在生产中也可以体重来确定初配时间，即达到该品种成年体重的80％左右时初配。

**5. 发情**

母兔性成熟后，由于卵巢内成熟的卵泡产生的雌激素作用于大脑的性活动中枢，引起母兔生殖道一系列生理变化，出现周期性的性活动（兴奋）表现，称为发情。

母兔发情主要表现为：兴奋不安，在笼内来回跑动，不时用后脚拍打笼底板，发出声响。有的母兔食欲下降，常在料槽或其他用具上摩擦下颌，俗称"闹圈"。性欲旺盛的母兔主动向公兔调情爬跨，甚至爬跨其他母兔。发情母兔外阴部还会出现红肿现象，颜色由粉红到大红再变成紫红色。但也有部分母兔（外来品种居多）的外阴部并无红肿现象，仅出现水肿、腺体分泌物等含水湿润现象。当公兔爬跨时，发情母兔先逃避几步，随即便伏卧、抬尾迎合公兔的交配。

**6. 发情周期**

母兔性成熟后，每隔一定时间卵巢内就会成熟一批卵泡，使其发情，如果未经交配便不能排卵，这些成熟的卵泡在雌激素和孕激素的协同作用下会逐渐萎缩、退化。之后，新的卵泡又开始发育成熟、发情，从一个发情开始至下一个发情开始，为一个发情周期。兔子具有刺激性排卵的特点，其发情周期不像其他家畜有准确的周期性，变化范围较大，一般为7～15天，发情期一般为3～5天。最适宜的配种时间为阴部大红时，正如谚语所说："粉红早、紫红迟、大红正当时"。如果母兔没有明显的红肿现象，则在阴部含水量多，特别湿润时配种适宜。

**7. 妊娠**

公母兔交配后，在母兔生殖器官中，受精卵逐渐形成胎儿及胎儿发育至产出前所经历的一系列复杂生理过程就叫妊娠，完成这一发育过程的整个时期就叫妊娠期。兔的妊娠期一般为30～31天，变动范围为28～34天。妊娠期的长短因品种、年龄、胎儿数量、营养水平和环境等不同而有所差异。大型品种比小型品种怀孕期长，老龄兔比青年兔怀孕期长，胎儿数量少的比数量多的怀孕期长，营养状况好的比差的母兔怀孕期长。临产母兔，尤其是母性强的母兔，产前食欲减退甚至拒食，乳房肿胀并可挤出乳汁。外阴部肿胀充血，黏膜潮红湿润，在产前数小时甚至1~2天开始衔草拉毛做窝。但少数初产母兔或母性不强的个体，产前征兆不明显。

**8. 分娩**

胎儿发育成熟，由母体内排出体外的生理过程，称为分娩。母兔分娩一般只需20~30分钟，少数需1小时以上。母兔分娩，一般不需人工照料，当胎儿产出后，母兔会吃掉胎衣，拉断脐带，舔干仔兔身上的血污和黏液。分娩完成后，由于体力消耗较大，容易感到口渴，应及时供给清洁的饮水，以防母兔食仔。

**9. 繁殖利用年限**

兔的繁殖能力，过了壮年期之后，随着年龄的增长而下降。所以，种兔均有一个适宜的利用年限，一般是2~3年，视饲养管理的好坏和种兔体质状况可适当延长或缩短。

**（二）兔的配种方法**

兔的配种方法主要有三种，即自然配种、人工辅助配种和人工授精。

**1. 自然配种**

公、母兔混养在一起，任其自由交配，称为自然配种。自然配种的优点是配种及时、方法简便、节省人力。但容易发生早配、早孕，公兔追逐母兔次数多，体力消耗过大，配种次数过多，容易造成早衰，而且容易发生近交，无法进行选种选配，容易传播疾病等。在实际生产中，不宜采用此法配种。

**2. 人工辅助配种**

人工辅助配种就是将公母兔分群、分笼饲养，在母兔发情时，将母兔捉入公兔笼内配种。与自然配种相比，优点是能有计划地进行选种选配，避免近交和乱交，能合理安排公兔的配种次数，延长种兔的使用年限，能有效防止疾病传播。在目前生产中，宜采用这种方法配种。

具体操作步骤如下：将经检查、适宜配种的母兔捉入公兔笼内。

公兔即爬跨母兔，若母兔正处于发情盛期，则略逃几步，随即伏卧任公兔爬跨，并抬尾迎合公兔的交配。当公兔阴茎插入母兔阴道射精时，公兔后躯卷缩，紧贴于母兔后躯上，并发出"咕咕"叫声，随即由母兔身上滑倒，顿足，并无意再爬，表示交配完成。此时可把母兔捉出，将其臀部提高，在后躯部用手轻轻拍击，以防精液倒流。然后将母兔捉回原笼，做好配种记录工作。

如果母兔发情不接受交配，但又应该配种时，可以采取强制辅助配种，即配种员用一只手抓住母兔耳朵和颈皮固定母兔，另一只手伸向母兔腹下，举起臀部，以食指和中指固定尾巴，露出阴门，让公兔爬跨交配。或者用一细绳拴住母兔尾巴，沿背颈线拉向头的前方，一手抓住细绳和兔的颈皮，另一只手从母兔腹下稍稍托起臀部固定，帮助抬尾迎接公兔交配。

**3. 人工授精**

采用一定器械人工采取公兔的精液，经品质检查、稀释后，再输入到母兔生殖道内，使其受胎。其优点在于能充分利用优良种公兔，提高兔群质量，迅速推广良种，还可减少种公兔的饲养量，降低饲养成本、减少疾病传播，克服某些繁殖障碍，如公母兔体型差异过大等，便于集约化生产管理。但需要有熟练的操作技术和必要的设备等。

（1）采精　采集精液的方法有按摩法、电击法、假台兔法和假阴道法，其中假阴道法最为常用。采精前应准备好采精器，目前我国没有标准的兔用采精器，可自己制作。采精器由外壳、内胎和集精杯3部分组成。外壳可用直径1.8～2.0厘米、长6厘米的橡胶管，将两端截齐，磨去棱角和毛边即可；内胎可用3.0～3.3厘米的人用避孕套；集精杯可用口沿外径与外壳内径相适应的青霉素小瓶。使用前先将采精器用清水冲洗，再用肥皂水清洗，然后用清水冲洗，最后用生理盐水冲洗。将避孕套放入外壳中，将盲端剪去一段，并翻转与外壳一端用橡皮筋固定好，提起内胎的另一端，往内胎与外壳之间的夹层注满45℃左右的温水，然后再将内胎外翻，同样用橡皮筋固定到外壳的另一端。最后将集精杯安上，并尽量往里推，使夹层里的水被推向另一端，增加内胎的压力，使入口处形成Y字形。用消过毒的温度计测量内胎里的温度，能达到40℃时，便可采精。

采精时选一只发情母兔作台兔放在公兔笼内，待公兔爬跨后将其推下，反复2～3次，以提高公兔性欲，促进性腺的分泌，增加射精量和精子活力。之后操作者一手抓住台兔的耳朵及颈部的皮肤，一手握住采精器伸到台兔的腹下，将假阴道口紧贴在台兔外阴部的下面，突出约1厘米，其角度与公兔阴茎挺出的角度一致。当公兔的阴茎反复抽动时，操作者应及时调整采精器的角度，使阴茎顺利进入假阴道内。公兔射精后，应立即将采精器的开口抬高，使精液流入集精杯内，迅速从台兔腹下抽出，竖直采精器，取下集精杯，并将黏在内胎口处的精液引入集精杯加盖贴上标签，送到人工授精室内进行精液品质检查。

（2）精液检查　精液品质与人工授精效果密切相关，精液稀释的倍数也必须根据精液的品质来确定，因此，采精后首先要对精液的品质进行检查。检查的项目主要见表3-4。

**表 3-4　精液检查项目**

| 项目 | 要　　求 |
|------|---------|
| 射精量 | 是指公兔一次射出的精液数量，可从带有刻度的集精杯上直接读出。集精杯上无刻度时，需倒入带有刻度的小量筒内读数。正常成年公兔一次射精量约为1毫升，射精量与品种、体型、年龄、营养状况、采精技术、采精频率等有关 |
| 色泽和气味 | 正常精液颜色为乳白色或灰白色，浑浊而不透明。精子密度越大，浑浊度越大。肉眼观察精液为红色、绿色、黄色等颜色者均属不正常色泽，均不可使用，应查明原因；正常精液应无臭味 |
| 精液 pH | 一般用精密 pH 试纸测定，正常精液的 pH 为 6.6～7.6。如果 pH 偏高则可能是公兔生殖器官有疾患，不宜使用 |
| 精子密度 | 指精液单位体积内精子的数量。检查精子密度可判定精液优劣程度和确定稀释倍数，精子密度越大越好。测定精子密度的方法有估测法和计数法。生产中常用估测法，即依据显微镜视野中精子间的间隙大小来估测精子的密度，分为密、中、稀3个等级。显微镜下精子布满整个视野，精子与精子之间几乎没有任何间隙，其密度可定为"密"（每毫升中约含10亿个以上精子）；若视野中所观察的精子间有能容纳1～2个精子的间隙，其密度可定为"中"（每毫升含1亿～9亿个精子）；若视野中所观察的精子间有能容纳3个或3个以上的间隙，其密度可定为"稀"（每毫升含精子不足1亿个） |

续表

| 项目 | 要　　求 |
|------|---------|
| 精子活力 | 　指做直线运动的精子占精子总数的比率。精子密度和精子活力都是评定精液品质的重要指标，精液品质越好，其活力越高。测定精子活力需借助显微镜，其方法是：在30℃室温下，取1滴精液于干燥洁净的载玻片上，加盖片后，置于显微镜下放大200～400倍观察。若精子100%呈直线运动，其活力定为1.0；若90%的精子呈直线运动，其活力定为0.9，依此类推。如果多个视野内均无一个精子呈直线运动，其活力为0。在评定精子活力时，应注意环境的温度和空气中是否有其他异味。低温和空气中含有大量的挥发性化学物质，都会影响精子的活力。兔新鲜精液的活力一般为0.7～0.8，用于输精的常温精液的活力要求在0.6以上，冷冻精液精子活力在0.3以上 |
| 精子形态 | 　主要检查畸形精子率，即形态异常（如有头无尾、有尾无头、双头、双尾、头部特大、头部特小、尾部卷曲等）的精子数占精子总数的比率。其方法是：做一精液抹片，自然干燥后，用红蓝墨水或伊红染色3～5分钟，冲洗晾干后，在400～600倍显微镜下，从数个视野中统计不少于500个精子中畸形精子的数，并按下列公式计算畸形率：精子畸形率＝（畸形精子数÷观察精子总数）×100%。正常精液中畸形精子不应超过20%。对于专业育种场还应定期测定精子在体外环境中的存活时间和生存指数 |

　（3）精液稀释　稀释精液的目的在于增加精液量，增加配种数量，提高优良种公兔的利用率。同时，稀释液中的某些成分还具有营养和保护作用，起到缓冲精液酸碱度、防止杂菌污染、延长精子存活的作用。常用的稀释液有：①生理盐水稀释液　0.9%的医用生理盐水。②葡萄糖稀释液　5%的医用葡萄糖溶液。③牛奶稀释液　用鲜牛奶加热至沸，维持15～20分钟，凉至室温，用4层纱布过滤。④蔗糖奶粉稀释液　取蔗糖5.5克、奶粉2.5克、磷酸二氢钠0.41克、磷酸氢二钠1.69克、青霉素和链霉素各10万单位，加双蒸馏水至100毫升使之充分溶解后再过滤。⑤葡萄糖、蔗糖稀释液　取葡萄糖7克、蔗糖11克、氯化钠0.9克、青霉素和链霉素各10万单位，加双蒸馏水至100毫升使之充分溶解后再过滤。稀释倍数根据精子密度、精子活力和输入精子数而定，通常稀释3～5倍。稀释时应掌握"三等一缓"的原则，即等温（30～35℃）、等渗（0.986%）和等值（pH6.4～7.8），缓慢将稀释液沿杯壁注入精液中，并轻轻摇匀。配制稀释液的用品、用具应严格消毒，精液稀释后应再进行一次活力测

定，如果差距不大，可立即输精。否则，应查明原因，并重新采精、测定和稀释。为了提高受胎率，应尽量缩短从采精到输精的时间。

（4）输精　兔是诱发排卵动物，对发情母兔人工授精前需进行诱发排卵处理。可采用结扎输精管的公兔交配刺激或注射激素诱导两种方法。对已发情母兔可耳静脉或肌内注射促排卵素 2 号（LRH-A2）或促排卵素 3 号（LRH-A3）0.5～1 微克，或绒毛膜促性腺激素（HCG）50 万单位，或促黄体素（LH）10 万～20 万单位，在注射后 5 小时内输精。对未发情的母兔先用孕马血清促性腺激素（PMSG），每天皮下注射 120 万单位，连续 2 天，待母兔发情后再做诱发排卵处理。输精器可用玻璃滴管，口端用酒精喷灯烧圆，按授精母兔的数量（一兔一个）备齐，消毒后待用。为了减少捉兔次数和减轻对母兔的刺激，输精应在注射完诱导排卵药物后依此进行。通常一次的输精量为 0.2～1 毫升稀释后的精液，其活精子数应为 0.1 亿～0.3 亿个。

常用的输精方法有：

① 倒提法　由两人操作，助手一手抓住母兔耳朵及颈部皮肤，一手抓住臀部皮肤，使之头向下尾向上。输精员一手提起尾巴，一手持输精器，缓缓将输精器插入阴道深处。

② 倒夹法　由一人操作，输精员采取一个适中的坐姿，使母兔头向下，轻轻夹在两腿之间，一手提起尾巴，一手持输精器输精。

③ 仰卧法　输精员一手抓住母兔耳朵及颈部皮肤，使其腹部向上放在一平台上，一手持输精器输精。

④ 俯卧法　由助手保定母兔呈伏卧姿势，输精员一手提起尾巴，一手持输精器输精。

为提高母兔的受胎率，在整个输精操作过程中应注意以下问题：

① 输精器械要严格消毒，一只母兔用一支输精器，不能重复使用，待全部操作完毕后清洗、消毒备用。

② 输精前用蘸有生理盐水的药棉将母兔的外阴擦净。如果外阴污浊，应先用酒精药棉擦洗，再用生理盐水药棉擦拭，最后用脱脂棉擦干。

③ 由于母兔尿道开口在阴道的中部腹侧 5～6 厘米处，输精器应先沿阴道的背侧插入并下行，越过尿道开口后再向正下方推入，插入深度至 7 厘米后，即可将精液注入。

④ 如果遇到母兔努责，应暂停输精，待其安静后再输，不可硬往阴道内插入输精器，以免损伤阴道壁。

⑤ 在注入精液之前，可将输精器前后抽动数次，以刺激母兔，促进生殖道蠕动。精液注入后，不要立即将输精器抽出，要用手轻轻捏住母兔外阴，缓慢将输精器抽出，并在母兔的臀部拍一下，防止精液逆流。输精部位准确。母兔膀胱在阴道内 5～6 厘米处的腹面开口，大小与阴道腔孔径相当，而且在阴道下面与阴道平行，在输精时，易将精液输入膀胱，过深又易将精液输入一侧子宫，造成另一侧空怀。因此，在输精时，须将输精器朝向阴道壁的背面插入 6～7 厘米深处，越过尿道口，将精液注入两子宫颈口附近，使精子自子宫颈进入两子宫内。

（三）妊娠诊断

母兔配种后，判断其是否妊娠的技术就是妊娠诊断。妊娠诊断的方法有复配检查法、称重检查法和摸胎检查法三种。

**1. 复配检查法**

在母兔配种后 7 天左右，将母兔送入公兔笼中复配，如母兔拒绝交配，表示可能已怀孕，相反，若接受交配，则可认为未孕，此法准确性不高。

**2. 称重检查法**

母兔配种前先行称重，隔 10 天左右复称一次，如果体重比配种前明显增加，表明已经受孕，如果体重相差不大，则视为未孕。

**3. 摸胎检查法**

在母兔配种后 10 天左右，用手触摸母兔腹部，判断是否受孕，称为摸胎检查法，在生产实际中多用此法诊断。具体做法为：将母兔捉放于桌面或平地，一只手抓住母兔的耳朵和颈皮，使兔头朝向摸胎者，另一只手拇指与其余四指呈"八"字形，掌心向上，伸向腹部，由前向后轻轻沿腹壁摸索。若感腹部松软如棉花状，则未受孕。若摸到有像花生米样大小的球形物滑来滑去，并有弹性感，则是胎儿。但要注意胚胎与粪球的区别，粪球质硬、无弹性、粗糙。摸胎检查法操作简便，准确性较高，但要注意动作轻，检查时不要将母兔提离地面悬空，更不要用手指去捏数胚胎数，以免造成流产。

妊娠诊断未孕者，应及时进行补配，减少空怀母兔，以提高母兔繁殖力。

## （四）分娩与接产

胎儿在母体内发育成熟之后，经产道排出体外的生理过程称为分娩。母兔在临分娩前表现比较明显，多数母兔在临产前数天乳房肿胀，可挤出乳汁，腹部凹陷，尾根和坐骨间韧带松弛，外阴部肿胀出血，黏膜潮红湿润，食欲减少，甚至不吃食。在临产前数小时，也有的在前一两天便开始衔草营巢，并将胸、腹部的毛用嘴拉下来，衔入巢箱内铺好。母兔分娩时，由于子宫的收缩和阵痛，表现精神不安，四爪刨地、顿足、弓背努责，排出羊水等。最后呈犬卧姿势，仔兔依次连同胎衣等一起产出。母兔边产边将仔兔脐带咬断，并将胎衣吃掉，同时舔干仔兔身上的血迹和黏液，分娩即告结束，然后跳出巢箱找水喝。

一般产完一窝仔兔只需 20～30 分钟。但也有个别母兔，产下一批仔兔后，间隔数小时或者数十小时再产第二批仔兔。因此，在母兔分娩完之后，最好检查一下所产仔兔的数量。如若发现仔兔过少时，要检查一下母兔的腹部内是否还有仔兔，最后把所有的仔兔放在温暖和安全的地方，以防冻死或被老鼠伤害。

母兔的妊娠期一般为 30.5 天，在产前必须做好接产准备工作。一般在妊娠的第 28 天，将消毒的产箱放入母兔笼内，里面放些柔软而干燥的垫草，让母兔熟悉环境，防止将仔兔产在产箱外。母兔产前多拉毛做窝，但有一些初产母兔及个别经产母兔不会拉毛，对此可在产前人工诱导拉毛或辅助拉毛。具体方法是：将母兔保定好，腹部向上，将其乳头周围的毛拔下一些，放在产箱里，这样可诱导母兔自己拉毛。对于产前没有拉毛的母兔，可产后人工辅助拉毛。应该注意的是，无论是在产前还是产后，拉毛面积不可过大，动作要轻，切记不可硬拉而使母兔的皮肤或乳房受伤，也防止对母兔的刺激太强。在母兔分娩时要保持环境安静，禁止陌生人围观和大声喧哗，更不可让其他动物闯入。

母兔产前应为其备好一些温开水放在笼内，若备些麸皮淡盐水（含盐量1%左右）或红糖水更好。母兔产后口渴，将仔兔掩护好后便出来找水喝，此时如果没有水喝，有可能返回产箱将仔兔吃掉。待母兔分娩完后可将产箱取出，清点仔兔数，扔掉死胎、弱胎及污物，换上新垫草。检查仔兔是否已经吃过奶，如果仔兔胃内无乳，应在 6

小时内人工辅助哺乳。

## 四、提高繁殖力的方法

兔的繁殖力高低直接影响养殖效益。繁殖力受到环境因素（如温度、湿度、气流、太阳辐射、噪声、有害气体、致病微生物等）、营养因素（高营养水平往往引起兔过肥，过肥的母兔卵巢结缔组织沉积了大量脂肪，影响卵细胞的发育，排卵率降低，造成不孕；营养水平过低或营养不全面，对兔的繁殖力也有影响）、生理缺陷（如母兔产后子宫内留有死胎及阴道狭窄，公兔的隐睾和单睾等）、使用不当（母兔长期空怀或初配年龄过迟，往往产生卵巢机能减退，妊娠困难。公兔休闲期可能出现短暂的不育现象）以及种兔年龄老化（2 岁以后的兔，繁殖性能逐渐下降，3 年后一般失去繁殖能力，不宜再作种用）等多种因素影响。提高繁殖力注意如下方面。

（一）注意选种和合理配种

严格按选种要求选择符合种用的公、母兔，要防止近交，公母兔保持适当的比例。一般商品兔场和农户，公母比例为 1：8～1：10，种兔场纯繁以 1：5～1：6 适宜。在配种时要注意公兔的配种强度，合理安排公兔的配种次数。

（二）加强配种公母兔的营养

从配种前两周起到整个配种期，公母兔都应加强营养，尤其是蛋白质和维生素的供给要充足。

（三）适时配种

包括安排适时配种季节和配种时间。虽然兔可以四季繁殖产仔，但盛夏气候炎热，多有"夏季不孕"现象发生，即公兔性欲降低，精液品质下降，母兔多数不愿接受交配，即使配上，产弱仔、死胎也较多。繁殖一般不宜在盛夏季，春秋两季是繁殖的好季节，冬季仍可取得较好的效果，但须注意防寒保温。适时配种，除安排好季节外，母兔发情期内还要选择最佳配种时期，即发情中期，阴部大红或者含水量多、特别湿润时配种。

（四）人工催情

在实际生产中遇到有些母兔长期不发情，拒绝交配而影响繁殖，除加强饲养管理外，还可采用激素、性诱等人工催情方法。激素催情可用雌二醇、孕马血清促性腺激素等诱导催情，促排卵素 3 号对促使母兔发情、排卵也有较好效果。性诱催情对长期不发情或拒绝配种的母兔，可采用关养或将母兔放入公兔笼内，让其追、爬跨后捉回母兔，经 2～3 次后就能诱发母兔分泌性激素，促使其发情、排卵。

### （五）重复配种和双重配种

重复配种是指第一次配种后，再用同一只公兔重配。重复配种可增加受精机会，提高受胎率和防止假孕，尤其是长时间未配过种的公兔，必须实行重复配种。这类公兔第一次射出的精液中，死精子较多。双重配种是指第一次配种后再用另一只公兔交配，双重配种只适宜于商品兔生产，不宜用于种兔生产，以防弄混血缘。双重配种可避免因公兔原因而引起的不孕，可明显提高受胎率和产仔数。在实施中须注意，要等第一只公兔气味消失后再与另一只公兔交配，否则，因母兔身上有其他公兔的气味而可能引起斗殴，不但不能顺利配种，还可能咬伤母兔。

### （六）减少空怀

配种后及时检胎，没有配上的要及时重配，减少空怀。

### （七）正确采取频密繁殖法

频密繁殖又称"配血窝"或"血配"，即母兔在产仔当天或第二天就配种，泌乳与怀孕同时进行。采用此法，繁殖速度快，但由于哺乳和怀孕同时进行，易损坏母兔体况，种兔利用年限缩短，自然淘汰率高，需要良好的饲养管理和营养水平。因此，采用频密繁殖生产商品兔，一定要用优质的饲料满足母兔和仔兔的营养需要，加强饲养管理，对母兔定期称重，一旦发现体重明显减轻时，就停止血配。在生产中，应根据母兔体况、饲养条件，将频密繁殖、半频密繁殖（产后7～14 天配种）和延期繁殖（断奶后再配种）三种方法交替采用。

### （八）减少应激

创造良好的环境，保持适当的光照强度和光照时间；做好保胎接产工作，怀孕期间不喂霉烂变质、冰冻和打过农药的饲料，防止惊扰，不让母兔受到惊吓，以免引起流产。

# 第四章

<<<<

# 兔的饲料营养

## 核心提示

　　根据不同类型、不同阶段兔的生理和消化特点科学设计日粮配方，选择优质的、无污染的饲料原料，正确运用饲料添加剂，满足兔对能量、蛋白质（特别是氨基酸）、纤维素、维生素、矿物质以及水等营养素的需要，保证兔体健康，最大限度发挥兔的生产潜力。

# 第一节　兔的营养需要

　　家兔赖以生存的饲料和家兔体本身均由化学元素组成，且这些化学元素大多结合成复杂的有机或无机化合物的形式存在。这些化合物被称为营养物质或营养成分。家兔在维持生命活动和生产过程中，必须从饲料中摄取需要的营养物质，将其转化为自身的营养。

## 一、兔需要的营养物质

### （一）蛋白质

　　蛋白质是兔体的重要组成成分。家兔的肌肉、皮肤、内脏、血液、神经、结缔组织等均以蛋白质为基本成分。兔体内的酶、激素、抗体等的基本成分也是蛋白质。蛋白质是家兔生命活动的基础。家兔体组织蛋白质通过新陈代谢不断更新。蛋白质也是兔产品的原料。家兔的肉、奶、皮、毛均以蛋白质为主要成分。例如，兔肉中含22.3%的蛋白质，兔奶中含13%～14%的蛋白质。

　　蛋白质的基本组成单位是氨基酸。蛋白质的品质高低取决于氨基酸的种类和数量及比例。组成家兔体蛋白质的氨基酸有一些在体内能合成，且合成的数量和速度能够满足家兔的营养需要，不需要由饲料供给。这些氨基酸被称为非必需氨基酸。有一些氨基酸在家兔体内不能合成，或者合成的量不能满足家兔的营养需要，必须由饲料供给，这些氨基酸被称为必需氨基酸。家兔需要的 20 多种氨基酸中，必需氨基酸为：精氨酸、组氨酸、异亮氨酸、蛋氨酸、苯丙氨酸、苏氨酸、色氨酸、缬氨酸、亮氨酸、赖氨酸、甘氨酸（快速生长所需）11 种。其中赖氨酸、蛋氨酸、精氨酸是限制性氨基酸，对家兔的营养作用非常重要，其含量高，其他氨基酸的利用率也高。

　　必需氨基酸在家兔体内发挥各自不同的生理功能。赖氨酸是合成脑神经细胞、生殖细胞等细胞核的蛋白质及合成血红蛋白的重要物质，是糖和脂肪代谢所必需的氨基酸。赖氨酸缺乏将会导致家兔发育不良，生长受阻。蛋氨酸是含硫氨基酸，在家兔体内合成胱氨酸，不足时影响兔毛的质量和产量。精氨酸是精蛋白的主要成分，不足时影响公兔的生殖机能。

　　家兔能有效地消化、利用饲料中的蛋白质，优质蛋白质的消化率达 79%。饲料中的蛋白质在口腔中几乎不发生任何变化，进入胃，在胃蛋白酶的作用下分解为较简单的蛋白胨和月示，它们以及未被消化的蛋白质进入小肠。小肠是消化蛋白质的主要器官。小肠中，在胰蛋白酶、糜蛋白酶、肠肽酶的作用下，蛋白质最终被分解为氨基酸和小分子肽，被小肠黏膜吸收进入血液。未被消化的蛋白质进入大肠，由盲肠中的微生物作用继续分解为氨基酸和氨，一部分由盲肠微生物合成菌体蛋白，随软粪排出体外。软粪又被家兔吞食，再经胃和小肠消化。被吞食的软粪中蛋白质总量和必需氨基酸水平比日粮高，干物质中粗蛋白质含量平均为 24.4%。每天家兔可从软粪中食入 2 克菌体蛋白。这对成年家兔具有重要的作用，但对幼兔则无实际意义。

　　由上可知，蛋白质是家兔体内重要的营养物质，在家兔体内发挥着其他营养物质不可代替的营养作用。当饲料中蛋白质数量和质量适当时，可改善日粮的适口性，增加采食量，提高蛋白质的利用率。当蛋白质不足或质量差时，表现为氮的负平衡，消化道酶减少，影响整个日粮的消化和利用；血红蛋白和免疫抗体合成减少，造成贫血，抗病力下降；蛋白质合成障碍，使体重下降，生长停滞；严重者破坏生殖机能，受胎率降低，产生弱胎、死胎。研究表明，当日粮粗蛋白含量低至13％时，母兔妊娠期间增重少，甚至出现失重现象。对神经系统也有影响，引起的各方面的阻滞更是无法自行恢复。当蛋白质供应过剩和氨基酸比例不平衡时，在体内氧化产热，或转化成脂肪储存在体内，不仅造成蛋白质浪费，而且使蛋白质在胃肠道内引起细菌的腐败过程，产生大量的胺类，增加肝、肾的代谢负担。因此，在养兔的生产实践中，应合理搭配家兔日粮，保障蛋白质合理的质和量的供应，同时还要防止蛋白质的不足和过剩。

## （二）能量

家兔的生命及生产活动（生长、繁殖、泌乳、产毛等）需要消耗大量的能量，保证能量供应是家兔正常生长发育、获得最佳生产性能的首要条件。

### 1. 能量的表示方法

饲料总能是指饲料燃烧完全氧化后释放出的能量。家兔饲养标准中能量多用消化能表示，饲料中的总能减去粪便所含的能量称为消化能（DE）。粪能包括饲料中未消化的部分和肠道中一些内源性有机物，如消化酶、肠壁脱落细胞等所含的能量。消化能可以通过查表（家兔饲料成分表）或由下列公式计算得出。

$$消化能（千焦/千克）=24.18a+39.42b+18.41c+17.03d \quad (4-1)$$

式中，$a$ 为粗蛋白质，克；$b$ 为粗脂肪，克；$c$ 为粗纤维，克；$d$ 为无氮浸出物，克。

家兔所需的能量主要由碳水化合物供给，少量由脂肪提供，有时也可由过量的蛋白质提供。对家兔来说，最主要的来源是从玉米、大麦等谷物饲料中的多糖体（淀粉和纤维素）的分解产物葡萄糖中取得。体内能量储存的主要形式是糖原和脂肪。家兔具有根据饲粮的能量浓度调整采食量的能力。然而，只有在饲粮的消化能（DE）浓度超过2250千卡/千克时，兔才可能通过调节采食量来实现稳定的饲粮能量摄入量。

### 2. 能量的需要量

（1）生长需要量　试验证实，生长兔饲粮中消化能含量以10.46～

10.88 兆焦/千克为宜，低于此浓度，消化能摄入量不足，兔的生长速度相应减慢；生长兔能量最高界限为 11.3 兆焦/千克，高于此界限，生长速度反而下降。

(2) 妊娠需要量　妊娠的能量需要指胎儿、子宫、胎衣等中沉积的能量和母兔本身沉积的能量。一般认为，妊娠母兔能量以 10.46 兆焦/千克为宜，提高能量水平虽可增加母体的营养贮备，有利于产后哺乳，但对繁殖性能不利。高营养水平会使母兔肥胖，发情紊乱，不孕、难产或死胎，仔幼兔死亡率上升等。另一方面，饲粮能量浓度太低，妊娠期间母兔体况不良或有失重，配种、受胎率、仔兔成活率也会受到影响。因此，妊娠期间的能量供应应控制在母体有少量营养物质贮备即可。

(3) 哺乳期需要量　哺乳期母兔分泌出的乳中能量为哺乳的能量需要，能量需要高低取决于哺乳量的高低和哺乳仔兔数。哺乳仔兔数越多，母兔的哺乳量相应会提高，当然也有一定限度。根据哺乳期能量需要，饲粮能量浓度最少应达到 10.88 兆焦/千克。同时，提高饲粮适口性（如加入糖蜜、香味素等）以及在任其采食颗粒饲料的同时加喂一定的优质青绿饲料，因为家兔能够在采食颗粒饲料达到最大量时，还可采食一定量的优质青饲料，总的营养摄入量超过单喂颗粒饲料。

(4) 产毛需要量　据报道，每产 1 克毛需要供应大约 113 千焦的消化能，产毛兔的饲粮消化能应为 9.82~11.5 兆焦/千克。家兔一般能够自动地调节采食量以满足其能量的需要，不过这种调节能力是有限的。当饲粮能量水平过低时，采食量虽然增加，但由于消化道的容积是有限的，仍不能满足其对能量的需要。若饲粮能量过高、谷物饲料比例过大，大量易消化的碳水化合物进入大肠，增加大肠的负担，出现异常发酵，会导致消化道功能障碍，给生产带来损失。

**3. 能量在体内的转化过程**

如图 4-1 所示。

**(三) 脂肪**

脂肪是家兔能量的重要来源，也是必需脂肪酸（亚油酸、亚麻酸和花生油酸）和脂溶性维生素 A、维生素 D、维生素 E 和维生素 K

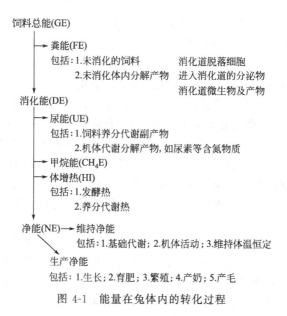

饲料总能(GE)
→ 粪能(FE)
　包括:1.未消化的饲料　　消化道脱落细胞
　　　　2.未消化体内分解产物　进入消化道的分泌物
　　　　　　　　　　　　　　　消化道微生物及产物
消化能(DE)
→ 尿能(UE)
　包括:1.饲料养分代谢副产物
　　　　2.机体代谢分解产物,如尿素等含氮物质
→ 甲烷能(CH₄E)
→ 体增热(HI)
　包括:1.发酵热
　　　　2.养分代谢热
净能(NE)→ 维持净能
　　　　包括:1.基础代谢;2.机体活动;3.维持体温恒定
　　　生产净能
　　　包括:1.生长;2.育肥;3.繁殖;4.产奶;5.产毛

图 4-1 能量在兔体内的转化过程

溶剂的来源。因此,脂肪对家兔代谢有重要的作用。

脂肪的能值较高,是相同重量的碳水化合物能量的 2.25 倍。家兔饲粮中添加适量的脂肪,可提高饲料适口性、减少粉尘,在饲料制粒过程中起润滑作用,而且有利于脂溶性维生素的吸收,同时增加被毛的光泽。家兔饲粮中脂肪适宜量为 2%～5%。研究表明,肥育兔饲料中脂肪比例可增加到 5%～8%,这样可促进兔肥育性能的提高。过量的脂肪储存在体内,是能量的最佳储存方式。在家兔体内形成的脂肪主要储存在肠系膜、皮下组织、肾脏周围以及肌纤维之间,有保护内脏器官和皮肤的作用。

饲粮中添加脂肪以植物油为好,如玉米油、大豆油和葵花籽油等。兔体内脂肪主要由饲料中碳水化合物转变为脂肪后合成。但对兔体内不能合成的必需脂肪酸,必须从饲料中获得。植物油和牧草（如苜蓿等）中含有这些必需脂肪酸。家兔缺乏这些必需脂肪酸,则出现发育不良、生长缓慢、皮肤干燥、掉毛及公兔生殖功能衰退。

饲粮中脂肪过低,会引起维生素 A、维生素 D、维生素 E 和维生素 K 营养缺乏症。脂肪过高,不仅成本高,饲料也不易颗粒化和储存,而且会引起采食量降低,生产性能下降。

家兔胃液、胰液和小肠液中均含有分解脂肪的酶类。饲料中的脂肪 50%～60%在小肠中分解为甘油和脂肪酸。少量脂肪随食糜进入大肠，被微生物分解为甘油和脂肪酸，并使部分不饱和脂肪酸加氢形成饱和脂肪酸。家兔能很好地利用植物性脂肪，消化率较高，对动物性脂肪利用较差。据报道，在母兔全价颗粒料中加入 2%大豆油，可使仔兔窝重和饲料转化率提高，幼兔死亡率下降。

（四）碳水化合物

碳水化合物由碳、氢、氧三元素组成，在植物性饲料中占 70%左右。饲料中的碳水化合物在家兔体内转化为葡萄糖、糖原和乳糖的形式存在。按常规分析法分类，碳水化合物分为无氮浸出物（可溶性碳水化合物）和粗纤维（不溶性碳水化合物）。前者包括单糖、双糖和多糖类（淀粉）等，后者包括纤维素、半纤维素、木质素和果胶等。

碳水化合物是家兔体内能量的主要来源，能提供家兔所需能量的 60%～70%，每克碳水化合物在体内氧化平均产生 16.74 千焦的能量。碳水化合物，特别是葡萄糖是供给家兔代谢活动快速应变需能的最有效的营养素，是脑神经系统、肌肉、脂肪组织、胎儿生长发育、乳腺等代谢的主要能源。

碳水化合物除直接氧化供能外，在体内可转化成糖原和脂肪储存。糖原的储存部位为肝脏和肌肉，分别被称为肝糖原和肌糖原。

碳水化合物是家兔体组织的构成物质，普遍存在于家兔体的各个组织中。如核糖和脱氧核糖是细胞核酸的构成物质，黏多糖参与构成结缔组织基质，糖脂是神经细胞的组成成分，碳水化合物也是某些氨基酸的合成物质及合成乳脂和乳糖的原料。

碳水化合物中的无氮浸出物和粗纤维在化学组成上颇为相似，均以葡萄糖为基本结构单位，但由于结构不同，它们的消化途径和代谢产物完全不同。

**1. 无氮浸出物的消化、吸收和代谢**

无氮浸出物是碳水化合物的可溶性部分，是家兔饲料中主要的组成成分，其在兔体内的消化、吸收和代谢主要依赖胃肠道中消化酶（淀粉酶、蔗糖酶、异麦芽糖酶、麦芽糖酶、乳糖酶等）的作用。无氮浸出物中的单糖可不经消化而被直接吸收，参与体内代谢；二糖在小肠中相应酶类的作用下分解为单糖，其中麦芽糖酶可将麦芽糖水解为葡萄糖，乳糖酶及蔗糖酶分别将乳糖和蔗糖分解为半乳糖、葡萄糖和果糖。家兔与畜、禽的不同之处是唾液中缺乏淀粉酶，因而在家兔口腔中不发生酶解作用。淀粉在胃内仅受到初步的消化然后进入小肠。小肠中的十二指肠是碳水化合物消化吸收的主要部位，在十二指肠与胰液、肠液、胆汁混合后，淀粉酶将淀粉及相似结构的多糖分解成麦芽糖、异麦芽糖和糊精。至此，饲料中的营养性多糖基本上都被分解为二糖，然后由肠黏膜产生的二糖酶彻底分解成单糖被吸收。在小肠中未被消化的碳水化合物进入盲肠和结肠。因盲肠和结肠黏膜分泌物中不含消化酶，主要由微生物发酵分解，产生挥发性脂肪酸（乙酸、丙酸及丁酸）和气体。前者被机体吸收利用，相当于每天能量需要的 10%～12%；后者被排出体外。

无氮浸出物被消化成单糖后经主动载体转运而被小肠吸收，吸收受激素调控，也需要钙离子和维生素参与。研究表明，葡萄糖吸收最快，一些五碳糖如木糖、阿拉伯糖相对慢些。无氮浸出物在家兔体内以葡萄糖的形式吸收后，一部分通过无氧酵解、有氧氧化等分解代谢，释放能量供兔体需要；一部分进入肝脏合成肝糖原暂时贮存起来；还有一部分通过血液被输送到肌肉组织中合成肌糖原，作为肌肉运动的能量。当有过多的葡萄糖时，则被送至脂肪组织及细胞中合成脂肪作为能量的贮备。哺乳兔则有一部分葡萄糖进入乳腺合成乳糖。兔以碳水化合物的形式贮存的能量很少，贮存于肝脏和肌肉组织中的糖原是组织快速产生能量的来源，它是保持血糖恒定的主要因素。

家兔能有效地利用禾谷类饲料中的糖和淀粉。据报道，无氮浸出物在家兔体内的消化率为 70%左右，但选择性较强。玉米的适口性和生产效果不如大麦、小麦和燕麦。

兔盲肠内纤维素分解酶活性较低，但淀粉酶的活性却较高，因而兔盲肠对日粮淀粉、糖产生能量的能力较强。但是，盲肠中淀粉酶活性过高有可能引起肠炎。

家兔盲肠发酵的主要产物是挥发性脂肪酸，它可提供家兔维持所需能量的 12%～40%，是消化道组织中能量代谢的主要供能物质。家兔挥发性脂肪酸的产生和日粮的组成有密切关系，淀粉含量越高，纤维性组分相应降低，挥发性脂肪酸的产量就越高。

在正常情况下，后肠中不应该有较高量的淀粉，因为它们的大部分已经在小肠中被吸收。如果喂给富含淀粉的日粮，在活性高的淀粉酶作用下，这些未被消化的淀粉进入后肠后，为微生物提供了丰富的发酵底物，如果这些细菌是产气荚膜细菌或致病性大肠杆菌，它们会产生毒素引起腹泻。3月龄以内的幼兔，消化道在发生炎症时，具有可通透性，消化道内的有害物质容易被吸收，因而幼兔患肠炎症状比成年兔严重，死亡率较高。这种因进入后肠的淀粉含量过高引起的腹泻现象被称为"后肠碳水化合物负荷过重"。因此，在饲养管理中，要特别注意控制此种现象的发生。

玉米含粗纤维 2％左右、淀粉 72％，在小肠中消化很慢。这种高含量和消化慢可导致进入后肠的淀粉量增加，促进消化淀粉细菌的繁殖，产生大量的酸，引起微生物区系的变化和病原体的增加，导致腹泻。玉米经蒸汽、热喷和挤压处理后，可提高其在日粮中的比例，而不引起肠炎。

**2. 粗纤维的消化、吸收和代谢**

家兔没有消化纤维素、半纤维素和其他纤维性碳水化合物的酶，对这些物质的利用在一定程度上主要是盲肠和结肠中的微生物作用，将其分解为挥发性脂肪酸和气体，其中乙酸 78.2％、丙酸 9.3％及丁酸 12.5％。前者被机体吸收利用，后者被排出体外。

家兔在体内代谢过程中，既可利用葡萄糖供能，又可利用挥发性脂肪酸。据报道，在水解过程中，每克乙酸、丙酸、丁酸产生的热能分别为 14.434 千焦、19.073 千焦、24.894 千焦。家兔从这些脂肪酸中得到的能量，可满足每天能量需要的 10％～20％。家兔是草食动物，具有利用低能饲料的生理特点，利用粗纤维的能力比家禽高。但由于其发达的盲肠和结肠位于消化道的末端，利用粗纤维的能力不如马、牛、羊等其他食草动物，对粗饲料仅能消化 14％～25％，对青绿饲料和籽实饲料能消化 40％～50％。

家兔是以植物性饲料为主的单胃草食性动物，其口腔构造和具有较大容积的消化道（特别是发达的盲肠），以及圆小囊的功能使其能适应食草习性。粗纤维在兔日粮中除可作为能量的部分来源外，主要功能是构成合理的饲粮结构，维持消化道正常的生理功能。当其含量适宜时，对维持食糜密度、正常的消化运输及硬粪的形成起重要作用，还可防止因进入后肠的淀粉含量过高而引起的腹泻。

盲肠是消化粗纤维的重要场所。纤维素在盲肠微生物产生的纤维素酶作用下被消化降解，分解为挥发性脂肪酸，经肠壁吸收。兔能消化利用的也只是部分纤维素和半纤维素。与其他草食动物相比，兔对饲料中粗纤维的消化能力是比较低的。

粗纤维在日粮中应占有一定的比例，当饲料中缺乏粗纤维（低于5％）时，胃内容物通过消化道的时间为正常的 2 倍，引起消化紊乱，采食量下降，腹泻，死亡率升高。如果粗纤维含量升高时，日粮中所有成分的消化率都下降。由以上论述可知，家兔日粮中纤维性组分的消化率很低，因而作为家兔能量来源的意义并不重要，它的主要功能是构成合理的饲粮结构，维持正常的消化生理。从这个意义上讲，高纤维含量似乎对家兔有利。但高纤维含量也同时意味着饲粮的难消化组分比例增加，消化能浓度下降，加上饲粮体积膨大的影响，导致家兔能量摄入不足，生产水平下降。所以，适宜的粗纤维含量应兼顾这两方面的变化。大致可以总结为：家兔日粮中比较适宜的粗纤维含量范围为12％～20％。

虽然家兔对粗纤维消化能力较低，但纤维性饲料通过消化道速度较快，在通过消化道过程中非纤维成分被消化吸收，以此来补偿粗饲料的低营养价值。

### （五）矿物质

矿物质是一类无机的营养物质，是兔体组织成分之一，约占体重的 5％。根据体内含量分为常量元素（钙、磷、钾、钠、氯、镁和硫等）和微量元素（铁、锌、铜、锰、钴、碘、硒等）。具体见表 4-1。

表 4-1　矿物质元素的种类及功能

| 名称 | 功　能 | 缺乏或过量危害 | 备　注 |
|---|---|---|---|
| 钙、磷 | 钙、磷是兔体内含量最多的元素，主要构成骨骼和牙齿生长需要的元素，此外还对维持神经、肌肉等的正常生理活动起重要作用 | 缺乏主要表现为骨骼病变。幼兔出现佝偻病，成兔出现骨质疏松症。兔缺钙会导致痉挛，母兔产后瘫痪、泌乳期跛行等。缺磷主要表现为厌食、生长不良 | 谷物和麸皮中磷多于钙；日粮中的钙与磷适宜比例为(1.1～1.5)∶1。一般说来，青绿多汁饲料中含钙、磷较多，且比例合适 |

续表

| 名称 | 功　能 | 缺乏或过量危害 | 备　注 |
|---|---|---|---|
| 氯、钠、钾 | 对维持机体渗透压、酸碱平衡与水的代谢有重要作用。食盐既是营养物质又是调味剂。它能增进兔的食欲，促进消化、提高饲料利用率 | 缺钠和氯时，幼兔生长受阻，食欲减退，出现异食癖。钾缺乏时，肌肉弹性和收缩力降低，肠道膨胀。在热应激条件下，易发生低血钾症 | 食盐以占日粮精料中的0.5%来供应就足够了。适宜的钾含量为0.6%～1.0% |
| 镁 | 镁是构成骨质必需的元素，是酶的激活剂，有抑制神经兴奋性等功能。它与钙、磷和碳水化合物的代谢有密切关系 | 镁缺乏时，肌肉痉挛，神经过敏。幼兔生长停滞，成兔耳朵明显苍白，毛皮粗劣 | 镁的需要量占日粮的0.25%～0.75% |
| 铁 | 铁为形成血红蛋白、肌红蛋白等必需的元素。体内铁的存在与作用：兔体内65%的铁存在于血液中，它与血液中氧的运输、细胞内的生物氧化过程关系密切 | 缺铁发生营养性贫血症，其表现是生长减慢，精神不振，被毛粗糙，皮肤多皱及黏膜苍白 | 兔饲料中含铁较多，兔一般不缺铁。在兔日粮中添加50～100毫克/千克的铁，对提高兔的生长速度有益 |
| 铜 | 铜虽不是血红素的组成成分，但它在血红素红细胞的形成过程中起催化作用。铜还与骨骼发育、中枢神经系统的正常代谢有关，也是机体内各种酶的组成成分与活化剂 | 缺铜发生与缺铁相同的症状 | 过量的钼会造成铜的缺乏症状，故在钼污染地区应增加铜的补饲 |
| 锌 | 锌是兔体多种代谢所必需的营养物质，参与维持上皮细胞和被毛的正常形态、生长和健康以及维持激素正常作用 | 缺锌时兔生长受阻，被毛粗乱，脱毛，皮炎，繁殖机能障碍 | 日粮锌为2～3毫克/千克时，母兔出现严重生殖异常，幼兔2周后生长停滞；每千克日粮含锌50毫克时，生长和繁殖恢复正常 |
| 锰 | 锰是几种重要生物催化剂（酶系）的组成部分，与激素关系十分密切。对发情、排卵和胚胎、乳房及骨骼发育以及泌乳及生长都有影响 | 缺乏锰会导致骨骼变形，四肢弯曲和缩短，关节肿胀式跛行，生长缓慢等；摄入量过多，会影响钙、磷的利用率，引起贫血 | 需要量一般为20毫克/千克。如果钙、磷含量多，锰的需要量就要增加。常用硫酸锰来补充锰 |

续表

| 名称 | 功　能 | 缺乏或过量危害 | 备　注 |
|------|--------|----------------|--------|
| 碘 | 碘是合成甲状腺素的主要成分,对营养物质代谢起调节作用 | 缺碘发生代偿性甲状腺肿大。母兔生的仔兔体弱或死胎 | 日粮中补加 0.2 克/千克能满足需要。缺碘地区可向食盐内补加碘化钾或碘盐 |
| 硒 | 硒的作用与维生素 E 作用相似。补硒可降低兔对维生素 E 的需要量,并减轻因维生素 E 缺乏给兔带来的损害 | 缺硒,出现肝坏死、肌肉营养不良及白肌病、肺出血等 | 缺硒时添加硒无效果,只能通过加入维生素 E 方能缓解和治疗 |

## （六）维生素

维生素是一些结构和功能各不相同的有机化合物,根据其溶解性,分为脂溶性维生素和水溶性维生素两大类。它们既不是构成兔体组织的物质,也不是供能物质,但它们是维持家兔正常新陈代谢过程所必需的物质,对家兔的健康、生长和繁殖有重要作用,是其他营养物质所不能代替的。舍内饲养和采用配合饲料喂兔时,尤其是冬春两季枯草期,青绿饲料来源缺乏以及高生产性能条件下,如果不补充维生素,也会出现维生素缺乏。常见的维生素及其功能见表4-2。

表 4-2　常见的维生素及其功能

| 名称 | 主要功能 | 缺乏症状 | 主要来源 |
|------|----------|----------|----------|
| 维生素 A | 可以维持呼吸道、消化道、生殖道上皮细胞或黏膜结构完整与健全,增强机体对环境的适应能力和对疾病的抵抗力 | 出现夜盲症,长期缺乏会引起永久性失明;出现干眼症;肠炎发生率高;公兔精子生成停止;妊娠母兔易流产或胎儿弱小;出现神经性跛行、痉挛、麻痹和瘫痪 | 青绿多汁饲料含有大量胡萝卜素(维生素 A 原)。日粮中维生素 A 的含量一般达到 1 万单位/千克 |
| 维生素 D（国际单位、毫克/千克表示） | 降低肠道 pH 值,从而促进钙、磷的吸收,保证骨骼正常发育 | 缺乏维生素 D 影响钙、磷的吸收,其缺乏症如同钙、磷缺乏症。饲料内钙、磷含量充足,比例也合适,如果维生素 D 不足,会影响钙、磷的吸收与利用 | 鱼肝油等动物性饲料内含量较多;青干草内含麦角固醇,在紫外线照射下转变为维生素 $D_2$。皮肤中的 7-脱氢胆固醇,在紫外线照射下转变为维生素 $D_3$ |

续表

| 名称 | 主要功能 | 缺乏症状 | 主要来源 |
|---|---|---|---|
| 维生素 E（国际单位、毫克/千克表示） | 是一种抗氧化剂和代谢调节剂，维持兔正常的繁殖机能。与硒协同作用，保护细胞膜的完整性，维持睾丸、组织及胎儿正常机能。保护体内维生素 A 免受氧化 | 兔对维生素 E 缺乏非常敏感，不足时，容易导致肌肉营养性障碍即骨骼肌和心肌变性，运动失调，瘫痪，还会造成脂肪肝及肝坏死，繁殖机能受损，母兔受胎率下降、不孕、死胎和流产，新生仔兔死亡率增高，公兔精液品质下降 | 青绿饲料、麦芽、种子的胚芽与棉籽油内，含有较丰富的维生素 E。兔处于逆境时需要量增加。其最低推荐量为每千克体重 0.32 毫克 |
| 维生素 K | 催化合成凝血酶原（具有活性的是维生素 $K_1$、维生素 $K_2$ 和维生素 $K_3$） | 凝血时间过长，易出现皮下出血，妊娠母兔的胎盘出血、流产 | 绿色植物如苜蓿、菠菜以及动物的肝脏内含量较多。日粮中 2.0 毫克/千克即可 |
| 维生素 $B_1$（硫胺素） | 参与碳水化合物的代谢，维持神经组织和心肌正常，有提高胃肠消化机能 | 食欲减退，胃肠机能紊乱，心肌萎缩或坏死，神经发生炎症、疼痛、痉挛等 | 糠麸、青饲料、胚芽、草粉、豆类、发酵饲料、酵母粉、硫胺素制剂。日粮中最低需要量是 1 毫克/千克 |
| 维生素 $B_2$（核黄素） | 参与机体复杂的氧化还原反应，是许多酶系统的重要组成部分 | 引起物质和能量代谢紊乱。消瘦、厌食、被毛粗糙、易脱落脱色、黏膜黄染、流泪，繁殖力下降 | 酵母、蔬菜等饲料中比较丰富，有添加剂 |
| 维生素 $B_3$（烟酸） | 某些酶类的重要成分，与碳水化合物、脂肪和蛋白质的代谢有关 | 皮肤脱落性皮炎，食欲下降或消失，下痢，后肢肌肉麻痹，唇舌有溃疡病变，贫血，大肠有溃疡病变，心肝及体重减轻，呕吐等 | 酵母、豆类、糠麸、青饲料、鱼粉、烟酸制剂 |
| 维生素 $B_5$（泛酸） | 是辅酶 A 的组成成分，与碳水化合物、脂肪和蛋白质的代谢有关 | 运动失调，四肢僵硬，脱毛等 | 存在于酵母、糠麸、小麦和豆科青草、花生饼等含泛酸多的饲料中 |
| 维生素 $B_6$（吡哆醇） | 对体内氧化还原、调节细胞呼吸、维持胚胎正常发育及仔兔的生活力起重要作用 | 食欲不振，生长停止，发生皮炎、脱毛，神经系统受损，表现为运动失调，严重时痉挛 | 存在于青饲料、干草粉、酵母、鱼粉、糠麸、小麦等饲料中，有核黄素制剂，兔的盲肠内能合成。生产水平高时需补充 |

续表

| 名称 | 主要功能 | 缺乏症状 | 主要来源 |
|---|---|---|---|
| 维生素H（生物素，维生素$B_7$） | 以辅酶形式广泛参与各种有机物的代谢 | 过度脱毛、皮肤溃烂和皮炎、眼周渗出液、嘴黏膜炎症、蹄横裂、脚垫裂缝并出血 | 存在于鱼肝油、酵母、青饲料、鱼粉、糠中 |
| 胆碱 | 胆碱是构成卵磷脂的成分，参与脂肪和蛋白质代谢；蛋氨酸等合成时所需的甲基来源 | 仔兔表现为增重减慢、发育不良、被毛粗糙、贫血、虚弱、共济失调、步态不平衡和蹒跚；母兔繁殖机能和泌乳下降 | 小麦胚芽、鱼粉、豆饼、甘蓝、氯化胆碱 |
| 维生素$B_{11}$（叶酸） | 以辅酶形式参与嘌呤、嘧啶、胆碱的合成和某些氨基酸的代谢 | 贫血和白细胞减少，繁殖和泌乳紊乱。一般情况下不易缺乏 | 青饲料、酵母、大豆饼、麸皮、小麦胚芽 |
| 维生素$B_{12}$（钴胺素） | 以钴酰胺辅酶形式参与各种代谢活动；有助于提高造血机能和日粮蛋白质的利用率 | 生长缓慢，贫血，被毛粗乱，后肢运动失调，母兔繁殖能力下降 | 一般植物性饲料中不会缺乏。兔肠道微生物能合成，其合成受饲料中钴含量影响。生长兔和幼兔需要补充。推荐量为10微克/千克饲料 |
| 维生素C（抗坏血酸） | 具有可逆的氧化和还原性，广泛参与机体的多种生化反应；能刺激肾上腺皮质合成；促进肠道内铁的吸收，使叶酸还原成四氢叶酸 | 易患坏血病，生长停滞，体重减轻，关节变软，身体各部出血、贫血，适应性和抗病力降低 | 青饲料、维生素C添加剂：提高抗热应激和逆境的能力。兔可以利用葡萄糖在脾脏和肾脏合成维生素C，一般不会缺乏 |

## 二、兔的饲养标准

家兔饲养标准，也叫营养需要量。它是通过长期试验研究，给不同品种、不同生理状态下、不同生产目的和生产水平的家兔，科学地规定出每只应当喂给的能量及各种营养物质的数量和比例，这种按家兔的不同情况规定的营养指标，就称为饲养标准。目前家兔的饲养标准内容包括：能量、蛋白质、氨基酸、粗纤维、矿物质、维生素等指标的需要量，并且通常以每千克饲粮的含量和百分比数表示。

国外对家兔研究较多的国家有美国、法国、德国和前苏联，我国进入 20 世纪 80 年代后才开始研究家兔营养需要量。目前,我国尚未制定家兔的饲养标准,生产上多根据当地的实际情况,参考国外的饲养标准,结合饲养家兔的营养需要特性,确定出各种营养的推荐量。

【注意】使用标准时:一要因地制宜,灵活应用。家兔饲养标准的建议值一般是在特定种类的家兔,在特定年龄、特定体重及特定生产状态下的营养需要量。它所反映的是在正常饲养管理条件下整个群体的营养水平。当条件改变,如温度、湿度偏高或过低,卫生条件差等,就得在建议值的基础上适当变动。此外,饲养标准中的微量元素及维生素的规定采用最低需要量,以不出现缺乏症为依据,若兔群是在高度集约化条件下进行生产,则应予以适当增加。二要观察实际饲养效果,并根据使用效果进行适当调整,以求饲养标准更接近于准确。三要随着科学研究的深入和生产水平的提高,不断地进行修订、充实和完善。

现将国内部分单位及国外推荐的一些家兔饲养标准介绍如下。

## (一) 美国 NRC 推荐的家兔饲养标准

见表 4-3。

**表 4-3　NRC 兔的常规养分的需要量**

| 项　　目 | 生长兔 | 维持兔 | 妊娠兔 | 泌乳兔 |
|---|---|---|---|---|
| 消化能/(兆焦/千克) | 10.46 | 8.79 | 10.46 | 12.3~14.06 |
| 粗蛋白/% | 16 | 12 | 15 | 17~18 |
| 粗脂肪/% | 2 | 2 | 2 | 2 |
| 粗纤维/% | 10~12 | 14 | 10~12 | 10~12 |
| 氨基酸 | | | | |
| 赖氨酸/% | 0.65 | — | 0.6 | 0.8 |
| 蛋氨酸+胱氨酸/% | 0.6 | — | 0.5 | 0.56 |
| 组氨酸/% | 0.3 | — | — | — |
| 精氨酸/% | 0.6 | — | 0.6 | 0.8 |
| 异亮氨酸/% | 0.6 | — | — | — |
| 亮氨酸/% | 1.1 | — | — | — |
| 苏氨酸/% | 0.6 | — | — | — |

续表

| 项 目 | 生长兔 | 维持兔 | 妊娠兔 | 泌乳兔 |
|---|---|---|---|---|
| 色氨酸/% | 0.2 | — | — | — |
| 苯丙氨酸＋酪氨酸/% | 1.1 | — | — | — |
| 缬氨酸/% | 0.7 | — | — | — |
| 矿物质 | | | | |
| 钙/% | 0.4 | — | 0.45 | 0.75 |
| 磷/% | 0.22 | — | 0.37 | 0.5 |
| 食盐/% | 0.65 | — | 0.5 | 0.65 |
| 钠/% | 0.2 | 0.2 | 0.2 | 0.2 |
| 氯/% | 0.3 | 0.3 | 0.3 | 0.3 |
| 镁/% | 0.03～0.04 | 0.03～0.04 | 0.03～0.04 | 0.03～0.04 |
| 钾/% | 0.6 | 0.6 | 0.6 | 0.6 |
| 铁/(毫克/千克) | 100 | — | 100 | 100 |
| 锌/(毫克/千克) | 20 | — | 30 | 30 |
| 铜/(毫克/千克) | 3 | 3 | 3 | 3 |
| 碘/(毫克/千克) | 0.2 | 0.2 | 0.2 | 0.2 |
| 锰/(毫克/千克) | 8.5 | 2.5 | 2.5 | 2.5 |
| 维生素 | | | | |
| 维生素 A/(国际单位/千克) | 580 | — | 1160 | — |
| 维生素 D/(国际单位/千克) | 1000 | — | 1000 | 1000 |
| 维生素 E/(毫克/千克) | 40 | — | 40 | 40 |
| 维生素 K/(毫克/千克) | 1 | — | 0.2 | 1 |
| 烟酸/(毫克/千克) | 180 | — | 50 | 50 |
| 胆碱/(毫克/千克) | 1200 | — | 1300 | 1300 |
| 维生素 $B_6$/(毫克/千克) | 39 | — | 1 | 1 |
| 维生素 $B_{12}$/(毫克/千克) | 10 | — | 10 | 10 |

（二）法国营养学家 F. Lebas 推荐的家兔营养需要量
见表 4-4。

表 4-4　法国营养学家 F. Lebas 推荐的家兔营养需要量

| 营 养 指 标 | 生长(4~12周龄) | 哺乳 | 妊娠 | 维持 | 哺乳母兔和仔兔 |
|---|---|---|---|---|---|
| 粗蛋白/% | 15 | 18 | 18 | 13 | 17 |
| 消化能/(兆焦/千克) | 10.45 | 11.29 | 10.45 | 9.2 | 10.45 |
| 粗脂肪/% | 3 | 5 | 3 | 3 | 3 |
| 粗纤维/% | 14 | 12 | 14 | 15~16 | 14 |
| 非消化纤维/% | 12 | 10 | 12 | 13 | 12 |
| 氨基酸/% | | | | | |
| 蛋氨酸+胱氨酸 | 0.5 | 0.6 | | | 0.55 |
| 赖氨酸 | 0.6 | 0.75 | | | 0.7 |
| 精氨酸 | 0.9 | 0.8 | | | 0.9 |
| 苏氨酸 | 0.55 | 0.7 | | | 0.6 |
| 色氨酸 | 0.18 | 0.22 | | | 0.2 |
| 组氨酸 | 0.35 | 0.43 | | | 0.4 |
| 异亮氨酸 | 0.6 | 0.7 | | | 0.65 |
| 缬氨酸 | 0.7 | 0.35 | | | 0.8 |
| 亮氨酸 | 1.05 | 1.25 | | | 1.2 |
| 矿物质/% | | | | | |
| 钙 | 0.5 | 1.1 | 0.8 | 0.6 | 1.1 |
| 磷 | 0.3 | 0.8 | 0.5 | 0.4 | 0.8 |
| 钾 | 0.8 | 0.9 | 0.9 | | 0.9 |
| 钠 | 0.4 | 0.4 | 0.4 | | 0.4 |
| 氯 | 0.4 | 0.4 | 0.4 | | 0.4 |
| 镁 | 0.03 | 0.04 | 0.04 | | 0.04 |
| 硫 | 0.04 | | | | 0.04 |
| 钴/(毫克/千克) | 1 | 1 | | | 1 |
| 铜/(毫克/千克) | 5 | 5 | | | 5 |
| 锌/(毫克/千克) | 50 | 70 | 70 | | 70 |
| 锰/(毫克/千克) | 8.5 | 2.5 | 2.5 | 2.5 | 8.5 |

续表

| 营 养 指 标 | 生长(4～12周龄) | 哺乳 | 妊娠 | 维持 | 哺乳母兔和仔兔 |
|---|---|---|---|---|---|
| 碘/(毫克/千克) | 0.2 | 0.2 | 0.2 | 0.2 | 0.2 |
| 铁/(毫克/千克) | 50 | 50 | 50 | 50 | 50 |
| 维生素 |
| 维生素 A/(国际单位/千克) | 6000 | 12000 | 12000 | | 10000 |
| 胡萝卜素/(毫克/千克) | 0.83 | 0.83 | 0.83 | | 0.83 |
| 维生素 D/(国际单位/千克) | 900 | 900 | 900 | | 900 |
| 维生素 E/(毫克/千克) | 50 | 50 | 50 | 50 | 50 |
| 维生素 K/(毫克/千克) | 0 | 2 | 2 | 0 | 2 |
| 维生素 C/(毫克/千克) | 0 | 0 | 0 | 0 | 0 |
| 硫胺素/(毫克/千克) | 2 | 0 | 0 | 0 | 2 |
| 核黄素/(毫克/千克) | 6 | 0 | 0 | 0 | 4 |
| 吡哆醇/(毫克/千克) | 40 | 0 | 0 | 0 | 2 |
| 维生素 $B_{12}$/(毫克/千克) | 0.01 | 0 | 0 | 0 | |
| 叶酸/(毫克/千克) | 1 | 0 | 0 | | |
| 泛酸/(毫克/千克) | 20 | 0 | 0 | | |

## （三）德国 W. Schlolant 推荐的家兔混合料营养标准

见表 4-5。

**表 4-5 德国 W. Schlolant 推荐的家兔混合料营养标准**

| 营 养 指 标 | 育肥兔 | 繁殖兔 | 产毛兔 |
|---|---|---|---|
| 消化能/(兆焦/千克) | 12.14 | 10.89 | 9.63～10.89 |
| 粗蛋白/% | 16～18 | 15～17 | 15～17 |
| 粗脂肪/% | 3～5 | 2～4 | 2 |
| 粗纤维/% | 9～12 | 10～14 | 14～16 |
| 赖氨酸/% | 1 | 1 | 0.5 |
| 蛋氨酸+胱氨酸/% | 0.4～0.6 | 0.7 | 0.7 |
| 精氨酸/% | 0.6 | 0.6 | 0.6 |

| 营 养 指 标 | 育肥兔 | 繁殖兔 | 产毛兔 |
|---|---|---|---|
| 钙/% | 1 | 1 | 1 |
| 磷/% | 0.5 | 0.5 | 0.3～0.5 |
| 食盐/% | 0.5～0.7 | 0.5～0.7 | 0.5 |
| 钾/% | 1 | 1 | 0.7 |
| 镁/(毫克/千克) | 300 | 300 | 300 |
| 铜/(毫克/千克) | 20～200 | 10 | 10 |
| 铁/(毫克/千克) | 100 | 50 | 50 |
| 锰/(毫克/千克) | 30 | 30 | 10 |
| 锌/(毫克/千克) | 50 | 50 | 50 |
| 维生素 A/(国际单位/千克) | 8000 | 8000 | 6000 |
| 维生素 D/(国际单位/千克) | 1000 | 800 | 500 |
| 维生素 E/(毫克/千克) | 40 | 40 | 20 |
| 维生素 K/(毫克/千克) | 1 | 2 | 1 |
| 胆碱/(毫克/千克) | 1500 | 1500 | 1500 |
| 烟酸/(毫克/千克) | 50 | 50 | 50 |
| 吡哆醇/(毫克/千克) | 400 | 300 | 300 |
| 生物素/(毫克/千克) | | | 25 |

## （四）Bebas（1989）推荐的集约饲养育肥兔的营养需要

见表 4-6。

表 4-6 Bebas（1989）推荐的集约饲养育肥兔的营养需要

| 营养成分 | 含量 | 营养成分 | 含量 | 营养成分 | 含量 |
|---|---|---|---|---|---|
| 消化能/(兆焦/千克) | 10.4 | 精氨酸/% | 0.9 | 钴/(毫克/千克) | 0.1 |
| 代谢能/(兆焦/千克) | 10 | 苯丙氨酸/% | 1.2 | 氟/(毫克/千克) | 0.5 |
| 粗脂肪/% | 3 | 钙/% | 0.5 | 维生素 A/(国际单位/千克) | 6000 |
| 粗纤维/% | 14 | 磷/% | 0.3 | 维生素 D/(国际单位/千克) | 900 |
| 难消化纤维/% | 11 | 钠/% | 0.3 | 维生素 K/(毫克/千克) | 2 |
| 粗蛋白/% | 16 | 钾/% | 0.6 | 维生素 E/(毫克/千克) | 0 |

| 营养成分 | 含量 | 营养成分 | 含量 | 营养成分 | 含量 |
|---|---|---|---|---|---|
| 赖氨酸/% | 0.65 | 氯/% | 0.3 | 吡哆醇/(毫克/千克) | 50 |
| 含硫氨基酸/% | 0.6 | 镁/% | 0.03 | 核黄素/(毫克/千克) | 6 |
| 色氨酸/% | 0.13 | 硫/% | 0.04 | 硫胺素/(毫克/千克) | 2 |
| 苏氨酸/% | 0.55 | 铁/(毫克/千克) | 50 | 维生素 $B_{12}$/(毫克/千克) | 0.01 |
| 亮氨酸/% | 1.05 | 铜/(毫克/千克) | 5 | 泛酸/(毫克/千克) | 20 |
| 异亮氨酸/% | 0.6 | 锌/(毫克/千克) | 50 | 尼克酸/(毫克/千克) | 50 |
| 缬氨酸/% | 0.7 | 锰/(毫克/千克) | 8.5 | 叶酸/(毫克/千克) | 5 |
| 组氨酸/% | 0.35 | 碘/(毫克/千克) | 0.2 | 生物素/(毫克/千克) | 0.2 |

## （五）南京农业大学建议家兔营养供给量

见表4-7。

**表4-7　南京农业大学建议家兔营养供给量**

| 营养指标 | 生长兔 | | 妊娠兔 | 哺乳兔 | 生长肥育兔 |
|---|---|---|---|---|---|
| | 3～12周龄 | 12周龄后 | | | |
| 消化能/(兆焦/千克) | 12.12 | 11.29～10.45 | 10.45 | 10.87～11.29 | 12.12 |
| 粗蛋白/% | 18 | 16 | 15 | 18 | 18～16 |
| 粗纤维/% | 8～10 | 10～14 | 10～14 | 10～12 | 8～10 |
| 粗脂肪/% | 2～3 | 2～3 | 2～3 | 2～3 | 3～5 |
| 钙/% | 0.9～1.1 | 0.5～0.7 | 0.5～0.7 | 0.8～1.1 | 1 |
| 磷/% | 0.5～0.7 | 0.3～0.5 | 0.3～0.5 | 0.5～0.8 | 0.5 |
| 赖氨酸/% | 0.9～1.0 | 0.7～0.9 | 0.7～0.9 | 0.8～1.0 | 1 |
| 蛋氨酸＋胱氨酸/% | 0.7 | 0.6～0.7 | 0.6～0.7 | 0.6～0.7 | 0.4～0.6 |
| 精氨酸/% | 0.8～0.9 | 0.6～0.8 | 0.6～0.8 | 0.6～0.8 | 0.6 |
| 食盐/% | 0.5 | 0.5 | 0.5 | 0.5～0.7 | 0.5 |
| 铜/(毫克/千克) | 15 | 15 | 10 | 10 | 20 |
| 铁/(毫克/千克) | 100 | 50 | 50 | 100 | 100 |
| 锰/(毫克/千克) | 15 | 10 | 10 | 10 | 15 |
| 锌/(毫克/千克) | 70 | 40 | 40 | 40 | 40 |
| 镁/(毫克/千克) | 300～400 | 300～400 | 300～400 | 300～400 | 300～400 |

| 营养指标 | 生长兔 | | 妊娠兔 | 哺乳兔 | 生长肥育兔 |
|---|---|---|---|---|---|
| | 3～12周龄 | 12周龄后 | | | |
| 碘/(毫克/千克) | 0.2 | 0.2 | 0.2 | 0.2 | 0.2 |
| 维生素 A/(国际单位/千克) | 6000～10000 | 6000～10000 | 6000～10000 | 8000～10000 | 8000 |
| 维生素 D/(国际单位/千克) | 1000 | 1000 | 1000 | 1000 | 1000 |

## （六）江苏农科院推荐的家兔营养需要量

见表 4-8。

表 4-8　江苏农科院推荐的家兔营养需要量

| 指标 | 5～12周 | 妊娠兔 | 哺乳兔 | 成年产毛兔 | 种公兔 |
|---|---|---|---|---|---|
| 消化能/(兆焦/千克) | 10.37 | 10.78 | 10.57 | 11.49 | 11.29 |
| 粗蛋白/% | 17.8 | 15.7 | 18 | 16.8 | 17.9 |
| 可消化粗蛋白/% | 13.5 | 10.7 | 12.9 | 11.8 | 12.9 |
| 粗纤维/% | 14.8 | 12 | 11 | 12 | 11 |
| 粗脂肪/% | 3 | 3 | 3 | 3 | 3 |
| 蛋白/消化能/(克/兆焦) | 54 | 41.5 | 51 | 43 | 48 |
| 蛋氨酸/% | 0.6 | 0.8 | 0.8 | 0.9 | 0.8 |
| 赖氨酸/% | 1 | 1 | 1 | 1.1 | 1 |
| 精氨酸/% | 0.9 | 0.8 | 0.9 | 0.8 | 0.9 |
| 钙/% | 1 | 0.8 | 1 | 0.8 | 1 |
| 磷/% | 0.6 | 0.5 | 0.9 | 0.6 | 0.5 |
| 食盐/% | 0.3 | 0.3 | 0.3 | 0.3 | 0.3 |
| 铁/(毫克/千克) | 50 | 50 | 100 | 50 | 50 |
| 锌/(毫克/千克) | 50 | 70 | 70 | 70 | 70 |
| 铜/(毫克/千克) | 5 | 5 | 5 | 5 | 5 |
| 钴/(毫克/千克) | 0.1 | 0.1 | 0.1 | 0.1 | 0.1 |
| 锰/(毫克/千克) | 8.5 | 8.5 | 2.5 | 2.5 | 2.5 |
| 维生素 A/(国际单位/千克) | 6000 | 6000 | 6000 | 6000 | 8000 |
| 维生素 D/(国际单位/千克) | 900 | 900 | 900 | 900 | 1000 |
| 维生素 E/(毫克/千克) | 50 | 60 | 50 | 50 | 60 |

## （七）我国推荐的獭兔饲养标准

见表4-9。

**表 4-9　我国推荐的獭兔饲养标准**

| 营养指标 | 生长兔 | 成年兔 | 妊娠兔 | 哺乳兔 | 毛皮成熟期 |
|---|---|---|---|---|---|
| 消化能/(兆焦/千克) | 10.46 | 9.2 | 10.46 | 11.3 | 10.46 |
| 粗蛋白/% | 16.5 | 15 | 16 | 18 | 15 |
| 粗脂肪/% | 3 | 2 | 3 | 3 | 3 |
| 粗纤维/% | 14 | 14 | 13 | 12 | 14 |
| 钙/% | 1 | 0.6 | 1 | 1 | 0.6 |
| 磷/% | 0.5 | 0.4 | 0.5 | 0.5 | 0.4 |
| 蛋氨酸+胱氨酸/% | 0.5～0.6 | 0.3 | 0.6 | 0.4～0.5 | 0.6 |
| 赖氨酸/% | 0.6～0.8 | 0.6 | 0.6～0.8 | 0.6～0.8 | 0.6 |
| 食盐/% | 0.3～0.5 | 0.3～0.5 | 0.3～0.5 | 0.3～0.5 | 0.3～0.5 |
| 日采食量/克 | 150 | 125 | 160～180 | 300 | 125 |

## （八）江苏农科院推荐的产毛兔营养需要

见表4-10。

**表 4-10　江苏农科院推荐的产毛兔营养需要**

| 指标 | 5～12周 | 妊娠兔 | 哺乳兔 | 成年产毛兔 | 种公兔 |
|---|---|---|---|---|---|
| 消化能/(兆焦/千克) | 10.37 | 10.78 | 10.57 | 11.49 | 11.29 |
| 粗蛋白/% | 17.8 | 15.7 | 18 | 16.8 | 17.9 |
| 可消化粗蛋白/% | 13.5 | 10.7 | 12.9 | 11.8 | 12.9 |
| 粗纤维/% | 14.8 | 12 | 11 | 12 | 11 |
| 粗脂肪/% | 3 | 3 | 3 | 3 | 3 |
| 蛋白/消化能/(克/兆焦) | 54 | 41.5 | 51 | 43 | 48 |
| 蛋氨酸/% | 0.6 | 0.8 | 0.8 | 0.9 | 0.8 |
| 赖氨酸/% | 1 | 1 | 1 | 1.1 | 1 |
| 精氨酸/% | 0.9 | 0.8 | 0.9 | 0.8 | 0.9 |
| 钙/% | 1 | 0.8 | 1 | 0.8 | 1 |

续表

| 指　标 | 5～12周 | 妊娠兔 | 哺乳兔 | 成年产毛兔 | 种公兔 |
|---|---|---|---|---|---|
| 磷/% | 0.6 | 0.5 | 0.9 | 0.6 | 0.5 |
| 食盐/% | 0.3 | 0.3 | 0.3 | 0.3 | 0.3 |
| 铁/(毫克/千克) | 50 | 50 | 100 | 50 | 50 |
| 锌/(毫克/千克) | 50 | 70 | 70 | 70 | 70 |
| 铜/(毫克/千克) | 5 | 5 | 5 | 5 | 5 |
| 钴/(毫克/千克) | 0.1 | 0.1 | 0.1 | 0.1 | 0.1 |
| 锰/(毫克/千克) | 8.5 | 8.5 | 2.5 | 2.5 | 2.5 |
| 维生素 A/(国际单位/千克) | 6000 | 6000 | 6000 | 6000 | 8000 |
| 维生素 D/(国际单位/千克) | 900 | 900 | 900 | 900 | 1000 |
| 维生素 E/(毫克/千克) | 50 | 60 | 50 | 50 | 60 |

## (九) 我国学者推荐的安哥拉毛用兔饲养标准

见表4-11。

### 表 4-11　我国学者推荐的安哥拉毛用兔饲养标准

| 生长阶段 | 生长兔 | | 妊娠母兔 | 哺乳母兔 | 产毛兔 | 种公兔 |
|---|---|---|---|---|---|---|
| | 断奶至3月龄 | 4～6月龄 | | | | |
| 消化能/(兆焦/千克) | 10.5 | 10.3 | 10.3 | 11 | 10～11.3 | 10 |
| 粗蛋白/% | 16～17 | 15～16 | 16 | 18 | 15～16 | 17 |
| 可消化粗蛋白/% | 12～13 | 10～11 | 11.5 | 13.5 | 11 | 13 |
| 粗纤维/% | 14 | 16 | 14～15 | 12～13 | 13～17 | 16～17 |
| 粗脂肪/% | 3 | 3 | 3 | 3 | 3 | 3 |
| 蛋能比/(克/兆焦) | 11.95 | 10.76 | 11.47 | 12.43 | 10.99 | 12.91 |
| 蛋氨酸+胱氨酸/% | 0.7 | 0.7 | 0.8 | 0.8 | 0.7 | 0.7 |
| 赖氨酸/% | 0.8 | 0.8 | 0.8 | 0.9 | 0.7 | 0.8 |
| 精氨酸/% | 0.8 | 0.8 | 0.8 | 0.9 | 0.7 | 0.9 |
| 钙/% | 1 | 1 | 1 | 1.2 | 1 | 1 |
| 磷/% | 0.5 | 0.5 | 0.5 | 0.6 | 0.5 | 0.5 |
| 食盐/% | 0.3 | 0.3 | 0.3 | 0.3 | 0.3 | 0.2 |

续表

| 生长阶段 | 生长兔 | | 妊娠母兔 | 哺乳母兔 | 产毛兔 | 种公兔 |
|---|---|---|---|---|---|---|
| | 断奶至3月龄 | 4~6月龄 | | | | |
| 铜/(毫克/千克) | 3~5 | 10 | 10 | 10 | 20 | 10 |
| 锌/(毫克/千克) | 50 | 50 | 70 | 70 | 70 | 70 |
| 铁/(毫克/千克) | 50~100 | 50 | 50 | 50 | 50 | 50 |
| 锰/(毫克/千克) | 30 | 30 | 50 | 50 | 50 | 50 |
| 钴/(毫克/千克) | 0.1 | 0.1 | 0.1 | 0.1 | 0.1 | 0.1 |
| 维生素 A/(国际单位/千克) | 8000 | 8000 | 8000 | 10000 | 6000 | 12000 |
| 维生素 D/(国际单位/千克) | 900 | 900 | 900 | 1000 | 900 | 1000 |
| 维生素 E/(毫克/千克) | 50 | 50 | 60 | 60 | 50 | 60 |
| 胆碱/(毫克/千克) | 1500 | 1500 | | | 1500 | 1500 |
| 尼克酸/(毫克/千克) | 50 | 50 | | | 50 | 50 |
| 吡哆醇/(毫克/千克) | 400 | 400 | | | 300 | 300 |
| 生物素/(毫克/千克) | | | | | 25 | 20 |

注：引自张宏福、张子仪，动物营养参数与饲养标准，1998年6月，中国农业出版社。

## （十）我国建议的肉兔营养供给量

见表4-12。

### 表 4-12 肉兔的营养需要

| 指标 | 生长兔 | 妊娠母兔 | 哺乳母兔及仔兔 | 种公兔 |
|---|---|---|---|---|
| 消化能/(兆焦/千克) | 10.45 | 10.45 | 11.28 | 10.30 |
| 粗蛋白/% | 15~16 | 15 | 18 | 18 |
| 蛋氨酸+胱氨酸/% | 0.50 | | 0.60 | |
| 赖氨酸/% | 0.66 | | 0.75 | |
| 精氨酸/% | 0.90 | | 0.80 | |
| 苏氨酸/% | 0.55 | | 0.70 | |
| 色氨酸/% | 0.18 | | 0.22 | |
| 组氨酸/% | 0.35 | | 0.43 | |

| 指　标 | 生长兔 | 妊娠母兔 | 哺乳母兔及仔兔 | 种公兔 |
|---|---|---|---|---|
| 缬氨酸/% | 1.20 | | 1.40 | |
| 苯丙氨酸+酪氨酸/% | 0.70 | | 0.85 | |
| 亮氨酸/% | 1.05 | | 1.25 | |
| 钙/% | 0.50 | 0.80 | 1.10 | |
| 磷/% | 0.30 | 0.50 | 0.80 | |
| 食盐/% | 0.40 | 0.40 | 0.40 | |

# 第二节　兔的常用饲料

饲料种类繁多，养分组成和营养价值各异，为了解饲料的特点，合理地利用饲料，有必要对饲料进行分类。按其性质，一般分为能量饲料、蛋白质饲料、青绿多汁饲料、粗饲料、矿物饲料、维生素饲料和添加剂饲料。

## 一、能量饲料

能量饲料是指干物质中粗纤维含量在 18% 以下，粗蛋白质在20% 以下的饲料。这类饲料主要包括禾本科的谷实饲料和它们加工后的副产品，动植物油脂和糖蜜等，是兔饲料的主要成分，用量占日粮的 60%～70%。

### （一）玉米

玉米是养兔生产中最常用的一种能量饲料，具有很好的适口性和消化性。在饲料中占的比重很大。不同品种和产地的玉米，其营养成分含量不同，玉米中可溶性无氮浸出物含量较高（70%左右），主要含淀粉，有效能值高（代谢能达 14.27 兆焦/千克），粗纤维含量低（仅 2% 左右），其消化率可达 90%。玉米的脂肪含量为 3.5%～4.5%，是大麦或小麦的 2 倍。玉米含亚油酸较多，可以达到 2%，是所有谷物饲料中含量最高的。亚油酸（十八碳二烯脂肪酸）不能在动物体内合成，只能靠饲料提供，是必需脂肪酸，动物缺乏时繁殖机能受到破坏，生长受阻，皮肤发生病变。

玉米中蛋白质含量较低，一般占饲料的 8.6%，蛋白质中的几种必需氨基酸含量少，特别是赖氨酸和色氨酸。玉米含钙少，磷也偏低，喂时必须注意补钙。玉米中脂肪含量高，粉碎的玉米含水高于 14% 时，不宜长期保存，否则易发生酸败，产生黄曲霉毒素，家兔很敏感。近年来，培育的高蛋白质玉米、高赖氨酸玉米等饲料用玉米，营养价值更高，饲喂效果更好。

玉米在饲粮中用量过大，容易发生肠炎，所以，肉兔饲料中玉米用量一般为 30%~50%。

**(二) 高粱**

籽实代谢能水平因品种而异。壳少的籽实，代谢能水平与玉米相近，是很好的能量饲料。高粱的粗脂肪含量不高，只有 2.8%~3.3%，含亚油酸也少，约为 1.13%。蛋白质含量高于玉米，但单宁（鞣酸）含量较多，使味道发涩，适口性差。在配合兔日粮时，深色高粱（单宁含量大于 1%）不超过 10%，浅色高粱（单宁含量小于 1%）不超过 20%，去除颖壳后可与玉米同样使用。

**(三) 小麦**

小麦是我国人民的主要口粮，极少作为饲料。但在某些年份或地区，其价格低于玉米时，可以部分代替玉米作饲料。而欧洲北部国家的能量饲料主要是麦类，其中小麦用量较大。小麦的能量（14.36 兆焦/千克）和粗纤维含量（2.2%）与玉米相近，粗脂肪含量（1.6%~2.7%）低于玉米。但粗蛋白含量（10%~12%）高于玉米，且氨基酸比其他谷实类完全，B 族维生素丰富。缺点是缺乏维生素 A、维生素 D，小麦非淀粉多糖中的阿拉伯木聚糖不能被动物消化酶消化，而且有黏性，在一定程度上影响小麦的消化率。在兔的配合饲料中不宜过多使用，一般用量为 10%~30%。

**(四) 大麦**

大麦有带壳的"皮大麦"（草大麦）和不带壳的"裸大麦"（青稞）两种，通常饲用的是皮大麦。代谢能水平较低，大麦代谢能为 10.74~11.50 兆焦/千克；适口性好，粗纤维 5% 左右，可促进动物肠道蠕动，使消化机能正常。大麦是兔喜欢吃的一种饲料。

粗蛋白含量较高，为 12%～13%，且质量较高，赖氨酸含量在 0.52%以上，粗蛋白消化率为 72%～83%；无氮浸出物含量多，粗脂肪含量较玉米少，其消化能含量较玉米低，钙磷含量比玉米稍多；胡萝卜素和维生素 D 含量不足，含硫胺素多、核黄素少，烟酸含量丰富。大麦皮壳较硬，需粉碎后饲喂，在饲料中的用量一般在 15%～30%。

### （五）稻谷、糙米和碎米

稻谷因含有坚实的外壳，故粗纤维含量高（8.5%左右），是玉米的 4 倍多；可利用消化能值低（11.29～11.70 兆焦/千克）；粗蛋白质含量较玉米低，粗蛋白质中赖氨酸、蛋氨酸和色氨酸与玉米近似；稻谷钙少、磷多，含锰、硒较玉米高，含锌较玉米低；稻谷去壳后称糙米，其代谢能值高（13.94 兆焦/千克），蛋白质含量为 8.8%，氨基酸组成与玉米相近。糙米的粗纤维含量低（0.7%），且维生素比碎米更丰富。因此，以磨碎糙米的形式作为饲料，是一种较为科学地、经济地利用稻谷的好方法。

### （六）麦麸

麦麸是由小麦的果皮、种皮、糊粉层及胚组成。因其具有一定能值，含粗蛋白质也较多，价格便宜，在饲料中广泛应用。

麦麸包括小麦、大麦等的麸皮，其营养价值与面粉的加工粗细不同有关，饲用价值一般和米糠相似。通常面粉加工越精，麦麸营养价值愈高。麦麸粗蛋白质含量高于原粮，一般为 12%～17%，粗蛋白质含量高，氨基酸组成较佳，但蛋氨酸含量少。灰分较多，所含灰分中钙少（0.1%～0.2%）磷多（0.9%～1.4%），Ca、P 比例（约1:8）极不平衡，但其中的磷多为（约75%）植酸磷。另外，小麦麸中铁、锰、锌较多。由于麦粒中 B 族维生素多集中在糊粉层与胚中，故小麦麸中 B 族维生素含量很高，如含核黄素 3.5 毫克/千克、硫胺素 8.9 毫克/千克。

大麦麸在能量、蛋白质、粗纤维含量上都优于小麦麸。麦麸质地蓬松，适口性好，具有轻泻作用和较强的吸水性。家兔产后喂以适量的麦麸粥，可以调节消化道机能。但麦麸粗纤维含量较高，能量较低，吸水性强，大量干饲时易造成便秘，日粮中用量以不超过15%为宜。

**（七）米糠**

米糠为稻谷的加工副产品，一般分为细糠、统糠和糠饼。细糠是去壳稻粒的加工副产品，由果皮、种皮、糊粉层及胚组成。其营养价值高，与玉米相似。米糠中粗蛋白质含量较高，约为13%，氨基酸的含量与一般谷物相似或稍高于谷物，但其赖氨酸含量高。脂肪含量高达10%～17%，脂肪酸组成中多为不饱和脂肪酸。B族维生素丰富。

米糠由于含不饱和脂肪酸较多，易酸败变质，天热不宜长久储存。所以常对其脱脂，生产米糠饼或米糠粕。统糠是由稻谷直接加工而成，包括稻壳、种皮和少量碎米。其粗纤维含量高，营养价值较差。米糠饼是米糠经压榨提油后的副产品，脂肪和维生素含量较低，其他营养成分基本被保留，适口性和消化率均有所改善。由于米糠中粗纤维较多，影响消化率，日粮中用量在10%左右为宜。米糠中也含有较多种类的抗营养因子。植酸含量高，为9.5%～14.5%，含胰蛋白酶抑制因子，含阿拉伯木聚糖、果胶、$\beta$-葡聚糖等非淀粉多糖，含有生长抑制因子。

**（八）高粱糠**

主要是高粱籽实的外皮。脂肪含量较高，粗纤维含量较低，代谢能略高于其他糠麸，蛋白质含量10%左右。有些高粱糠含单宁较高，适口性差。兔饲粮中含量不宜过多，以5%～15%为宜，喂量过大易引起便秘。

**（九）次粉（四号粉）**

次粉是面粉工业加工副产品，营养价值高，适口性好，一般占日粮的10%为宜。

**（十）根茎瓜类**

用作饲料的根茎瓜类主要有马铃薯、甘薯、南瓜、胡萝卜、甜菜等（见表4-13）。含有较多的碳水化合物和水分，粗纤维和蛋白质含量低，适口性好，具有通便和调养作用，是兔的优良饲料。

#### 表 4-13 根茎瓜类饲料特点

| 名称 | 特 点 |
|------|------|
| 甘薯 | 产量高,以块根中干物质计算,比玉米、水稻产量高得多。茎叶是良好的青饲料。薯块含水分高且淀粉多,粗纤维少,是很好的能量饲料。但粗蛋白含量低,钙少,富含钾盐。适口性好,特别是对育肥期、泌乳期的肉兔有促进消化、积累脂肪、增加泌乳的功能,也是肉兔冬季不可缺少的多汁料及胡萝卜素的重要来源。但储存不当会发芽、腐烂出现黑斑。在兔饲粮中的添加量可达到30% |
| 木薯 | 是热带多年生灌木,薯块富含淀粉,叶片可以养蚕,制成干粉含有较多的蛋白质,可以用作兔料。木薯含有氰化物,食多可中毒。削皮或切成片浸在水中1~2天或切片晒干放在无盖锅内煮沸3~4小时。兔饲料中木薯干用量不能超过10% |
| 马铃薯 | 块茎主要成分是淀粉,粗蛋白含量高于甘薯,其中非蛋白氮很多。含有有毒物质龙葵素精(茄素)。肉兔采食多会引起肠炎,甚至中毒死亡。如发芽,应去掉芽,并煮熟喂较好。煮熟可提高适口性和消化率,生喂不仅消化率低,还会影响生长。但蒸煮水不能喂兔 |
| 南瓜 | 多作蔬菜,也是喂兔的优质高产饲料。南瓜中无氮浸出物含量高,其中多为淀粉和糖类,还有丰富的胡萝卜素,各类兔都可喂,特别适用于繁殖和泌乳母兔。南瓜应充分成熟后收获,过早收获,含水量大,干物质少,适口性差,不耐储藏 |
| 饲用甜菜 | 饲用甜菜适应性强,产量高而稳定,其无氮浸出物主要是糖分,也含有少量淀粉与果胶物质。适口性好,容重小,有轻泻性,耐储存,是兔育肥的良好饲料。使用时要鲜喂 |

### (十一) 液体能量饲料及其他饲料

见表 4-14。

#### 表 4-14 液体能量饲料及其他饲料

| 名称 | 特 点 |
|------|------|
| 糖浆 | 糖浆又称糖蜜,是含糖的废液,是制糖原料的糖液中不能结晶的残余部分。根据制糖原料不同,可将糖蜜分为甘蔗糖蜜、甜菜糖蜜、玉米葡萄糖蜜、柑橘糖蜜、木糖蜜、高粱糖蜜等。糖蜜一般呈黄色或褐色液体,大多数糖蜜具甜味,但柑橘糖蜜略有苦味。它添加在饲料中,可以改善饲料的适口性,减少饲料的粉尘,作为颗粒饲料的黏合剂,提供能源。一般用量占日粮的3%为宜 |
| 乳清粉 | 用牛乳生产工业酪蛋白和乳酪的副产物即为乳精,将其脱水干燥便成乳清粉。由于牛乳成分受奶牛品种、季节、饲粮等因素影响及制作乳酪的种类不同,所以乳清粉的成分含量有较大差异。乳清粉中乳糖含量很高,一般高达70%以上,至少也在65%以上。正因为如此,乳清粉常被看作是一种糖类物质。乳 |

续表

| 名称 | 特　点 |
|------|--------|
| 乳清粉 | 清粉中含有较多量的蛋白质,主要是 β-乳球蛋白,且营养价值很高。乳清粉中钙、磷含量较多,且比例合适。乳清粉中缺乏脂溶性维生素,但富含水溶性维生素。例如,乳清中含生物素 30.4～34.6 毫克/千克、泛酸 3.7～4.0 毫克/千克、维生素 $B_{12}$ 2.3～2.6 微克/千克。乳清粉中食盐含量高,若动物多量采食乳清粉,往往会引起食盐中毒。乳糖和食盐等矿物质的高含量常是限制乳清粉在动物饲粮中用量的主要因素。乳清还是补充 B 族维生素的极好原料 |
| 干燥甜菜渣和柑橘渣 | 干燥的甜菜渣是由糖用甜菜提取糖分后的废弃物。它的物理性质与优良的适口性非常适于用作家兔的饲料,其饲用价值同谷类籽实相似。柑橘渣的能量价值低于甜菜渣 |

## 二、蛋白质饲料

兔的生长发育和繁殖以及维持生命都需要大量的蛋白质,通过饲料供给。蛋白质饲料是指饲料干物质中粗蛋白质含量在 20％以上(含 20％)、粗纤维含量在 18％以下(不含 18％),可分为植物性蛋白质饲料、动物性蛋白质饲料和单细胞蛋白质饲料三大类(见表 4-15)。一般在日粮中占 10％～30％。

表 4-15　蛋白质饲料的类型及营养特点

| 类型 | 来源 | 营　养　特　点 |
|------|------|----------------|
| 植物性蛋白质饲料 | 榨油工业副产品和叶蛋白质类 | 蛋白质含量高(20％～45％),饼粕高于籽实。氨基酸平衡,蛋白质利用率高;无氮浸出物含量低(30％);脂肪含量变化大,油籽类含量高,非油籽类含量低。饼粕类也有较大差异;粗纤维含量不高,平均为 7％;矿物质含量与谷类籽实相似,钙少磷多,维生素含量较不平衡,B 族维生素含量丰富,而胡萝卜素含量较少;使用量大,适口性较差 |
| 动物性蛋白质饲料 | 屠宰厂、水产品加工厂和皮革厂的下脚料、鱼粉及蚕蛹等 | 蛋白质含量高。除肉骨粉(30.1％)外,粗蛋白质含量均在 40％以上,高者可达 90％。蛋白品质好,各种氨基酸含量较平衡,一般饲粮中易缺乏的氨基酸在动物性蛋白中含量都较多,且易于消化;糖类含量少。几乎不含粗纤维,粗脂肪含量变化大;矿物质、维生素含量和利用率高。动物蛋白质饲料中钙、磷含量较植物蛋白质饲料高,且比例适宜。B 族维生素含量丰富,特别是核黄素、维生素 $B_{12}$ 含量相当多;含有未知生长因子(UFG)。能促进动物对营养物质的利用和有利于动物生长 |

续表

| 类型 | 来源 | 营养特点 |
|------|------|----------|
| 单细胞蛋白饲料 | 包括一些微生物和单细胞藻类，如各种酵母、蓝藻、小球藻类等 | 蛋白质含量较高（40％～80％），但蛋氨酸、赖氨酸和胱氨酸受限；核酸含量较高，酵母类含6％～12％核酸，藻类含3.8％，细菌类含20％；维生素含量较丰富。特别是酵母，它是B族维生素最好的来源之一。矿物质含量不平衡，钙少磷多；适口性较差，如酵母带苦味，藻类和细菌类具有特殊的不愉快的气味。单细胞蛋白饲料的营养价值较高，且繁殖力特别强，是蛋白质饲料的重要来源，很有开发利用价值。根据单细胞饲料的营养特点，在兔配合饲料中宜与饼（粕）类饲料搭配使用，并平衡钙、磷比例。我国发展饲料酵母生产的资源丰富，各类糟渣均可用于生产酵母。酵母喂兔效果好。生长育肥兔前、后期饲粮中分别配用6％和4％的酒精酵母，可提高兔日增重和饲料利用率 |

## （一）大豆饼（粕）

大豆饼（粕）是应用最广泛的蛋白质饲料。因榨油方法不同，其副产物可分为豆饼和豆粕两种类型，含粗蛋白质40％～50％，各种必需氨基酸组成合理，赖氨酸含量较其他饼（粕）高，但蛋氨酸缺乏。消化能为每千克13.18～14.65兆焦；钙、磷、胡萝卜素、维生素D、维生素$B_2$含量少；胆碱、烟酸的含量高。适口性好，在兔日粮中一般使用10％～15％。

## （二）花生饼（粕）

花生饼粕是花生脱壳后，经机械压榨或溶剂浸提油后的副产品。我国年产花生饼粕约150万吨，主产区为山东、河南、河北、江苏、广东、四川等地，是当地畜禽的重要蛋白质来源。花生脱壳取油的工艺可分浸提法、机械压榨法、预压浸提法和土法夯榨法。用机械压榨法和土法夯榨法榨油后的副产品为花生饼，用浸提法和预压浸提法榨油后的副产品为花生粕。

花生饼蛋白质含量高，为44％～47％，但63％为不溶于水的球蛋白，可溶于水的白蛋白仅占7％。氨基酸组成不平衡，赖氨酸、蛋氨酸含量偏低，精氨酸含量在所有植物性饲料中最高，赖氨酸与精氨酸之比在100∶380以上。花生饼粕的有效能值在饼粕类饲料中最高。无氮浸出物中大多为淀粉、糖分和戊聚糖。粗脂肪含量一般为4％～8％，脂肪酸以油酸为主，不饱和脂肪酸占53％～78％。钙磷含量低，磷多为植酸磷，铁含量略高，其他矿物元素较少。胡萝卜素、维生素 D、维生素 C 含量低，B 族维生素较丰富，尤其烟酸含量高，约为 174 毫克/千克。核黄素含量低，胆碱约为 1500～2000 毫克/千克。

生花生中含有胰蛋白酶抑制剂，含量约为生黄豆的 20%，可在榨油过程中经加热除去。花生饼、粕极易感染黄曲霉，产生黄曲霉毒素，可引起家兔中毒。为避免黄曲霉的产生，花生饼、粕的水分含量不得超过 12%，并应控制黄曲霉毒素的含量。我国饲料卫生标准中规定，花生饼粕黄曲霉毒素 $B_1$ 含量不得大于 0.05 毫克/千克。

花生饼适口性极好，有香味，家兔特别喜欢采食。花生饼的氨基酸组成不平衡，使用时与精氨酸含量较低的菜籽粕、血粉、鱼粉搭配效果好。花生饼脂肪含量高，不耐贮藏，易染上黄曲霉而产生黄曲霉毒素，这种毒素对兔危害严重。在兔日粮中的用量一般为 3%～5%。

**（三）棉籽饼（粕）**

棉花籽实脱油后的饼、粕，因加工条件不同，营养价值相差很大。完全脱了壳的棉仁所制成的饼、粕，叫做棉仁饼、粕。其蛋白质含量可达 41% 以上。甚至可达 44%，代谢能水平可达 10 兆焦/千克左右，与大豆饼不相上下。而由不脱掉棉籽壳的棉籽制成的棉籽饼粕，蛋白质含量不过 22% 左右，代谢能只有 6.0 兆焦/千克左右，在使用时应加以区分。在棉籽内，含有对畜禽健康有害的物质——棉酚和环丙烯脂肪酸。棉酚是一种黄色的多酚色素，存在于种子的腺体内，它是腺体的主要色素，占总色素的 95%。在棉仁饼粕内大部分棉酚和蛋白质及棉籽的其他成分相结合，只有小部分以游离形式存在。生棉籽中游离的棉酚含量依棉花品种、栽培环境不同，其含量在 0.4%～1.4%。棉酚可引起畜禽中毒，畜禽游离棉酚中毒一般表现为采食量减少，呼吸困难，严重水肿，体重减轻，以致死亡。一般游离棉酚中毒是慢件中毒。动物尸体解剖可见胸腔和腹腔有大量积液，肝脾出血、肝细胞坏死，心肌损伤和心脏扩大等病变。在生长中通常的症状是，日粮中棉籽饼粕用量过度时会发现增重慢，饲料报酬低。

喂前应脱毒，可采用长时间蒸煮或 $0.05\%FeSO_4$ 溶液浸泡等方法，以减少棉酚对兔的毒害作用。我国已培育出低棉酚含量的棉花品种，含游离棉酚为 0.009%～0.04%，可以适当增加用量。

（四）菜籽饼（粕）

菜籽饼含粗蛋白质 35%～40%，赖氨酸比豆粕低 50%，氨基酸组成较为平衡，含硫氨基酸高于豆粕 14%；粗纤维含量为 12%，影响其有效能值，有机质消化率为 70%。可代替部分豆饼喂兔。由于菜籽饼中含有毒物质（硫代葡萄糖苷），喂前宜采取脱毒措施。

菜籽饼（粕）不脱毒只能限量饲喂，配合饲料中用量一般为 2%～4%。

（五）芝麻饼

芝麻饼粕是芝麻取油后的副产品。芝麻榨油后可得到 52% 的芝麻饼和 47% 的芝麻油。芝麻饼粕蛋白质含量较高，约为 40%。氨基酸组成中蛋氨酸、色氨酸含量丰富，尤其蛋氨酸高达 0.8% 以上，为饼粕类之首；赖氨酸缺乏，精氨酸极高，赖氨酸与精氨酸之比为 100∶420，比例严重失衡，配制饲料时应注意。粗纤维含量约 7%，代谢能低于花生、大豆饼粕，约为 9.0 兆焦/千克。矿物质中钙、磷较多，但多以植酸盐形式存在，故钙、磷、锌的吸收均受到抑制。维生素 A、维生素 D、维生素 E 含量低，核黄素、烟酸含量较高。芝麻饼粕中的抗营养因子主要为植酸和草酸，二者能影响矿物质的消化和吸收。芝麻饼适当与豆饼搭配喂兔，能提高蛋白质的利用率，一般在配合饲料中用量可占 1%～3%。由于芝麻饼含脂肪多而不宜久储，最好现粉碎现喂。

（六）亚麻籽饼（胡麻籽饼）

亚麻籽饼蛋白质含量在 29.1%～38.2%，高的可达 40% 以上，但赖氨酸仅为豆饼的 1/3。含有丰富的维生素，尤以胆碱含量为多，而维生素 D 和维生素 E 很少。其营养价值高于芝麻饼和花生饼。在肉兔饲粮中用量为 5%，在浓缩料中可用到 20%，与大麦、小麦配合优于与玉米配合使用。

（七）葵花籽饼粕

向日葵仁饼粕是向日葵籽生产食用油后的副产品，可制成脱壳或不脱壳两种，是一种较好的蛋白质饲料。我国的主产区在东北、西北和华北，年产量 25 万吨左右，以内蒙古和吉林产量最多。

葵花籽饼、粕的粗蛋白质含量均较高，但粗纤维也均较高，而脱壳后的葵花仁饼、粕的粗蛋白质高达 41% 以上，与豆饼、粕相当。葵花籽饼、粕缺乏赖氨酸、苏氨酸。

向日葵仁饼粕的营养价值取决于脱壳程度，完全脱壳的饼粕营养价值很高，粗蛋白质含量可分别达到 41%、46%，与大豆饼粕相当。但脱壳程度差的产品，营养价值较低。氨基酸组成中，赖氨酸低，含硫氨基酸丰富。粗纤维含量较高，有效能值低，脂肪 6%～7%，其中 50%～75% 为亚油酸。矿物质中钙、磷含量高，但磷以植酸磷为主，微量元素中锌、铁、铜含量丰富。B 族维生素、尼克酸、泛酸含量均较高。

向日葵仁饼粕中的难消化物质，有外壳中的木质素和高温加工条件下形成的难消化糖类。此外，还有少量的酚类化合物，主要是绿原酸，含量为 0.7%～0.82%，氧化后变黑，是饼粕色泽变暗的内因。绿原酸对胰蛋白酶、淀粉酶和脂肪酶有抑制作用，加蛋氨酸和氯化胆碱可抵消这种不利影响。国内目前的榨油工艺一般都残留一定量的壳，因此在选购时应注意每批葵花籽饼、粕中的壳仁比，测定其蛋白质含量，以便确定其价格及在家兔饲料中所占比例。葵花籽饼、粕在家兔饲粮中可占 20% 左右。

### （八）鱼粉

鱼粉是以全鱼为原料，经过蒸煮、压榨、干燥、粉碎加工之后的粉状物。这种加工工艺所得鱼粉为普通鱼粉。如果把制造鱼粉时产生的煮汁浓缩加工，做成鱼汁，添加到普通鱼粉里，经干燥粉碎，所得鱼粉叫全鱼粉。以鱼下脚料（鱼头、尾、鳍、内脏等）为原料制得的鱼粉叫粗鱼粉。各种鱼粉中以全鱼粉品质最好，普通鱼粉次之，粗鱼粉最差。

鱼粉是优质的蛋白质饲料，鱼粉蛋白质含量在 55%～75%，进口鱼粉一般在 60% 以上，国产的较低。鱼粉的蛋白质质量好，消化率高（达 90% 以上）。蛋白质中氨基酸平衡，并含有全部的必需氨基酸，生物学效价高。鱼粉还含有较高的钙、磷、锰、铁等矿物质元素。鱼粉是部分维生素（维生素 A 及 B 族维生素等）的良好来源。鱼粉所含的未知蛋白因子可以促进养分的消化和吸收。使用鱼粉能明显地提高家兔的生产性能，抗病力也有所增强。但是，鱼粉价格昂贵，通常在配合饲料中用量低于10%。在使用鱼粉时要注意，鱼粉含较高的组织胺，在加工不当时容易形成糜烂素。兔食用含糜烂素的鱼粉后，可出现胃部糜烂。在生产中发现症状时应立即降低或停止鱼粉使用。鱼粉含较高的脂肪，储存过久易发生氧化酸败，影响适口性，幼兔食用后易发生下痢。鱼粉含盐量高，一般为3%～5%，高的可达7%以上，故在有鱼粉的兔饲粮中应考虑减少食盐的添加量。

由于鱼粉腥味大，适口性差，家兔饲粮中一般以1%～2%为宜，且加入鱼粉时要充分混匀。目前市场上鱼粉掺假现象比较严重，掺假的原料有血粉、羽毛粉、皮革粉、尿素、硫酸铵、菜籽饼、棉籽饼、钙粉等。鱼粉真伪可通过感官和显微镜检及分析化验等方法来辨别。

**（九）血粉**

血粉是屠宰场的另一种下脚料，是很有开发潜力的动物性蛋白质饲料之一。其蛋白质的含量很高，可达80%～82%，但血粉加工所需的高温易使蛋白质的消化率降低，赖氨酸受到破坏。且血粉有特殊的臭味，适口性差，日粮中用量为3%～5%，添加异亮氨酸更好。

近年来推广的发酵血粉，发酵既可以提高蛋白质的消化率，也可增加氨基酸的含量，饲粮中加入3%～5%的发酵血粉，可提高日增重9%～12%，降低饲料消耗。血粉与花生饼（粕）或棉籽饼（粕）搭配效果更好。

**（十）肉骨粉**

肉骨粉是肉联厂的下脚料及动物屠宰后的废弃肉经高温处理制成，是一种良好的蛋白质饲料。肉骨粉粗蛋白质含量达40%以上，蛋白质消化率高达80%，赖氨酸含量丰富，蛋氨酸和色氨酸较少，钙、磷含量高，比例适宜，因此是兔很好的蛋白质和矿物质补充饲料，日粮中用量控制在8%以下，最好与其他蛋白质补充料配合使用。肉骨粉易变质，不易保存。如果处理不好或者存放时间过长，发黑、发臭，则不宜作饲料。

**（十一）蚕蛹粉**

蚕蛹中含有一半以上的粗蛋白质和0.25%的粗脂肪，且粗脂肪中含有较高的不饱和脂肪酸，特别是亚油酸和亚麻酸，蚕蛹中还含有一定量的几丁质，它是构成虫体外壳的成分，矿物质中钙、磷比例为

1：（4～5），是较好的钙、磷源饲料，同时蚕蛹中富含各种必需氨基酸，如赖氨酸、含硫氨基酸及色氨酸含量都较高。全脂蚕蛹含有的能量较高，是一种高能、高蛋白质类饲料，脱脂后的蚕蛹粉蛋白质含量较高，易保存。含有异臭味，使用时要注意添加量，以免影响全价料总体的适口性。因脂肪中不饱和脂肪酸含量高，贮存不当容易发生变质。蚕蛹粉还含有丰富的磷，B族维生素的含量也较丰富。蚕蛹粉价格昂贵，所以用量不能太大，主要用以平衡氨基酸，一般用量为 3%～5%。

### （十二）羽毛粉

羽毛粉由家禽的羽毛经粉碎、蒸汽或盐酸水解后干燥制成，含蛋白质 85%～87%，含异亮氨酸（5.3%）和胱氨酸（3%～4%）较多，苏氨酸、精氨酸、缬氨酸、苯丙氨酸和酪氨酸含量较高，但赖氨酸、色氨酸和蛋氨酸不足。含硫氨基酸的利用率为 41%～82%。铁、锌含量高，含 B 族维生素和未知生长因子。经水解处理的羽毛粉，蛋白质消化率可达 80%～90%，未经处理的羽毛粉消化率很低，仅为 30%左右。

羽毛粉虽然粗蛋白质含量高，但多为角质蛋白，氨基酸组成极不平衡，赖氨酸、蛋氨酸、色氨酸含量低，消化利用率低，适口性差，不宜多喂，在家兔日粮中一般不超过 3%。羽毛粉如与血粉、骨粉配合使用可平衡营养，提高效率。饲粮中添加羽毛粉有利于提高兔毛产量及被毛质量，幼兔饲粮中添加量为 2%～4%，成年兔饲粮中羽毛粉占 3%～5%可获得良好的生产效果。据报道，鹅、鸭羽毛粉在成年肉用兔饲粮中最佳添加量为 5.7%～6%，此时采食量、消化率均有提高。

### （十三）酵母饲料

用作畜禽饲料的酵母菌体，包括所有用单细胞微生物生产的单细胞蛋白，呈浅黄色或褐色的粉末或颗粒，蛋白质的含量高，B 族维生素含量丰富，具顺鼻酵母香味，赖氨酸含量高。酵母的组成与菌种、培养条件有关。一般含蛋白质 40%～65%，脂肪 1%～8%，糖类 25%～40%，灰分 6%～9%，其中大约有 20 种氨基酸。在谷物中含量较少的赖氨酸、色氨酸，在酵母中比较丰富；特别是在添加蛋氨酸时，可利用氨约比大豆高 30%。酵母的发热量相当于牛肉，又由于含有丰富的 B 族维生素，通常作为蛋白质和维生素的添加饲料。用于饲养猪、牛、鸡、鸭、水貂鱼类，可以收到增强体质、减少疾病、增重快、产蛋和产奶多等良好经济效果。

饲用酵母中 B 族维生素含量丰富，烟酸、胆碱、泛酸和叶酸等含量均高；钙低，磷含量高。因此，在兔的配合饲料中使用饲料酵母可以补充蛋白质和维生素，并提高整个日粮的营养水平。家兔饲粮中添加饲用酵母，还可以促进盲肠微生物生长，防治兔胃肠道疾病，增进健康，改善饲料利用率，提高生产性能。饲料酵母在兔饲粮中用量不宜过高，否则影响饲粮适口性，增加成本，降低生产性能，家兔饲粮一般以添加 2%～5% 为宜。

## 三、青绿饲料

青绿饲料的种类极其繁多，以富含叶绿素而得名，青绿饲料中水分含量一般等于或高于 60%。主要包括天然牧草、人工栽培牧草、青饲作物、叶菜类、非淀粉质根茎瓜类、水生植物及树叶类等。这类饲料种类多、来源广、产量高、营养丰富，对促进动物生长发育、提高畜产品品质和产量等具有重要作用，被人们誉为"绿色能源"。青绿饲料是草食家畜的主要饲料之一。由于优质牧草的推广种植，它在动物饲养中愈来愈重要。

### （一）青绿饲料的营养特性

#### 1. 水分含量高

陆生植物的水分含量为 60%～90%，而水生植物可高达 90%～95%。因此其鲜草含的干物质少，能值较低。陆生植物每千克鲜重的消化能在 1.20～2.50 兆焦。如以干物质为基础计算，由于粗纤维含量较高（15%～30%），其能量营养价值也较能量饲料为低，其消化能值为 8.37～12.55 兆焦/千克。尽管如此，优质青绿饲料干物质的能量营养价值仍可与某些能量饲料相媲美，如燕麦籽实干物质所含消化能为 12.55 兆焦/千克，而麦麸为 10.88 兆焦/千克。

#### 2. 蛋白质含量较高，品质较优

一般禾本科牧草和叶菜类饲料的粗蛋白质含量在 1.5%～3.0%，豆科牧草在 3.2%～4.4%。若按干物质计算，前者粗蛋白质含量达

13%～15%，后者可高达 18%～24%。后者可满足动物在任何生理状态下对蛋白质的营养需要。不仅如此，由于青绿饲料是植物体的营养器官，含有各种必需氨基酸，尤其以赖氨酸、色氨酸含量较高，故蛋白质生物学价值较高，一般可达 70% 以上。

**3. 粗纤维含量较低**

幼嫩的青绿饲料含粗纤维较少，木质素低，无氮浸出物较高。若以干物质为基础，则其中粗纤维为 15%～30%，无氮浸出物为 40%～50%。粗纤维的含量随着植物生长期的延长而增加，木质素的含量也显著增加。一般来说，植物开花或抽穗之前，粗纤维含量较低。兔对未木质化的纤维素消化率可达 78%～90%，对已木质化的纤维素消化率仅为 11%～23%。

**4. 钙磷比例适宜**

青绿饲料中矿物质含量因植物种类、土壤与施肥情况而异。豆科牧草钙的含量较高，因此依靠青绿饲料为主食的动物不易缺钙。此外，青绿饲料尚含有丰富的铁、锰、锌、铜等微量矿物元素。但牧草中钠和氯一般含量不足，所以放牧家畜需要补给食盐。

**5. 维生素含量丰富**

青绿饲料是供应家畜维生素营养的良好来源。特别是胡萝卜素含量较高，每千克饲料含 50～80 毫克之多。在正常采食情况下，放牧家畜所摄入的胡萝卜素要超过其本身需要量的 100 倍。此外，青绿饲料中 B 族维生素、维生素 E、维生素 C 和维生素 K 的含量也较丰富，如青苜蓿中含硫胺素为 1.5 毫克/千克、核黄素 4.6 毫克/千克、烟酸 18 毫克/千克。但缺乏维生素 D，维生素 $B_6$（吡哆醇）的含量也很低。

另外，青绿饲料幼嫩、柔软和多汁，适口性好，还含有各种酶、激素和有机酸，易于消化。青绿饲料中有机物质的消化率反刍动物为 75%～85%、马为 50%～60%、猪为 40%～50%。

综上所述，从动物营养的角度来说，青绿饲料是一种营养相对平衡的饲料，但因其水分含量高，干物质中消化能较低，从而限制了其潜在的营养优势。尽管如此，优质的青绿饲料仍可与一些中等的能量饲料相比拟。因此在动物饲料方面，青绿饲料与由它调制的干草可以长期单独组成草食动物饲粮，并且还可以提供一定的产品。

（二）主要青绿饲料

家兔常用的青绿饲料包括各种新鲜野草、栽培牧草、青刈作物、菜叶、水生饲料、幼嫩树叶、非淀粉质的块根和块茎、瓜果类等，种类繁多。一般鲜嫩的青绿饲料，除有毒植物外，都可用做家兔的饲料。我国兔业多为农民小规模经营，以天然青绿饲料作为基础料，这是我国家兔生产的特点和优势。近年来，青绿树叶的利用日益受到关注。

**1. 天然牧草**

天然牧草是指草地、山场及平原田间地头自然生长的野杂草类，其种类繁多，除少数几种有毒外，其他均可用来喂兔，常见的有猪秧秧、婆婆纳、一年蓬、芥菜、泽漆、繁缕、马齿苋、车前、早熟禾、狗尾草、马唐、蒲公英、苦荬菜、苋菜、胡枝子、艾篙、蕨菜、涩拉秧（茜草）、莎草等。其中有些具有药用价值，如蒲公英具有催乳作用，马齿苋具有止泻、抗球虫作用，青蒿具有抗毒、抗球虫作用等。合理利用天然牧草是降低饲料成本、获得高效益的有效方法。

**2. 栽培牧草**

栽培牧草是指人工播种栽培的各种牧草，种类很多，但以产量高、营养好的豆科和禾本科牧草占主要地位。栽培牧草是解决青绿饲料来源的重要途径，可为兔常年提供丰富而均衡的青绿饲料。家兔常用的青绿饲料主要有以下几种：

（1）紫花苜蓿　也叫紫苜蓿、苜蓿，属于豆科牧草，是我国最古老、最重要的栽培牧草之一，广泛分布于西北、华北、东北地区，江淮流域也有种植。其特点是产量高、品质好、适应性强，是最经济的栽培牧草，被冠以"牧草之王"。紫花苜蓿的营养价值很高，在初花期刈割的干物质中粗蛋白质含量为 $20\% \sim 22\%$、产奶净能 $5.4 \sim 6.3$ 兆焦/千克、钙 $3.0\%$，而且必需氨基酸组成较为合理，赖氨酸可高达 $1.34\%$，此外还含有丰富的维生素与微量元素，如胡萝卜素含量可达 $161.7$ 毫克/千克。紫花苜蓿中含有各种色素，对家兔的生长发育、乳汁均有好处。紫花苜蓿的营养价值与刈割时期关系很大，幼嫩时含水多，粗纤维少。刈割过迟，茎的比重增加而叶的比重下降，饲用价值降低，见表4-16。

表 4-16    不同生长阶段苜蓿营养成分的变化（占干物质）

| 生长阶段 | 粗蛋白/% | 粗脂肪/% | 粗纤维/% | 无氮浸出物/% | 灰分/% |
|---|---|---|---|---|---|
| 营养生长期 | 26.1 | 4.5 | 17.2 | 42.2 | 10.0 |
| 花前期 | 22.1 | 3.5 | 23.6 | 41.2 | 9.6 |
| 初花期 | 20.5 | 3.1 | 25.8 | 41.3 | 9.3 |
| 1/2 盛花期 | 18.2 | 3.6 | 28.5 | 41.5 | 8.2 |
| 花后期 | 12.3 | 2.4 | 40.6 | 37.2 | 7.5 |

注：引自王成章等主编《饲料生产学》，1998。

一般认为紫花苜蓿最适刈割期是在第 1 朵花出现至 1/10 开花，根茎上又长出大量新芽的阶段，此时，营养物质含量高，根部养分蓄积多，再生良好。蕾前或现蕾时刈割，蛋白质含量高，饲用价值大，但产量较低，且根部养分蓄积少，影响再生能力。苜蓿为多年生牧草，管理良好时可利用 5 年以上，以第 2～4 年产草量最高。

苜蓿营养价值高，富含粗蛋白质、维生素和矿物质，还含有未知因子，是家兔优良的饲草。苜蓿既可鲜喂，又可晒制干草做成配合饲料喂兔。但鲜喂时要限量或与其他种类牧草混合饲喂，否则易导致肠膨胀病。晒制干草宜在 10% 植株开花时刈割，此时单位面积营养物质量最高，留茬高度以 5 厘米为宜。家兔配合饲料中苜蓿草粉可加至 50%，国外哺乳母兔饲粮中苜蓿草粉比例可高达 96%。

（2）黑麦草    黑麦草属禾本科牧草，有 1 年生和多年生 2 种，但以种植 1 年生黑麦草为多。黑麦草生长快，1 年可多次刈割，产草量高，茎叶柔软多汁，适口性好，可消化率高，青饲或制干草家兔均喜食。黑麦草具有营养丰富全面、适口性好、饲用价值高等优点，是各类家兔冬春季节的良好青绿饲料。黑麦草在饲喂家兔时一般切割成 4～5 厘米拌料使用。

（3）草木樨    草木樨属植物约有 20 种，最重要的是二年生白花草木樨、黄花草木樨和无味草木樨 3 种。草木樨又名野苜蓿、马苜蓿、香草木樨。草木樨既是一种优良的豆科牧草，也是重要的保土植物和蜜源植物。草木樨可青饲、调制干草、放牧或青贮，具有较高的营养价值，与苜蓿相似。以干物质计，草木樨含粗蛋白质 19.0%、粗脂肪 1.8%、粗纤维 31.6%、无氮浸出物 31.9%、钙 2.74%、磷 0.02%。

草木樨含有香豆素，有不良气味，故适口性差，最初家兔不喜欢采食，饲喂时应由少到多，或与紫花苜蓿、禾本科牧草等混合饲喂，使家兔逐步适应。无味草木樨的最大特点是香豆素含量低，只有 0.01%～0.03%，仅为前 2 种的 1%～2%，因而适口性较佳。当草木樨保存不当而发霉腐败时，在霉菌作用下，香豆素会变为双香豆素，其结构式与维生素 K 相似，二者具有拮抗作用。家畜采食了霉烂草木樨后，遇到内外创伤或手术，血液不易凝固，有时会因出血过多而死亡。减喂、混喂、轮换喂可防止出血症的发生。草木樨的种子含蛋白质较高，经浸泡（24 小时）或焙炒后可作为家兔的蛋白质补充料。

（4）无芒雀麦　又名无芒草、禾萱草，在我国东北、西北、华北等地均有分布。无芒雀麦属多年生草本植物，适应性广，生活力强，适口性好。到种子成熟时，其营养价值明显下降。无芒雀麦有地下根茎，能形成絮结草皮，耐践踏，再生力强，青饲或放牧均宜。

无芒雀麦茎少叶多，营养价值高，幼嫩的无芒雀麦干物质中所含粗蛋白质不亚于豆科牧草，营养物质的消化率高，家兔喜欢采食。无芒雀麦可青饲也可干制，青饲在抽穗期以前，干制在抽穗期至始花初期。若无芒雀麦与苜蓿或草木樨混播，既可提高产量，又可解决因家兔采食大量的豆科牧草而引起的臌胀病。

（5）三叶草　三叶草属共有 300 多种，大多数为野生种，少数为重要牧草，目前栽培较多的为红三叶和白三叶。

红三叶又名红车轴草、红菽草、红荷兰翘摇等，是江淮流域和灌溉条件良好的地区重要的豆科牧草之一。新鲜的红三叶含干物质 13.9%、粗蛋白质 2.2%。以干物质计，其所含可消化粗蛋白质低于苜蓿，但其所含的净能值则较苜蓿略高。红三叶草质柔软，适口性好，各种家畜都喜食。既可以放牧，也可以制成干草、青贮利用，放牧时发生臌胀病的机会也较苜蓿为少，但仍应注意预防。

白三叶也叫白车轴草，是华南、华北地区的优良草种。由于草丛低矮、耐践踏、再生性好，最适于放牧利用。白三叶适口性好，营养价值高，鲜草中粗蛋白质含量较红三叶高，而粗纤维含量较红三叶低。可直接青饲，也可加工成草粉制作颗粒饲料。

(6) 紫云英　紫云英又称红花草，我国长江流域及以南各地均广泛栽培，为豆科 2 年生草本植物。紫云英茎叶柔嫩多汁，无怪味，不会聚硒，皂素含量低。叶量高，其中茎叶干物质比为 1∶1.6，茎叶鲜物质比为 1∶1.5 左右。营养丰富，粗蛋白质含量较高、氨基酸全面，一些地方称它为兔的补品。据测定，紫云英初花期的干物质中粗蛋白质含量为 28%，粗脂肪为 4.61%，粗纤维为 11%。紫云英可青饲，亦可调制干草，还可与禾本科饲料作物混合青贮。

(7) 象草　又称紫狼尾草，原产于热带非洲，属多年生草本植物，在我国南方各省区有大面积栽培。象草具有产量高、管理粗放、利用期长等特点，已成为南方青绿饲料的重要来源。象草营养价值较高，茎叶干物质中含粗蛋白质 10.58%、粗脂肪 1.97%、粗纤维 33.14%、无氮浸出物 44.70%、粗灰分 9.61%。象草主要用于青割和青贮，也可以调制成干草备用。适时刈割，柔软多汁，适口性好，利用率高，是兔的好饲草。幼嫩时也可以喂猪、禽。

(8) 菊苣　菊苣属菊科多年生草本植物，9 月份播种到次年 4～10 月份利用，每隔 30 天即可刈割 1 次，每公顷产鲜草 105000～120000 千克。菊苣具有产量高、利用期长的特点，而且叶片嫩，适口性好，是优良的青绿饲料。

(9) 苦荬菜　苦荬菜又称鹅菜、苦麻菜等，是菊科 1 年生或越年生的草本植物。苦荬菜易栽培，叶片大，产量高，柔软多汁，适口性好，营养丰富。鲜草含干物质 10.62%～20%、钙 0.8%～1.6%、磷 0.3%～0.4%、蛋白质中氨基酸齐全，其中含赖氨酸 0.49%、色氨酸 0.25%、蛋氨酸 0.16%，可与苜蓿媲美。风干物中，粗蛋白为 20%～24%，无氮浸出物 30%～40%，粗纤维 10%～14%，粗脂肪 10%～15%，灰分 10%～17%，是家兔良好的青绿饲料品种之一。每年 2 月下旬至 3 月上旬播种最为适宜，5 月份即可刈割。每隔 30～40 天株高 50 厘米左右刈割 1 次，最后一次齐地刈割。及时刈割可保证青绿饲料幼嫩，提高饲用价值，增强再生力。7 月中旬以后开花结籽，每公顷产鲜草 120000 千克以上。

(10) 小冠花　小冠花又名多变小冠花，多年生豆科小冠花属草本植物；株高 70～130 厘米，根系发达。小冠花茎叶繁茂柔软，叶量丰富，茎叶比为 1∶(1.98～3.47)，无怪味。营养较丰富，粗蛋白质

含量较高，有机物质消化率也较高，为家兔喜食。一般小冠花株高
50～60 厘米可刈割，一年可收草 3～4 次。小冠花鲜草产量每亩一般
达 60～90 吨，叶占干重的 65.64%。多变小冠花中含生物碱、黄酮、
酚类物质和氰苷等有毒物质，饲喂家兔不宜超过日粮的一半以上。

（11）甘薯藤　甘薯生长期长，无明显成熟期，收获时要兼顾块
根和藤叶的产量。在水肥充足、精细管理条件下，适当刈割茎叶，块
根产量不会受很大影响。蔓茎可以多次刈割饲用，一般茎高 40 厘米
以上时即可刈割，留茬 30 厘米左右。以后每隔 30～50 天刈割一次，
最后一次可齐地面割。青刈栽培的藤叶产量每公顷 52500～112500 千
克，高者可达 150000 千克。甘薯藤粗蛋白质含量较高，纤维含量少，
能量也较高，适口性好，家兔很爱吃，是家兔秋季青绿饲料的重要
来源。

### （三）饲喂青绿饲料时应注意的问题

**1. 青绿饲料必须清洁、新鲜、幼嫩**

一般刈割的牧草不用水清洗，沾污泥土较多的草可用水洗。切
忌在经常洗笼底板的池塘中洗青草，以防感染球虫病。水洗后的草要
摊开、晾干后再喂。青绿饲料要现割现用，禁止长期堆放，避免其中
的硝酸盐转化为亚硝酸盐，引起家兔中毒。为了提高青绿饲料的营养
价值，保证有较高的适口性，鲜喂时最好在幼嫩时期刈割。

**2. 防止臌胀**

饲喂豆科牧草时，喂量要适宜，如限量过多，易发生臌胀，要和
非豆科牧草混合饲喂。此外，饲喂叶菜类，多吃易拉稀，要与禾本科
牧草混合喂。

**3. 防止农药中毒**

采集野草时要注意附近田间是否喷过农药。如喷过农药，则其邻
近的杂草或蔬菜不能用做饲料，待下过雨后或隔 1 个月后再割草利
用，谨防农药中毒。

**4. 防止氰氢酸中毒**

家兔大量采食高粱苗、玉米苗（尤其是再生的）、木薯、亚麻等
草料后，因其中富含氰苷类物质，家兔食入后，经机体所含氰苷酶的
作用，生成剧毒物质氰氢酸。氰氢酸与血液中的血红蛋白结合后，使
其失去运送氧的能力，导致家兔的中枢神经和组织缺氧而死亡。因

此，禁止饲喂幼嫩的高粱苗、玉米苗。木薯要经浸泡、蒸煮后再饲喂；亚麻籽饼需经浸泡后煮 10 分钟再饲喂。

## 四、多汁饲料

多汁饲料的营养特点是富含淀粉和糖类，蛋白质和粗纤维的含量低，易消化，适口性好。多汁饲料在青绿饲料丰盛季节利用较少，到了冬季缺青时，利用较多。它可以改善日粮口味，调剂消化机能。

多汁饲料主要有茎叶类、非淀粉质根茎类和瓜类。茎叶类包括甜菜茎叶、萝卜缨、冬瓜叶、南瓜蔓等，在不影响产品总量的前提下，均可收集作青绿饲料。该类饲料质地柔软，粗纤维含量低，适口性好，家兔较喜吃，但叶中硝酸盐含量高，储存不当会造成亚硝酸盐中毒。非淀粉根茎类及瓜类，主要包括胡萝卜、菊芋、莲藕等。该类饲料产量高，耐储存；水分含量高；粗纤维、粗蛋白、维生素含量低（除胡萝卜外）。

### （一）常用多汁饲料的营养特性

#### 1. 胡萝卜

胡萝卜为伞形科胡萝卜属 2 年生双子叶草本植物。胡萝卜缨又是优质青绿饲料来源。种植胡萝卜一般在 7～8 月份播种，11 月份即可陆续收获，一直可以饲喂到立冬以后。每公顷产根 45000～60000 千克，产叶片 22500～30000 千克。

胡萝卜是很好的多汁饲料，营养价值高，含有丰富的胡萝卜素（每千克含 400～550 毫克）；胡萝卜素可在兔体内转化为维生素 A。肉质根含水 89%，糖 10%，粗蛋白 2%，粗脂肪 0.4%，粗纤维 1.8%，磷、钾、铁含量也较高。胡萝卜的适口性好，消化率高，对于提高种兔的繁殖力及幼兔的生长有良好效果，是冬、春缺青季节家兔的主要维生素补充料。

#### 2. 甘薯

甘薯又名番薯、红苗、地瓜、山年、红（白）薯等，为一年或多年生草本植物，是我国种植最广、产量高的薯类作物。甘薯块根多汁，富含淀粉，是很好的饲料。鲜甘薯含水量约为 70%，粗蛋白质含量低于玉米。鲜喂时其饲用价值接近于玉米。甘薯干与豆饼或酵母混合作基础饲粮时，其饲用价值相当于玉米的 87%。

应当注意的是，甘薯储存不当，容易发芽、腐烂或出现黑斑。黑斑甘薯含有毒性酮，家兔食入后会造成不良影响。

### 3. 马铃薯

马铃薯又叫土豆、地蛋、山药蛋、洋芋等。马铃薯块茎干物质中80%左右是淀粉，营养丰富，消化率高，可用作家兔的能量饲料。按单位面积生产的可消化能和粗蛋白质计，马铃薯要比一般作物乃至玉米还高。马铃薯茎叶变黄后，块茎即可收获，作种薯或兼收茎叶青贮的可提前收获。

马铃薯中含有有毒成分龙葵素，经阳光照射或霉败后使其含量增加。龙葵素在绿皮、发芽的块茎和茎叶中含量最高，为 0.1%～0.7%，家兔大量食入后会引起中毒，表现出精神沉郁、呆痴、腹泻、呕吐或皮肤溃疡等症状，严重者出现死亡。因此，饲喂马铃薯时应当特别注意，禁止饲喂绿皮、发芽的。

### 4. 饲用甜菜

甜菜为藜科属 2 年生草本植物。按其块根中的干物质与糖分含量多少，可大致分为糖甜菜、半糖甜菜和饲用甜菜 3 种。糖用与半糖用甜菜含有大量蔗糖，故其块根一般不用做饲料而是先用以制糖，然后以其副产品甜菜渣用做饲料。甜菜渣是制糖工业的副产品，是甜菜块根经过浸泡、压榨提取糖液后的残渣，不溶于水的物质大量存在，特别是粗纤维全部保留。甜菜渣含钙较丰富。据分析，新鲜的甜菜粕含蛋白质 0.6%、粗纤维 1.4%、无氮浸出物 4.7%、灰分 0.3%，是家兔冬春季的优良多汁饲料。饲用甜菜含糖 5%～11%，以饲用为主。甜菜适应性强，产量高而稳定，含有丰富的蛋白质和维生素，纤维素含量较低。块根一般切碎或打浆生喂，鲜叶可直接青饲。

### 5. 木薯

木薯又名树薯、树番薯，为热带多年生灌木，可分为苦味种和甜味种两大类。其块根富含淀粉，在鲜木薯中占 25%～30%，粗纤维含量很少，可作为家兔的能量饲料。木薯中含有氰苷，大量食入后可导致氰化物中毒。干燥过程中的木薯，其中的挥发性氰氢酸可散失到空气中。

### （二）饲喂多汁饲料应注意的问题

（1）胡萝卜要洗干净，最好刨成丝或切成片，也可直接饲喂。因味甜兔爱吃，要控制限量，多吃易发生肠炎，特别是冬季喂幼兔要更加小心。

（2）甘薯在冬季必须储存在13℃左右的环境下比较安全。当温度高于18℃、相对湿度为80％时会发芽。黑斑甘薯味苦，含有毒性酮，应将霉烂部分切除，用清水洗去苦味后再饲喂。

（3）马铃薯植株中含有一种配糖体，叫做龙葵素，是有毒物质。块茎在贮藏期间经日光照射变成绿色以后，龙葵素含量增加，可使家兔中毒，因此，发芽的和青皮的马铃薯要除去外皮和芽眼，煮熟后再饲喂。

（4）不论何种木薯均含有一定量的氢氰酸（HCN）。据分析，木薯块中每千克含氰化物10～370毫克，皮中含毒量最高，每千克可达560毫克左右。多食后可使家兔中毒。因此，木薯在食用或饲用前必须进行去毒处理，可将木薯去皮或切片浸在自来水中1～2天，或切片晒干磨粉放在无盖锅内煮沸3～4小时。

（5）甜菜渣中含有大量的游离有机酸，常能引起家兔腹泻，应注意喂量。腐烂的茎叶含亚硝酸盐，不宜饲用。

## 五、粗饲料

粗饲料是指粗纤维在18％以上的饲料，主要包括农作物的秸秆、秕壳、各种干草、干树叶等。其营养价值受收获、晾晒、运输和贮存等因素的影响。粗纤维含量高，消化能，蛋白质和维生素含量很低。灰分中硅酸盐含量较多，会妨碍其他养分的消化利用。所以，粗饲料在兔饲粮中的营养价值不是很大，主要是提供适量的粗纤维，在冬、春季节也可作为兔的次要饲料来源。

### （一）干草和干草粉

干草是指青草或栽培青饲料在未结实以前刈割下来经日晒或人工干燥而制成的干燥饲草。制备良好的干草仍保留一定的青绿颜色，所以又称青干草。干草粉是将适时刈割的牧草经人工快速干燥后，粉碎而成的青绿色草粉。干制青饲料的目的与青贮相同，主要是为了保存青饲料的营养成分，便于随时取用，以代替青饲料，调节青饲料供给的季节性不平衡，缓解枯草季节青饲料的不足。

干草和干草粉的营养价值因干草的种类、刈割时期及晒制方法而有较大的差异。优质的干草和干草粉富含蛋白质和氨基酸，如三叶草草粉所含的赖氨酸、色氨酸、胱氨酸等比玉米高 3 倍，比大麦高 1.7 倍；粗纤维含量不超过 22%～35%；含有胡萝卜素、维生素 C、维生素 K、维生素 E 和 B 族维生素；矿物质中钙多磷少，磷不属于植酸磷，铁、铜、锰、锌等较多。在配合饲料中加入一定量的草粉，对促进兔生长、维持健康体质和降低成本有较好的效果。

豆科牧草是品质优良的粗饲料，粗蛋白质、钙、胡萝卜素的含量都比较高，其典型代表是苜蓿。其他的豆科牧草有三叶草、红豆草、紫云英、花生、豌豆等。禾本科牧草的营养价值低于豆科牧草，粗蛋白质、维生素、矿物质含量低，禾本科牧草有羊草、冰草、黑麦草、无芒雀麦、鸡脚草、苏丹草等。豆科牧草应在盛花前期刈割，禾本科牧草应在抽穗期刈割，过早刈割则干草产量低，过晚刈割则干草品质粗老，营养价值降低。

## （二）作物秸秆和秕壳

秸秆和秕壳是农作物收获籽实后所得的副产品。脱粒后的作物茎秆和附着的干叶称为秸秆，如玉米秸、玉米芯、稻草、谷草、各种麦类秸秆、豆类和花生的秸秆等。籽实外皮、荚壳、颖壳和数量有限的破瘪谷粒等称为秕壳，如大豆荚、豌豆荚、蚕豆荚、稻壳、大麦壳、高粱壳、花生壳、棉籽壳等。

此类饲料粗纤维含量高达 30%～50%，其中木质素比例大，一般为 6.55%～12%，所以其适口性差，消化率低，能量价值低。蛋白质的含量低，只有 2%～8%，品质也差，缺乏必需氨基酸，豆科作物较禾本科要好些。矿物质含量高，如稻草中高达 17%，其中大部分为硅酸盐。钙、磷含量低，比例也不适宜。除维生素 D 以外，其他维生素都缺乏，尤其缺乏胡萝卜素。可见作物秸秆和秕壳饲料营养价值非常低，但因兔饲粮中需要有一定量的粗纤维，所以这类饲料作为兔饲粮的组成部分主要是补充粗纤维。

## （三）树叶饲料

我国树木资源丰富，除少数不能饲用外，大多数树木的叶子、嫩枝和果实都可作为兔饲料。如槐树叶、榆树叶、紫穗槐叶、刺槐叶等粗蛋白质含量较高，达 15% 以上，维生素、矿物质含量丰富。因含有单宁和粗纤维，不利于兔对营养物质的消化，所以蛋白质和能量的消化利用率很低。在没有粗饲料来源时，树叶可作为饲粮的一部分。

值得一提的是松针粉在饲料中的应用。松针粉外观草绿色，具有针叶固有的气味，主要特点是富含维生素C、维生素E和胡萝卜素以及B族维生素、钙磷等，尽管蛋白质含量不多，但含有17种氨基酸，包括了动物所需的9种必需氨基酸，微量元素也十分丰富，在饲料中加入3%～8%，能促进动物健康，提高生产性能。

## 六、糟渣类饲料

糟渣类饲料是禾谷类、豆科籽实和甘薯等原料在酿酒、制酱、制醋、制糖及提取淀粉过程中残留的糟渣产品，包括酒糟、酱糟、醋糟、糖糟、豆腐渣、粉渣等。它们的共同特点是水分含量较高（65%～90%）；干物质中淀粉较少；粗蛋白质等其他营养物质都较原料含量约增加2倍；B族维生素含量增多，粗纤维也增多。糟渣类饲料的营养价值因制作方法不同差异很大。干燥的糟渣有的可作蛋白质补充料或能量饲料，但有的只能作粗料。糟渣类饲料大部分以新鲜状态喂兔，随着配合饲料工业发展，我国干酒糟已开始在兔的配合饲料中应用。未经干燥处理的糟渣类饲料含水量较多，不易保存，非常容易腐败变质，而干制品吸湿性较强，容易霉烂，不易贮藏，利用时应引起注意。糟渣类饲料也可用于兔。

### （一）酒糟

酒糟有白酒糟和啤酒糟。白酒糟是原料发酵提取碳水化合物后的剩余物，粗蛋白质、粗脂肪、粗纤维等成分所占比例相应提高，无氮浸出物含量则相应较低，B族维生素含量较高。酒糟中各类营养物质的消化率与原料相比没有差异，所以其能值下降不多，但在酿造过程中，常常加入20%～25%的稻壳作为疏松物质以提高出酒率，从而使粗纤维含量提高，营养价值也大大降低。由于发酵使B族维生素大大提高。酒糟由于含水量（70%左右）高，不耐存放，易酸败，必须进行加工贮藏后才能充分利用。酒糟喂量过多，容易引起便秘。

啤酒糟是用大麦酿造啤酒提取可溶性碳水化合物后所得的糟渣副产品，其成分除淀粉减少外与原料相似，但含量比例增加。干物质中粗蛋白质含量22%～27%，氨基酸组成与大麦相似。粗纤维含量较高（15%），矿物质、维生素含量丰富。粗脂肪含量 5%～8%，其中亚油酸占 50%以上。

## （二）酱油糟和醋糟

酱油糟是用大豆、豌豆、蚕豆、豆饼、麦麸及食盐等按一定比例配合，经曲霉菌发酵使蛋白质和淀粉分解等一系列工艺酿制成酱油后的残渣。酱油糟的营养价值因原料和加工工艺而有很大差异。一般干物质中粗蛋白质含量为 20%～32%，粗纤维含量 13%～19%，无氮浸出物含量低，有机物质消化率低，因此能值较低。其突出特点是灰分含量高，多半为食盐（7%）。鲜酱油糟水分含量高，易发霉变质，具有很强的特殊异味，适口性差。但经干燥后气味减弱，易于保存，可用作饲料，但使用时应测定其盐分的含量，防止中毒。

醋糟是以高粱、麦麸及米糠等为原料，经发酵酿造提取醋后的残渣。其营养价值受原料及加工方法的影响较大。粗蛋白质含量 10%～20%，粗纤维含量高。其最大特点是含有大量醋酸，有酸香味，能增加动物食欲，调匀饲喂能提高饲料适口性。但使用时应避免单一使用，最好和碱性饲料一起饲喂，以中和其中过多的醋酸。

## （三）豆腐渣

豆腐渣是以大豆为原料制作豆腐时所得的残渣。鲜豆腐渣水分含量高达 78%～90%，干物质中蛋白质含量和粗纤维含量高，分别是 21.7%和 22.7%，而维生素大部分转移到豆浆中。豆腐渣中也含有胰蛋白酶抑制因子，需煮熟后使用。鲜豆腐渣经干燥、粉碎后可作配合饲料原料，但加工成本高，故多以鲜豆腐渣等直接饲喂。

## （四）粉渣

粉渣是以豌豆、蚕豆、马铃薯、甘薯等为原料生产淀粉、粉丝、粉条、粉皮等食品的残渣。由于原料不同，营养成分差异也很大。鲜粉渣水分含量高，一般为 80%～90%。粉渣中含有可溶性糖，易引起乳酸菌发酵而带有酸味，pH 一般为 4.0～4.6，存放时间愈长，酸度愈大，且易被霉菌和腐败菌污染而变质，从而丧失其饲用价值，故用作饲料时需经过干燥处理。干物质中无氮浸出物 50%～80%，粗蛋白质 2%～3%，粗纤维 8.7%～32%，钙、磷含量低。

**（五）玉米蛋白粉、玉米麸料和玉米胚芽粉**

这些都是以玉米为原料生产淀粉时得到的副产品。玉米蛋白粉（玉米面筋粉）是玉米淀粉厂的主要副产品之一。蛋白质含量因加工工艺不同而有很大差异，一般为 $35\%\sim60\%$。氨基酸组成不佳，蛋氨酸含量很高，与相同蛋白质含量的鱼粉相等，而赖氨酸和色氨酸严重不足，不及相同蛋白质含量鱼粉的 1/4。代谢能水平接近玉米，粗纤维含量低、易消化。矿物质含量少，钙、磷含量均低。胡萝卜素含量高，B 族维生素含量少。

玉米麸料（玉米蛋白饲料）是含有玉米纤维质外皮、玉米浸渍液、玉米胚芽粉和玉米蛋白粉的混合物。一般纤维质外皮 $40\%\sim60\%$，玉米蛋白粉 $15\%\sim25\%$，玉米浸渍液固体物 $25\%\sim40\%$。其蛋白质含量为 $10\%\sim20\%$，粗纤维在 $11\%$ 以下。

玉米胚芽饼粕是玉米胚芽脱油后所剩的残渣。粗蛋白质含量一般为 $15\%\sim21\%$，氨基酸组成较好，赖氨酸 $0.7\%$，蛋氨酸 $9.3\%$，色氨酸含量也较高。维生素 E 含量丰富。适口性好，价低廉，是较好的兔饲料。

## 七、矿物质饲料

兔的生长发育、机体的新陈代谢需要钙、磷、钠、钾、硫等多种矿物元素，上述青绿饲料、能量饲料、蛋白质饲料中虽均含有矿物质，但含量远不能满足兔的需要，因此在兔日粮中常常需要专门加入矿物质饲料。

**（一）食盐**

食盐主要用于补充兔体内的钠和氯，保证兔体正常新陈代谢，还可以增进兔的食欲，用量可占日粮的 $0.3\%\sim0.5\%$。

**（二）骨粉或磷酸氢钙**

含有大量的钙和磷，而且比例合适。添加骨粉或磷酸氢钙，主要用于饲料中含磷量不足的情况。

**（三）贝壳粉、石粉、蛋壳粉**

三者均属于钙质饲料。贝壳粉是最好的钙质矿物质饲料，含钙量高，又容易吸收；石粉价格便宜，含钙量高，但兔吸收能力差；蛋壳粉可以自制，将各种蛋壳经水洗、煮沸和晒干后粉碎即成。蛋壳粉的吸收率也较好，但要严防传播疾病。

## 八、饲料添加剂

饲料添加剂是指在那些常用饲料之外，为补充满足动物生长、繁殖、生产各方面营养需要或为某种特殊目的而加入配合饲料中的少量或微量的物质。其目的是强化日粮的营养价值或满足兔的特殊需要，如保健、促生长、增食欲、防霉、改善饲料品质和畜产品质量。

（一）营养性添加剂

营养性添加剂是指用于补充饲料营养成分的少量或微量物质，主要有维生素、微量元素和氨基酸。

**1. 维生素添加剂**

在集约化饲养下，兔的生产性能高，采食高能高蛋白的配合饲料，需要在饲料中添加多种维生素，添加时按产品说明书要求的用量。兔处于逆境时对这类添加剂需要量加大。

**2. 微量元素添加剂**

微量元素添加剂主要是含有需要元素的化合物，这些化合物一般有无机盐类、有机盐类和微量元素-氨基酸螯合物。添加微量元素不考虑饲料中含量，把饲料中的作为"安全裕量"。

**3. 氨基酸添加剂**

目前人工合成而作为饲料添加剂进行大批量生产的是赖氨酸、蛋氨酸、苏氨酸和色氨酸，前两者最为普及。以大豆饼为主要蛋白质来源的日粮，添加蛋氨酸可以节省动物性饲料用量，豆饼不足的日粮添加蛋氨酸和赖氨酸，可以大大强化饲料的蛋白质营养价值，在杂粮含量较高的日粮中添加赖氨酸可以提高日粮的消化利用率。赖氨酸促进生长明显，生长肥育兔特别注意添加；蛋氨酸可以促进毛皮发育，改善兔的毛皮质量；在仔兔饲料中添加苏氨酸，可以提高生长速度，改善饲料利用率。

（二）非营养性饲料添加剂

非营养性添加剂有着特殊明显的维护健康、促进生长和提高饲料转化率等作用，属于这类添加剂的品种繁多。

**1. 抗生素添加剂**

预防兔的某些细菌性疾病，或兔处于逆境，或环境卫生条件差时，加入一定量的抗生素添加剂有良好效果。常用的抗生素有青霉素、链霉素、金霉素、土霉素等。

**2. 中草药饲料添加剂**

抗生素的残留问题越来越受到关注，许多抗生素被禁用或限用。中草药饲料添加剂毒副作用小，不易在产品中残留，且具有多种营养成分和生物活性物质，兼具有营养和防病的双重作用。其天然、多能、营养的特点，可起到增强免疫作用、激素样作用、维生素样作用、抗应激作用、抗微生物作用等。

**3. 酶制剂**

酶是动物、植物机体合成、具有特殊功能的蛋白质。酶是促进蛋白质、脂肪、碳水化合物消化的催化剂，并参与体内各种代谢过程的生化反应。在兔饲料中添加酶制剂，可以提高营养物质的消化率。目前，在生产中应用的酶制剂可分为两类：其一是单一酶制剂，如淀粉酶、脂肪酶、蛋白酶、纤维素酶和植酸酶等；其二是复合酶制剂，复合酶制剂是由一种或几种单一酶制剂为主体，加上其他单一酶制剂混合而成，或者由一种或几种微生物发酵获得。复合酶制剂可以同时降解饲料中多种需要降解的底物（多种抗营养因子和多种养分），可最大限度地提高饲料的营养价值。

**4. 微生态制剂**

微生态制剂也称有益菌制剂或益生素，是将动物体内的有益微生物经过人工筛选培育，再经过现代生物工程工厂化生产，专门用于动物营养保健的活菌制剂。其内含有十几种甚至几十种畜禽胃肠道有益菌，如加藤菌、EM 原液、益生素等，也有单一菌制剂，如乳酸菌制剂。不过，在养殖业中除一些特殊的需要外，都用多种菌的复合制剂。它除了以饲料添加剂和饮水剂饲用外，还可以用来发酵秸秆、畜禽粪便制成生物发酵饲料，既提高粗饲料的消化吸收率，又变废为宝，减少污染。微生态制剂进入消化道后，首先建立并恢复其内的优势菌群和微生态平衡，并产生一些消化菌、类抗生素物质和生物活性物质，从而提高饲料的消化吸收率，降低饲料成本；抑制大肠杆菌等有害菌感染，增强机体的抗病力和免疫力，可少用或不用抗菌类药物；明显改善饲养环境，使兔舍内的氨、硫化氢等臭味减少 70％以上。

### 5. 低聚糖

低聚糖又名寡聚糖，是由 2～10 个单糖通过糖苷键连接成直链或支链的小聚合物的总称。其种类很多，如异麦芽糖低聚糖、异麦芽酮糖、大豆低聚糖、低聚半乳糖、低聚果糖等。它们不仅具有低热、稳定、安全、无毒等良好的理化特性，而且由于其分子结构的特殊性，饲喂后不能被人和单胃动物消化道的酶消化利用，也不会被病原菌利用，而直接进入肠道被乳酸菌、双歧杆菌等有益菌分解成单糖，再按糖酵解的途径被利用，促进有益菌增殖和消化道的微生态平衡，对大肠杆菌、沙门菌等病原菌产生抑制作用。因此，亦被称为化学微生态制剂。但它与微生态制剂不同点在于，它主要是促进并维持动物体内已建立的正常微生态平衡；而微生态制剂则是外源性的有益菌群，在消化道可重建、恢复有益菌群并维持其微生态平衡。

### 6. 糖萜素

糖萜素是从油茶饼粕和菜籽饼粕中提取的，由 30％的糖类、30％的萜皂素和有机酸组成的天然生物活性物质。它可促进畜禽生长，提高日增重和饲料转化率，增强机体的抗病力和免疫力，并有抗氧化、抗应激作用，降低畜产品中锡、铅、汞、砷等有害元素的含量，改善并提高畜产品色泽和品质。

### 7. 驱虫保健剂

驱虫保健剂主要包括磺胺类药物、砷制剂和抗寄生虫药物。这些药物效果显著，使用方便，现已广泛用于饲料添加剂。我国《饲料药物添加剂使用规范》规定，家兔饲料中可长时间添加使用的用于预防和治疗兔球虫病的药物添加剂有：盐酸氯苯胍预混剂（预防球虫，停药期 7 天）、氯羟吡啶预混剂等。

（1）抗蠕虫药　蠕虫是一些多细胞寄生虫，其大小、外形、结构以及生理上很不相同，主要分为线虫、吸虫、绦虫。蠕虫病是家兔普遍感染也是危害较大的一类寄生虫病。大多数蠕虫通过虫体寄生夺取宿主营养，以及幼虫在移行期引起广泛组织损伤和释放蠕虫毒素对兔体造成危害，使生长速度和生产性能下降，因而严重影响家兔生产。某些蠕虫病还能危害人类健康。

抗蠕虫剂主要作用是驱除家兔体内的寄生蠕虫，保证家兔健康生长，同时降低环境中虫卵的污染，减少再次感染的机会，对其他健康家兔起到预防作用。

① 噻苯咪唑（噻苯唑）　为苯并咪唑类驱虫药，化学名称为 2-(4-噻唑）苯并咪唑，是一种稳定的白色或米黄色粉末或结晶性粉末，味微苦，无臭。

噻苯咪唑为广谱、高效、低毒驱虫药，对动物的多种胃肠线虫有高效驱虫作用，对肺线虫和矛形双腔吸虫也有一定作用。

② 甲苯咪唑　化学名 5-苯甲酰-2-苯并咪唑氨基甲酸甲酯，为淡黄色无定形粉末，无臭，无味，微溶于水，溶于甲酸。

甲苯咪唑对多种线虫有效，对兔豆状囊尾蚴也有效，用量按 30 毫克/千克体重口服。家兔用药后 7 天内不得屠宰供人食用。

③ 丙硫苯咪唑　为白色粉末，无臭，无味。不溶于水，微溶于有机溶剂。

丙硫苯咪唑主要用于兔线虫、豆状囊尾蚴、肝片吸虫病等。按 20 毫克/千克体重内服。每天 2 次。用药后 10 天内不得屠宰供人食用。

④ 氯苯咪唑　为白色或类白色粉末，无臭，不溶于水、甲醇和氯仿，略溶于稀盐酸。氯苯咪唑用于治疗兔各种线虫病。按 5 毫克每千克体重，1 次口服。用药后 7 天内不得屠宰供人食用。

⑤ 左旋咪唑（左咪唑）　为噻咪唑的左旋异构体，常用其盐酸盐和磷酸盐。左旋咪唑是广谱、高效、低毒驱虫药，用于防治兔各种线虫病。片剂，按 25 毫克/千克体重内服，每天 1 次。用药后 28 天内不得屠宰供人食用。

⑥ 伊维菌素（害获灭）　系由链霉菌发酵后分离提取的阿维菌素，经化学还原后制成的阿维菌素半合成衍生物。本品为白色结晶性粉末，微溶于水，易溶于乙醇等有机溶剂。

伊维菌素属广谱、高效抗寄生虫药，对各种线虫、昆虫和螨均具有驱虫活性。伊维菌素剂型有注射剂（皮下注射）、粉剂、片剂、胶囊、预混剂（口服）以及浇泼剂（外用）等，可按产品使用说明用药。用于兔体内线虫以及体外螨病的治疗。

（2）抗球虫剂　选择毒害小、便于贮藏、适口性好、价格低廉的抗球虫剂。常用的药物见表 4-17。

表 4-17　常见的抗球虫药物

| 药物种类 | | 使　用　说　明 |
|---|---|---|
| 磺胺类药物（对治疗已发生的感染优于别的药物，临床上主要用作治疗用，不以连续方式作预防。该类药中的 2 种合用，尤其是磺胺药和二胺嘧啶类药合用，对球虫产生协同作用。该类药物易产生耐药性，故应与其他抗球虫药交替使用） | 磺胺喹嘧啉（SQ） | 预防剂量：0.05％饮水；治疗量：0.1％饮水。二甲氧苄氨嘧啶（DVD）有促进 SQ 作用，SQ 和 DVD 以 4∶1 比例按每千克体重 0.25 克剂量使用，可取得满意效果。但是该药使用时间过长，可引起家兔循环障碍，肝、脾出血或坏死 |
| | 磺胺二甲氧嘧啶（SDM） | 是一种新型有效的磺胺药，特别适合于哺乳或怀孕母兔。加入饮水中使用时，治疗剂量为 0.05％～0.07％，预防剂量为 0.025％。SDM 和增效剂 DVD 按 3∶1 配合，按剂量 0.25％拌于饲料中，抗球虫效果更好。用于治疗兔球虫病的程序为用药 3 天，停药 10 天 |
| | 磺胺二甲嘧啶（SM） | 一般用药宜早。饲料中加入本品 0.1％，可预防兔球虫病。以 0.2％饮水治疗严重感染兔，饮用 3 周，可控制临床症状，并能使兔产生免疫力 |
| | 磺胺嘧啶钠 | 应用剂量为每千克体重 0.1～0.5 克，对肝球虫病有效 |
| | 复方磺胺甲基异噁唑即复方新诺明（SMZ＋TMP） | 预防时饲料中加入 0.02％本品，连用 7 天，停药 3 天，再用 7 天为 1 个疗程。可进行 1～2 个疗程；治疗时，饲料中添加 0.04％本品，连用 7 天，停药 3 天，必要时再用 7 天，能降低病兔死亡率 |
| | 磺胺氯吡嗪（三字球虫粉） | 是一种较好的抗球虫药。预防时，按 0.02％饮水或按 0.1％混入饲料中，从断奶至 2 月龄，有预防效果；治疗时，按每天每千克体重 50 毫克混入饲料中给药，连用 10 天，必要时停药 1 周后再用 10 天，该药宜早用 |
| 氯苯胍（盐酸氯苯胍或双氯苯胍） | | 属低毒高效抗球虫药，白色结晶粉末，有氯化物特有的臭味，遇光后颜色变深。饲料中添加 0.015％氯苯胍，从开始采食连续喂至断奶后 45 天，可预防兔球虫病。紧急治疗时剂量为 0.03％，用药 1 周后改为预防量。此外，氯苯胍还有促进家兔生长和提高饲料报酬的功效。由于氯苯胍有异味在兔肉中出现，所以屠宰前 1 周应停喂。值得注意的是，由于兔球虫抗药性的产生非常快，长期使用该药，易产生抗药性，因此，该药在有些地区预防效果不理想，故应几种抗球虫药交替使用 |

续表

| 药物种类 | 使 用 说 明 |
|---|---|
| 莫能霉素（莫能菌素） | 　　按 0.002％混合于饲料中拌匀或制成颗粒饲料,饲喂断奶至 60 日龄幼兔有较好预防作用。在球虫严重污染地区或兔场,用 0.004％剂量混于饲料中饲喂,可以预防和治疗兔球虫病。另据报道,以莫能霉素、复方磺胺甲基异噁唑、鱼肝油和酵母 4 种药物组成的合剂,对治疗兔球虫病效果最佳 |
| 马杜拉霉素（加福、抗球王、抗球皇、杜球） | 　　属于聚醚类离子载体抗生素。预防剂量与中毒剂量十分接近,所以临床上随意加大剂量或搅拌不均匀,均可引起中毒、死亡 |
| 乐百克 | 　　由 0.02％氯羟吡啶、0.00167％苄氧喹甲酯配合组成。预防剂量为 0.02％,治疗剂量为 0.1％ |
| 甲基三嗪酮（百球清） | 　　对家兔所有球虫有效。作用于球虫生活史所有细胞内发育阶段的虫体,可作为治疗兔球虫病的特效药物。使用方法为,每天饮用药物浓度为 0.0025％的饮水,连饮 2 天,间隔 5 天,再服 2 天,即可完全控制球虫病,卵囊排出为零,对增重无任何影响。预防剂量可用 0.0015％饮水,连饮 21 天。但应注意,若本地区饮水强度极高和 pH 值低于 8.5 的地区,饮水中必须加入碳酸氢钠(小苏打)以使水的 pH 值调整到 8.5～11 的范围内 |
| 扑球（刻利禽、伏球、杀球灵、地克珠利、威特神球） | 　　主要活性成分是氯嗪苯乙腈。系 20 世纪 80 年代后期推出的抗球虫新药,由比利时杨森制药公司研制。该药在 90 年代中期我国也研制成功。0.0001％的浓度(饲料或饮水)连续用药是最佳选择。对预防家兔肝球虫、肠球虫均有极好的效果。氯嗪苯乙腈是一种非常稳定的化合物,即便在 60℃的过氧化氢中 8 小时亦无分解现象,置于 100℃的沸水中 5 天,其有效成分也不会崩解流失。因此生产实践中可以混入饲料中制作颗粒料,而对药效无任何影响 |
| 球痢灵（二硝甲苯酰胺） | 　　为广谱抗球虫药。对球虫的裂殖体有强烈的抑制作用,不影响家兔对球虫的自身免疫力,是良好的预防球虫病的药物,疗效也较高。按每千克体重 50 毫克内服,每天 2 次,连用 5 天,可有效防止球虫病暴发 |
| 常山酮（速丹） | 　　是广谱、高效、低毒抗球虫药,是从中草药"常山"中提取出的生物碱。家兔饲料中添加 0.0003％本药,可杀死全部球虫卵囊。若用常山酮、聚苯乙烯、磺酸钙,则浓度为 0.004％～0.005％,对预防兔球虫病有良效 |

**8. 防霉剂**

配合饲料保存时期较长时，需要添加防霉剂。防霉（腐）剂种类很多，如甲酸、乙酸、丙酸、丁酸、乳酸、苯甲酸、柠檬酸、山梨酸及相应酸的有关盐。饲料防霉剂主要有有机酸类（如丙酸、山梨酸、苯甲酸、乙酸、脱氢乙酸和富马酸等）、有机酸盐（如丙酸钙、山梨酸钠、苯甲酸钠、富马酸二甲酯等）和复合防霉剂。生产中常用的防霉剂有丙酸钙、丙酸钠、克饲霉（丙酸及其盐类为主的复合制剂）等。

**9. 抗氧化剂**

饲料存放过程中易氧化变质，不仅影响饲料的适口性，而且降低饲用价值，甚至还会产生毒素，造成兔的死亡。所以，长期贮存饲料，必须加入抗氧化剂。抗氧化剂种类很多，目前常用的抗氧化剂多由人工化学合成，如丁基化羟基甲苯（简称 BHT）、乙氧基喹啉（简称山道喹）、丁基化羟甲基苯（简称 BHA）等，抗氧化剂在配合饲料中的添加量为 0.01%～0.05%。

**10. 青贮添加剂**

常用的青贮添加剂为有机酸，如丙酸及其盐类、甲酸及其盐类、苯甲酸及其盐类、甲醛等。使用青贮添加剂可充分利用微生物发酵优势，对秸秆等粗饲料进行处理，从而提高秸秆的营养价值和利用率。

# 第三节　兔饲料的配合、加工和调制

## 一、兔的日粮配合

### （一）配合饲料的特点

**1. 营养丰富而全面**

配合饲料是根据和应用动物营养需求的最新研究成果、消化特点，制订科学的配方和最新加工工艺而生产，因此完全符合兔的营养需求，能充分发挥其遗传潜力，从而提高饲养效率，降低成本。

**2. 合理利用饲料资源**

配合饲料是由多种饲料配合而成，因而可以因地制宜地、合理地利用各种饲料资源。如各种农副产品，屠宰、食品工业下脚料等；此外，还可根据各种原料千变万化的价格，选定及调整配方，以降低成本。

### 3. 提高生产性能

配合饲料中添加了多种微量成分，如微量元素、维生素、药物添加剂等。这些组分虽然所占日粮的比例很低，但能使日粮更加平衡，防止各种营养缺乏症的发生，增强兔的适应力和抗病力，保证生产性能潜力充分发挥。

### 4. 饲用方便安全

配合饲料可以直接饲用或稍加其他原料混合后使用，简单方便；配合饲料是由专用的配合饲料生产设备，采用先进的加工工艺，由严格的质量管理体系监管下生产的产品，因而其中的微量成分能充分混合，均匀一致，保证了产品的饲用安全性。

### (二) 配合饲料的种类

#### 1. 添加剂预混料

添加剂预混料是由营养物质添加剂（维生素、氨基酸和微量元素）和非营养物质添加剂（抗生素、抗氧化剂、驱虫剂等），并以石粉或小麦粉为载体，按规定量进行预混合的一种产品，可供养殖场平衡混合料之用。另外，还有单一的预混料，如微量元素预混料、维生素预混料、复合预混料等。预混料是全价配合饲料的重要组成部分，虽然只占全价配合饲料的 0.25%～3%，却是提高饲料产品质量的核心部分。

#### 2. 浓缩饲料

浓缩饲料是由添加剂预混料、蛋白质饲料、常量矿物质饲料等按比例配合而成。蛋白质含量一般为 30%～75%。浓缩饲料不能直接饲用，必须与一定比例的能量饲料混匀后才能使用。

#### 3. 全价配合饲料

全价配合饲料是根据兔的不同生理阶段和生产水平，把多种饲料原料和添加剂预混料按一定的加工工艺配制而成的均匀一致、营养价值完全的饲料。可直接饲用，无需添加任何饲料或添加剂。

### (三) 配合饲料的形状

#### 1. 粉料

粉料为兔主要饲料形状之一。粉料的优点是兔不能挑食，适于各种类型和不同年龄的兔。但应注意，粉料不宜磨得过碎，否则适口性差，采食量小，易飞散损失。兔是草食动物，如果饲喂粉料，就必须补充适量的青绿饲料或干草，这时粉料就被称作精料补充料。

**2. 颗粒料**

颗粒饲料目前也被广泛使用。颗粒饲料是将饲粮配方中的各种原料粉碎，混合均匀后再通过颗粒机压制成颗粒。现代的颗粒机一般均可自动计量，自动配料、粉碎，最后挤压成颗粒。颗粒饲料具有许多优点，除了便于机械化管理外，还具有适口性好、采食量大、营养丰富、兔不能挑剔、可全部吃净、防止浪费、符合兔的啃食习性等。

**3. 碎料**

碎料是将饲料先加工成颗粒，然后再打成碎料，它具有颗粒料的一切优点，而且采食时间长，适于各种年龄兔采用。但碎料加工成本高，饲喂时应适当限制料量。

**(四) 兔日粮配合的原则**

**1. 营养原则**

配合日粮时，应该以兔的饲养标准为依据。但兔的营养需要是个极其复杂的问题，饲料的品种、产地、保存好坏均会影响饲料的营养含量，兔的品种、类型、饲养管理条件等也能影响营养的实际需要量，温度、湿度、有害气体、应激因素、饲料加工调制方法等也会影响营养需要和消化吸收。因此，在生产中原则上按饲养标准配合日粮，再根据兔的生长和生产情况作适当调整。一般按兔的膘情和季节等条件的变化，在饲养标准的上下 10% 进行调整，同时注意保证能量的供给。

**2. 生理原则**

配合日粮时，必须根据各类兔的不同生理特点，选择适宜的饲料进行搭配和合理加工调制。配制兔饲料必须保持一定的粗纤维含量，如果粗纤维不足，会造成兔消化道疾病。成年兔饲料中粗纤维含量在12% 以上，但幼龄兔的粗纤维含量不能过高；兔饲料要有适宜的容积，一般兔饲料中麸皮、干草等低密度饲料应占整个配合饲料的30%～50%，幼龄兔少些，成年兔多一些。要注意饲料的适口性，选择多种饲料原料配制饲粮，既能提高适口性，又能使各种饲料的营养物质互相补充，以提高其营养价值。

**3. 经济原则**

在养兔生产中，饲料费用占很大比例，一般要占养兔成本的70%～80%。因此，配合日粮时，充分利用饲料的替代性，就地取材，选用营养丰富、价格低廉的饲料原料来配合日粮，以降低生产成本，提高经济效益。同时，配合饲料必须注意混合均匀，才能保证配合饲料的质量。

**4. 安全性原则**

饲料安全关系到兔群健康，更关系到食品安全和人民健康。所以，配制的饲料要符合国家饲料卫生质量标准，饲料中含有的物质、品种和数量必须控制在安全允许的范围内，有毒物质、药物添加剂、细菌总数、霉菌总数、重金属等不能超标。

**（五）兔日粮配方设计方法**

配合日粮首先要设计日粮配方，有了配方，然后"照方抓药"。兔日粮配方的设计方法很多，如四角形法、试差法、计算机法等。目前多采用试差法和计算机法。

**1. 试差法**

试差法是畜牧生产中常用的一种日粮配合方法。此法是根据饲养标准及饲料供应情况，选用数种饲料，先初步规定用量进行试配，然后将其所含养分与饲养标准对照比较，差值可通过调整饲料用量使之符合饲养标准的规定。应用试差法一般经过反复的调整计算和对照比较。

**【例1】**使用青干草粉、玉米、小麦麸、大豆饼、大麦、贝壳粉、骨粉、食盐和1%的预混剂等饲料设计一个生长肉兔全价饲料配方。

第一步，根据饲养标准，确定营养需要。见表4-18。

表 4-18　生长肉兔的营养需要

| 消化能/(兆焦/千克) | 粗蛋白/% | 钙/% | 磷/% | 赖氨酸/% | 蛋氨酸＋胱氨酸/% | 食盐/% |
|---|---|---|---|---|---|---|
| 10.45 | 16 | 0.50 | 0.3 | 0.66 | 0.5 | 0.40 |

第二步，根据饲料原料成分表查出所用各种饲料的养分含量，见表4-19。

表 4-19　各种饲料的养分含量

| 饲料 | 消化能/（兆焦/千克） | 粗蛋白/% | 粗纤维/% | 钙/% | 磷/% | 赖氨酸/% | 蛋氨酸＋胱氨酸/% |
|---|---|---|---|---|---|---|---|
| 青干草粉 | 2.47 | 8.90 | 13.9 | 0.54 | 0.25 | 0.31 | 0.21 |
| 玉米 | 14.18 | 8.60 | 2.00 | 0.04 | 0.21 | 0.27 | 0.31 |
| 大麦 | 12.18 | 10.50 | 6.50 | 0.06 | 0.21 | 0.37 | 0.35 |
| 豆粕 | 13.10 | 45.6 | 5.40 | 0.26 | 0.57 | 2.45 | 1.08 |
| 小麦麸 | 12.39 | 15.4 | 5.10 | 0.33 | 0.48 | 0.32 | 0.33 |

第三步，初拟配方。根据饲养经验，初步拟定一个配合比例，然后计算能量蛋白质营养物质含量。初拟的配方和计算结果见表 4-20。

表 4-20　初拟配方及配方中能量蛋白质含量

| 饲料及比例/% | 代谢能/（兆焦/千克） | 粗蛋白/% |
|---|---|---|
| 青干草粉 23 | 2.47×23%＝0.5681 | 8.90×23%＝2.047 |
| 玉米 35 | 14.18×35%＝4.963 | 8.6×35%＝3.01 |
| 大麦 20 | 12.18×20%＝2.436 | 10.50×20%＝2.1 |
| 豆粕 15 | 13.10×15%＝1.965 | 45.6×15%＝6.84 |
| 小麦麸 5 | 12.39×5%＝0.6195 | 15.4×5%＝0.77 |
| 合计 98 | 10.55 | 14.767 |

第四步，调整配方，使能量和蛋白质符合营养标准。由表 4-20 可以算出能量比标准多 0.10 兆焦/千克，蛋白质少 1.233%，用蛋白质含量高的豆粕代替玉米，增加 1.233% 蛋白质需要的代替比例为 3.33%［1.233÷（45.6－8.6）×100%］，能量可减少 0.036 兆焦/千克，与标准接近。

第五步，计算矿物质和氨基酸的含量，见表 4-21。

根据上述配方计算得知，饲粮中钙比标准低 0.287%，磷基本满足需要。只需要添加 0.88%（0.287÷32.6×100%）的贝壳粉。赖氨酸满足要求，不用添加。蛋氨酸＋胱氨酸比标准少 0.069%，可补充蛋氨酸 0.07%。补充 0.4% 的食盐和 1% 的预混剂。最后配方总量为 100.26%，可在玉米中减去 0.26%，不用再计算。一般能量饲料

表 4-21 　矿物质和氨基酸含量

| 饲料比例/% | 钙/% | 磷/% | 赖氨酸/% | 蛋氨酸＋胱氨酸/% |
|---|---|---|---|---|
| 青干草粉 23 | 0.124 | 0.058 | 0.0713 | 0.0483 |
| 玉米 31.67 | 0.013 | 0.067 | 0.0855 | 0.098 |
| 大麦 20 | 0.012 | 0.042 | 0.074 | 0.07 |
| 豆粕 18.33 | 0.048 | 0.104 | 0.449 | 0.198 |
| 小麦麸 5 | 0.0165 | 0.024 | 0.016 | 0.0165 |
| 合计 98 | 0.213 | 0.295 | 0.696 | 0.431 |

调整不大于 1％的情况下，日粮中的能量、蛋白质指标引起的变化不大，可以忽略。

第六步，列出配方和主要营养指标。

饲料配方：青干草粉 23％、玉米 31.41％、大麦 20％、豆粕 18.33％、小麦麸 5％、贝壳粉 0.88％、食盐 0.4％、预混剂 1％，合计 100％。

营养水平：消化能 10.51 兆焦/千克、粗蛋白 16％、钙 0.50％、磷 0.3％、蛋氨酸＋胱氨酸 0.501％、赖氨酸 0.696％。

**2. 计算机法**

应用计算机设计饲料配方可以考虑多种原料和多个营养指标，且速度快，能调出最低成本的饲料配方。现在应用的计算机软件，多是应用线性规划，就是在所给饲料种类和满足所求配方的各项营养指标的条件下，能使设计的配方成本最低。但计算机也只能是辅助设计，需要有经验的营养专家进行修订、进行原料限制，以及最终的检查确定。

**3. 四角法**（对角线法）

此法简单易学，适用于饲料品种少、指标单一的配方设计。特别适用于使用浓缩料加上能量饲料配制成全价饲料。其步骤是：

(1) 画一个正方形，在其中间写上所要配的饲料的粗蛋白质百分含量，并与四角连线。

(2) 在正方形的左上角和左下角分别写上所用能量饲料（玉米）、浓缩料的粗蛋白质百分含量。

(3) 沿两条对角线用大数减小数，把结果写在相应的右上角及右下角，所得结果便是玉米和浓缩料配合的份数。

（4）把两者份数相加之和作为配合后的总份数，以此作除数，分别求出两者的百分数，即为它们的配比率。

## 二、兔用饲料的调制加工

为提高饲料的适口性，增进食欲，提高饲料的利用率，在喂前应对饲料进行合理的加工调制。

### （一）青饲料的采集及利用

无论是人工牧草或是野生杂草，采集后均要清洗，做到不带泥水、无毒、不带刺、不受污染，采集后要摊开，不可堆捂，以免变质、发黄和发热。带雨水或露水的青草应晾干再喂。喂草时，不必切得太碎，只要干净、幼嫩即可。霉烂变质的饲料绝不可用于喂兔。

### （二）多汁饲料加工

多汁饲料，如胡萝卜等，应先洗净切成块或刨成丝喂用，但不宜切得太碎，造成浪费和营养水分损失。有黑斑的甘薯和有黑斑发芽的马铃薯因感染了病毒，这些病毒在其生活过程中会产生一种毒性很强的龙葵毒素，它耐酸、耐碱、耐高温，因此最好不要喂兔，即使喂，一定要把黑斑彻底深削，蒸煮熟后再喂。

### （三）青干草的制作

选择盛花期之前的收割的青草，在晴朗的天气尽快晒干，可得到优质的青干草。晒制时间越短，营养损失越少，而有条件采用人工加温干燥法制晒青草，则干草的品质会更好。干草的含水量要适当，过分干燥时不易转运，并且容易变碎损失；过湿时则易霉变，不利于长期保存。一般水分含量控制在10％以内即可。在晒制和搬动过程中，要尽量减少草叶的散落，因干草的营养大多集中在叶上。品质好的青干草应该是不霉变的、色青绿、味清香。饲喂时最好粉碎成草粉与精料、粉料混喂。

### （四）精饲料的加工调制

精料种类较多，不同精料采用不同的加工调制方法。

## 1. 压扁与粉碎

小麦、大麦、稻谷、燕麦等可整粒喂兔，兔也喜欢吃，但玉米颗粒大而坚硬，应压扁饲喂。饲喂整粒谷物，不仅消化率低，而且不易与其他饲料均匀混合，也不便于配制全价日粮。一般认为，谷物饲料应压扁或粉碎后再喂。粉碎粒度不宜太细，太细有可能引起拉稀。适于兔的粉粒直径，我国尚无报道，据国外报道，粉粒直径以 1～2 毫米为宜。

## 2. 浸泡与蒸煮

豆类、饼粕类和谷类，经水浸泡后膨胀变得柔软，容易咀嚼，可以提高消化率。豆科籽实及其生豆渣、生饼粕等，必须经蒸煮后饲喂。因为生豆类饲料内含抗胰蛋白酶，通过蒸煮，可以破坏其有害影响，从而提高适口性和消化率。

## 3. 去毒

棉籽饼、菜籽饼富含蛋白质，前者含蛋白质 30% 以上，后者含蛋白质高达 30%～40%，都可作为蛋白质补充料，但它们都含有毒素，在使用之前必须进行去毒处理，而且要限制喂量。

棉籽饼中含有游离棉酚，未去毒或使用不当将使兔中毒。使用前一定要对棉籽饼进行去毒处理。经去毒后的棉籽饼仍有少量残余棉酚存在，因此应限量饲喂。棉籽饼喂量占日粮的水平不宜超过 10%。据试验，用硫酸亚铁去毒的棉籽饼占精料量的 15%，对兔的生长和繁殖等未见有不良反应。棉籽饼去毒方法有：

（1）用水煮沸棉籽饼粉，保持沸腾半小时，冷却后即可饲喂。

（2）向棉籽饼粉中加入硫酸亚铁，根据棉籽饼中游离棉酚含量，加入等量的铁，即游离棉酚：铁＝1：1，拌匀后直接与其他饲料饲喂。

菜籽饼中含有硫葡萄苷毒素，长期饲喂可引起兔中毒，未经去毒的菜籽饼不可用来喂兔，去毒后的菜籽饼喂量，不宜超过日粮的 10%。其去毒方法有：

（1）土埋法 选择向阳、干燥、地温较高地方，挖一长方形的坑，坑宽 0.8 米、深 0.7～1 米，长度根据菜籽饼数量决定，将菜籽饼粉按 1：1 的水浸透泡软后埋入坑内，底部和顶部各加一层草，顶部覆土 20 厘米以上，埋 2 个月后，可脱毒 90% 以上，但蛋白质要损失 3%～8%。

（2）氨处理法　以 7% 的氨水 22 份，均匀喷洒 100 份菜籽饼，闷盖 3～5 小时，再放进蒸笼蒸 40～50 分钟，晒干或炒干后喂兔。

**4. 发芽**

冬季在青饲料缺乏情况下，由于维生素缺乏，往往影响兔的繁殖率。因此，在生产上常常采用大麦发芽进行补饲，发芽后的大麦中胡萝卜素、核黄素、蛋氨酸和赖氨酸含量明显增加。

**（五）青贮饲料制作**

在夏、秋季青饲料生长旺盛时期，适时收割青贮，可供冬季和早春利用。

**1. 青贮原料**

紫苜蓿、红三叶、紫云英、白三叶、无芒草、鸡脚草、苏丹草、燕麦、青玉米、青大麦、青绿豆、青豌豆、青大豆、青甘薯藤，以及胡萝卜、甘蓝、各种野草、水浮莲、水葫芦、水花生等均可作为青贮饲料。但要注意豆科植物不宜单独贮存，要与禾本科植物的任何一种混合贮存。

**2. 青贮设备**

根据贮存量和各地条件，可采用窖、壕、塔、缸、塑料袋等。窖、壕要建造在地势高、地下水位低、土质坚硬、靠近畜舍附近的地方。圆形、长方形均可。但内壁要光滑无缝隙。窖、壕的贮存量一般每立方米可装填含水分 60%～70% 的青饲料 500～600 千克。用塑料袋贮存青饲料时，可以在田间装贮，封口后运送至兔舍内堆放。

**3. 装窖**

将割下的青料运至窖、壕旁，切成 2～4 厘米长压实。窖、壕内空气要排尽，防止因空气多、发酵、温度升高，而造成养分损失、霉烂变质。原料切碎成 2～4 厘米后，随即分层压实，每层厚度约 20 厘米。原料装满高出窖面 70～90 厘米，上面先盖一层秸秆或软草，或铺上塑料薄膜，最后用黏性土覆盖、压实，以防止透气和雨水渗入。青饲料贮存在缺氧条件下，有益于乳酸菌大量繁殖，酸度逐渐增加，抑制腐败菌及有害菌生长，这个过程约需 20 天。

**4. 注意事项**

（1）选择晴天收割后，晾晒 1～2 天，或加入适量秸秆粉、糠麸粉，使含水量降低。

（2）有条件的在青贮时加入适量甲酸、甲醛（福尔马林）、尿素等。每吨青饲料加 85% 甲酸 2.85 千克，或加 90% 甲酸 4.53 千克。加甲酸后，制作的青贮料颜色鲜绿，气味香浓。但含糖量高的如玉米等，应按青贮原料重量的 0.1%～0.6% 加入浓度 5% 甲醛。每吨青贮玉米若添加 5 千克尿素，可使青贮玉米总蛋白质含量达到 12.5%。

（3）近十多年来，推广应用低水分青贮法，也叫半干青贮料，即含水量为 45%～60%，使青料收割后经 24～30 小时风干。

（4）青饲料贮存后，约 30～40 天即可随取随喂。取后加盖，以防止与空气接触而霉烂变质。许多试验证明，在基础日粮相同的情况下，饲喂青贮料的兔在增重和泌乳量上都有较大幅度提高，并有促进母兔发情配种、提高受胎率的良好作用。

（六）颗粒饲料的制作

**1. 原料选择**

（1）精饲料　兔常用的精饲料有玉米、大麦、高粱、麸皮、豆饼、葵花饼、花生饼、小麻饼、鱼粉等。要求精料的含水量不超过安全贮藏水分，无霉变，杂质不超过 2%。发霉变质及掺假的原料坚决不用。

（2）粗饲料　兔常用的粗饲料有玉米秸秆、豆秸、谷草、花生秧、栽培干牧草、树叶等。晒制良好的粗饲料水分含量为 14%～17%。玉米秸秆容重小，加工时不易颗粒化或加工出的成品硬度小，故宜与谷草、豆秸等饲料搭配使用。

**2. 原料粉碎**

在其他因素不变的情况下，原料粉碎得越细，产量越高。一般粉碎机的筛板孔径以 1～1.5 毫米为宜。对于储备的粗饲料，一般应选择晴天的中午加工。

**3. 称量混合**

加工颗粒饲料，先将粉碎的精料按照配方比例称量混匀，再按精、粗料比例与粗料混合。为了混合均匀，注意下面几点。

（1）将微量元素添加或预防用药物制成预混料。

（2）控制搅拌时间，一般卧式带状螺旋混合机每批宜混合 2～6 分钟，立式混合机则需混合 15～20 分钟。

（3）适宜的装料量，每次混合料以装至混合机容量的 60％～80％为宜。

（4）合理的加料顺序，配比量大的组分先加，量少的后加；密度小的先加，密度大的后加，此外，对于干进干出的制粒机，须在制粒前搅拌时加入一定比例的水分。

**4. 压制成形**

这一过程是将混合料经制粒机压制加工成颗粒料。颗粒料的物理性状（如长度、直径、硬度等）是颗粒料质量的重要表现。颗粒料直径、长度对断奶新西兰白兔性能有明显影响，从平均日增重、日采食量、料肉比综合评定，颗粒长度应小于 0.64 厘米，直径不大于 0.48 厘米。

# 第四节　兔的实用配方

## 一、生长兔饲料配方

见表 4-22、表 4-23。

表 4-22　生长兔饲料配方（一）

| 组成/% | 1 | 2 | 3 | 4 | 5 | 6 | 7 | 8 | 9 | 10 | 11 | 12 |
|---|---|---|---|---|---|---|---|---|---|---|---|---|
| 玉米 | 20.0 | 20.0 | 20.0 | 25.3 | 24.0 | 31.6 | 22.0 | 28.0 | 20.0 | 24.0 | 25.0 | 20.9 |
| 豆粕 | 21.8 | 5.0 | 14.8 | 10.5 | 10.0 | 13.5 | 8.0 | 15.0 | 20.0 | 13.0 | 10.0 | 15.0 |
| 花生饼 | 0 | 11.2 | 4.0 | 9.0 | 6.7 | 8.8 | 5.0 | 5.0 | 5.0 | 8.0 | 4.0 | 7.0 |
| 小麦麸 | 19.0 | 15.0 | 22.5 | 21.0 | 11.4 | 12.7 | 13.8 | 15.0 | 10.0 | 18.0 | 21.3 | 14.0 |
| 花生秧 | 30.0 | 36.0 | 30.0 | 0 | 30.0 | 15.5 | 0 | 0 | 0 | 0 | 25.0 | 0 |
| 玉米秸粉 | 7.0 | 0 | 0 | 0 | 0 | 0 | 0 | 0 | 29.4 | 0 | 0 | 0 |
| 苜蓿草粉 | 0 | 10.4 | 0 | 15.0 | 15.0 | 15.0 | 38.0 | 15.5 | 0 | 0 | 12.0 | 0 |
| 青干草 | 0 | 0 | 0 | 0 | 0 | 0 | 0 | 18.3 | 0 | 0 | 0 | 29.4 |
| 洋槐叶粉 | 0 | 0 | 0 | 0 | 0 | 0 | 10.0 | 0 | 12.0 | 13.5 | 0 | 10.0 |
| 大豆秸粉 | 0 | 0 | 6.5 | 16.0 | 0 | 0 | 0 | 0 | 0 | 19.7 | 0 | 0 |
| 磷酸氢钙 | 0 | 0 | 0 | 1.0 | 0.7 | 0.7 | 1.0 | 1.0 | 1.4 | 1.6 | 0.5 | 1.5 |
| 食盐 | 0.5 | 0.5 | 0.5 | 0.5 | 0.5 | 0.5 | 0.5 | 0.5 | 0.5 | 0.5 | 0.5 | 0.5 |
| 预混剂 | 1.7 | 1.9 | 1.7 | 1.7 | 1.7 | 1.7 | 1.7 | 1.7 | 1.7 | 1.7 | 1.7 | 1.7 |
| 合计 | 100 | 100 | 100 | 100 | 100 | 100 | 100 | 100 | 100 | 100 | 100 | 100 |

表 4-23　生长兔饲料配方（二）

| 组成/% | 1 | 2 | 3 | 4 | 5 | 6 | 7 | 8 | 9 | 10 | 11 | 12 |
|---|---|---|---|---|---|---|---|---|---|---|---|---|
| 玉米 | 20.0 | 22.0 | 20.0 | 20.0 | 22.0 | 22.0 | 22.5 | 25.0 | 22.0 | 23.0 | 20.0 | 22.0 |
| 豆粕 | 13.0 | 12.4 | 10.6 | 10.0 | 11.0 | 12.0 | 13.0 | 12.0 | 14.0 | 13.0 | 8.0 | 8.3 |
| 花生饼 | 9.0 | 5.0 | 6.1 | 4.0 | 0 | 0 | 0 | 0 | 0 | 0 | 6.0 | 8.0 |
| 棉籽饼 | 5.0 | 7.0 | 5.0 | 5.0 | 5.0 | 5.0 | 5.0 | 5.0 | 5.0 | 5.0 | 5.0 | 5.0 |
| 菜籽饼 | 0 | 0 | 0 | 0 | 3.0 | 3.0 | 3.0 | 3.30 | 4.0 | 3.0 | 0 | 0 |
| 小麦麸 | 13.3 | 14.0 | 8.7 | 21.3 | 13.0 | 10.30 | 15.0 | 10.0 | 15.3 | 3.30 | 8.3 | 18.0 |
| 花生秧 | 20.0 | 25.0 | 32.0 | 25.0 | 17.2 | 25.0 | 15.2 | 15.0 | 0 | 25.0 | 10.0 | 25.0 |
| 酒糟 | 0 | 0 | 0 | 0 | 11.0 | 20.0 | 0 | 0 | 0 | 5.0 | 0 | 0 |
| 玉米秸粉 | 17.0 | 0 | 0 | 0 | 0 | 0 | 0 | 0 | 0 | 5.0 | 0 | 0 |
| 苜蓿草粉 | 0 | 0 | 0 | 12.0 | 15.0 | 0 | 0 | 27.0 | 20.0 | 10.0 | 5.0 | 0 |
| 甘薯藤粉 | 0 | 12.0 | 0 | 0 | 0 | 0 | 10.0 | 0 | 0 | 5.0 | 0 | 0 |
| 洋槐叶粉 | 0 | 0 | 15.0 | 0 | 0 | 0 | 13.5 | 0 | 0 | 0 | 20.0 | 0 |
| 大豆秸粉 | 0 | 0 | 0 | 0 | 0 | 0 | 0 | 0 | 17.0 | 0 | 15.0 | 11.0 |
| 磷酸氢钙 | 0.50 | 0.40 | 0.40 | 0.5 | 0.6 | 0.5 | 0.6 | 0.5 | 0.50 | 0.5 | 0.5 | 0.5 |
| 食盐 | 0.5 | 0.5 | 0.50 | 0.5 | 0.5 | 0.5 | 0.5 | 0.5 | 0.50 | 0.5 | 0.5 | 0.5 |
| 预混剂 | 1.7 | 1.7 | 1.7 | 1.7 | 1.7 | 1.7 | 1.70 | 1.70 | 1.7 | 1.7 | 1.7 | 1.7 |
| 合计 | 100 | 100 | 100 | 100 | 100 | 100 | 100 | 100 | 100 | 100 | 100 | 100 |

## 二、妊娠母兔的饲料配方

见表 4-24、表 4-25。

表 4-24　妊娠母兔饲料配方（一）

| 组成/% | 1 | 2 | 3 | 4 | 5 | 6 | 7 | 8 | 9 | 10 | 11 | 12 |
|---|---|---|---|---|---|---|---|---|---|---|---|---|
| 玉米 | 22.0 | 35.0 | 21.8 | 23.0 | 24.4 | 22.0 | 22.0 | 25.0 | 25.0 | 26.0 | 23.0 | 27.0 |
| 豆粕 | 11.0 | 11.0 | 8.0 | 10.0 | 8.0 | 8.0 | 10.0 | 13.0 | 10.0 | 8.0 | 8.0 | 10.0 |
| 花生饼 | 4.0 | 4.0 | 4.0 | 4.0 | 4.0 | 4.0 | 4.0 | 4.0 | 0 | 0 | 5.0 | 0 |
| 菜籽饼 | 4.0 | 4.0 | 4.0 | 4.0 | 4.0 | 4.0 | 4.0 | 4.0 | 5.0 | 4.0 | 3.80 | 4.0 |
| 棉籽饼 | 0 | 0 | 0 | 0 | 0 | 0 | 0 | 0 | 5.0 | 4.0 | 3.0 | 4.0 |

续表

| 组成/% | 1 | 2 | 3 | 4 | 5 | 6 | 7 | 8 | 9 | 10 | 11 | 12 |
|---|---|---|---|---|---|---|---|---|---|---|---|---|
| 小麦麸 | 17.2 | 4.0 | 11.0 | 10.0 | 18.4 | 7.8 | 7.8 | 7.3 | 8.3 | 8.5 | 12.0 | 7.1 |
| 花生秧 | 10.0 | 20.0 | 21.0 | 0 | 0 | 20.0 | 0 | 0 | 25.0 | 20.0 | 0 | 0 |
| 玉米秸粉 | 0 | 20.0 | 0 | 0 | 0 | 3.0 | 0 | 32.0 | 20.0 | 0 | 0 | 0 |
| 苜蓿草粉 | 0 | 0 | 10.0 | 10.0 | 12.0 | 12.0 | 0 | 0 | 0 | 0 | 20.0 | 15.0 |
| 青干草 | 0 | 0 | 18.0 | 0 | 0 | 17.0 | 18.0 | 0 | 0 | 18.0 | 0 | 20.0 |
| 洋槐叶粉 | 0 | 0 | 0 | 0 | 0 | 0 | 12.0 | 12.0 | 0 | 10.0 | 0 | 0 |
| 大豆秸粉 | 0 | 0 | 0 | 27.0 | 0 | 0 | 0 | 0 | 0 | 0 | 23.0 | 0 |
| 甘薯藤粉 | 30.0 | 0 | 0 | 37.0 | 0 | 0 | 20.0 | 0 | 0 | 0 | 0 | 11.0 |
| 磷酸氢钙 | 0.60 | 0.80 | 1.0 | 0.80 | 1.0 | 1.0 | 1.0 | 1.5 | 0.5 | 0.3 | 1.0 | 0.7 |
| 食盐 | 0.5 | 0.50 | 0.5 | 0.50 | 0.5 | 0.5 | 0.50 | 0.50 | 0.5 | 0.5 | 0.5 | 0.5 |
| 预混剂 | 0.7 | 0.7 | 0.7 | 0.7 | 0.7 | 0.7 | 0.70 | 0.7 | 0.7 | 0.7 | 0.7 | 0.7 |
| 合计 | 100 | 100 | 100 | 100 | 100 | 100 | 100 | 100 | 100 | 100 | 100 | 100 |

**表 4-25 妊娠母兔饲料配方（二）**

| 组成/% | 1 | 2 | 3 | 4 | 5 | 6 | 7 | 8 | 9 | 10 | 11 | 12 |
|---|---|---|---|---|---|---|---|---|---|---|---|---|
| 小麦 | 0 | 0 | 0 | 0 | 0 | 23.80 | 20.0 | 25.0 | 20.0 | 25.0 | 20.0 | 20.0 |
| 玉米 | 26.0 | 20.0 | 20.0 | 23.0 | 20.0 | 0 | 0 | 0 | 0 | 0 | 0 | 0 |
| 豆粕 | | 3.0 | 3.0 | 3.0 | 4.8 | 7.0 | 5.0 | 5.0 | 5.0 | 5.0 | 5.0 | 5.0 |
| 芝麻饼 | 0 | 4.0 | 4.0 | 4.0 | 4.0 | 0 | 0 | 0 | 0 | 0 | 0 | 0 |
| 菜籽饼 | 4.0 | 0 | 0 | 0 | 0 | 4.0 | 4.0 | 4.0 | 4.0 | 4.0 | 4.0 | 3.0 |
| 棉籽饼 | 4.0 | 0 | 0 | 0 | 0 | 4.0 | 4.0 | 3.0 | 4.0 | 3.0 | 3.0 | 3.0 |
| 小麦麸 | 14.8 | 8.0 | 9.3 | 9.8 | 9.0 | 12.0 | 10.3 | 12.8 | 15.3 | 9.3 | 5.3 | 9.8 |
| 米糠 | 0 | 0 | 0 | 0 | 0 | 10.0 | 10.0 | 8.0 | 8.0 | 10.0 | 10.0 | 10.0 |
| 酒糟 | 20.0 | 0 | 0 | 0 | 0 | 0 | 0 | 0 | 0 | 0 | 0 | 18.0 |
| 麦芽根 | 0 | 20.0 | 15.0 | 25.0 | 15.0 | 25.0 | 0 | 0 | 0 | 0 | 0 | 0 |
| 花生秧 | 20.0 | 0 | 0 | 0 | 5 | 13.0 | 0 | 0 | 0 | 0 | 8 | 25.0 |
| 玉米秸粉 | 0 | 0 | 0 | 23.0 | 0 | 0 | 0 | 0 | 0 | 0 | 0 | 0 |
| 苜蓿草粉 | 0 | 20.0 | 0 | 0 | 5.0 | 0 | 20.0 | 20.0 | 20.0 | 0 | 10 | 5.0 |

| 组成/% | 1 | 2 | 3 | 4 | 5 | 6 | 7 | 8 | 9 | 10 | 11 | 12 |
|---|---|---|---|---|---|---|---|---|---|---|---|---|
| 青干草 | 0 | 0 | 14.0 | 0 | 20.0 | 0 | 0 | 0 | 12.0 | 0 | 18.0 | 0 |
| 洋槐叶粉 | 0 | 0 | 18.0 | 10.0 | 15.0 | 0 | 0 | 0 | 0 | 15.0 | 14.0 | 0 |
| 大豆秸粉 | 10.0 | 0 | 0 | 0 | 0 | 0 | 0 | 20.0 | 0 | 26.0 | 0 | 0 |
| 甘薯藤粉 | 0 | 23.5 | 15.0 | 0 | 0 | 0 | 25.0 | 0 | 15.0 | 0 | 0 | 0 |
| 磷酸氢钙 | 0 | 0.30 | 0.5 | 1.0 | 1.0 | 0 | 0.5 | 1.0 | 0.5 | 1.50 | 1.5 | 0 |
| 食盐 | 0.5 | 0.50 | 0.5 | 0.5 | 0.5 | 0.5 | 0.5 | 0.5 | 0.5 | 0.50 | 0.5 | 0.5 |
| 预混剂 | 0.7 | 0.70 | 0.7 | 0.7 | 0.7 | 0.7 | 0.7 | 0.7 | 0.7 | 0.7 | 0.7 | 0.7 |
| 合计 | 100 | 100 | 100 | 100 | 100 | 100 | 100 | 100 | 100 | 100 | 100 | 100 |

## 三、泌乳母兔的饲料配方

见表 4-26、表 4-27。

表 4-26　泌乳母兔饲料配方（一）

| 组成/% | 1 | 2 | 3 | 4 | 5 | 6 | 7 | 8 | 9 | 10 | 11 | 12 |
|---|---|---|---|---|---|---|---|---|---|---|---|---|
| 小麦 | 20.0 | 20.0 | 23.0 | 20.0 | 20.0 | 20.0 | 0 | 0 | 0 | 0 | 0 | 0 |
| 玉米 | 0 | 0 | 0 | 0 | 0 | 0 | 20.0 | 23.0 | 22.5 | 25.0 | 21.0 | 20.0 |
| 豆粕 | 13.5 | 10.0 | 16.0 | 9.0 | 10.8 | 14.0 | 10.0 | 18.0 | 14.0 | 16.0 | 15.0 | 12.0 |
| 菜籽饼 | 3.0 | 4.0 | 4.0 | 3.0 | 3.0 | 4.5 | 4.0 | 4.0 | 4.0 | 4.0 | 4.0 | 4.0 |
| 棉籽饼 | 3.0 | 3.0 | 4.0 | 3.0 | 3.0 | 4.5 | 5.0 | 5.0 | 4.0 | 4.0 | 3.0 | 3.0 |
| 小麦麸 | 8.0 | 5.3 | 3.30 | 3.0 | 7.0 | 5.3 | 18.2 | 5.80 | 6.0 | 13.8 | 16.0 | 16.0 |
| 米糠 | 0 | 8.0 | 7.0 | 5.0 | 6.0 | 8.0 | 0 | 0 | 0 | 0 | 0 | 0 |
| 酒糟 | 15.0 | 0 | 0 | 0 | 0 | 0 | 12.0 | 0 | 0 | 0 | 0 | 0 |
| 麦芽根 | 0 | 17.0 | 0 | 0 | 0 | 0 | 0 | 0 | 0 | 0 | 0 | 0 |
| 花生秧 | 25.0 | 0 | 0 | 28.0 | 22.0 | 24.0 | 29.0 | 0 | 0 | 0 | 9.0 | 18.0 |
| 玉米秸粉 | 0 | 0 | 30.0 | 0 | 0 | 18.0 | 0 | 27.0 | 0 | 0 | 0 | 0 |
| 苜蓿草粉 | 10.0 | 0 | 0 | 0 | 15.0 | 0 | 0 | 0 | 15.0 | 15.0 | 10.0 | 0 |
| 青干草 | 0 | 0 | 0 | 0 | 12.0 | 0 | 0 | 0 | 10.0 | 0 | 20.0 | 0 |
| 洋槐叶粉 | 0 | 15.0 | 10.0 | 12.0 | 0 | 0 | 0 | 15.0 | 0 | 0 | 0 | 0 |

续表

| 组成/% | 1 | 2 | 3 | 4 | 5 | 6 | 7 | 8 | 9 | 10 | 11 | 12 |
|---|---|---|---|---|---|---|---|---|---|---|---|---|
| 大豆秸粉 | 0 | 15.0 | 0 | 0 | 0 | 0 | 0 | 0 | 0 | 20.0 | 0 | 0 |
| 大麦皮 | 0 | 0 | 0 | 15.0 | 0 | 0 | 0 | 0 | 22.0 | 0 | 0 | 25.0 |
| 磷酸氢钙 | 1.30 | 1.5 | 1.5 | 0.8 | 0 | 0.5 | 0 | 1.0 | 1.3 | 1.0 | 0.8 | 0.8 |
| 食盐 | 0.50 | 0.5 | 0.5 | 0.5 | 0.5 | 0.5 | 0.5 | 0.5 | 0.5 | 0.5 | 0.5 | 0.5 |
| 预混剂 | 0.7 | 0.7 | 0.7 | 0.7 | 0.7 | 0.7 | 0.7 | 0.7 | 0.7 | 0.7 | 0.7 | 0.7 |
| 合计 | 100 | 100 | 100 | 100 | 100 | 100 | 100 | 100 | 100 | 100 | 100 | 100 |

**表 4-27　泌乳母兔饲料配方（二）**

| 组成/% | 1 | 2 | 3 | 4 | 5 | 6 | 7 | 8 | 9 | 10 | 11 | 12 |
|---|---|---|---|---|---|---|---|---|---|---|---|---|
| 玉米 | 22.0 | 20.0 | 22.8 | 20.0 | 20.0 | 21.0 | 20.0 | 25.8 | 20.0 | 23.0 | 22.5 | 26.0 |
| 豆粕 | 7.0 | 5.0 | 16.0 | 9.0 | 12.0 | 8.0 | 15.0 | 18.0 | 15.0 | 18.0 | 9.0 | 10.0 |
| 花生仁饼 | 8.00 | 10.0 | 4.0 | 5.0 | 3.0 | 8.0 | 0 | 0 | 0 | 0 | 0 | 0 |
| 菜籽饼 | 4.0 | 4.0 | 4.0 | 4.0 | 4.0 | 4.0 | 4.0 | 4.0 | 4.0 | 4.0 | 0 | 0 |
| 芝麻饼 | 0 | 0 | 0 | 0 | 0 | 0 | 3.0 | 3.0 | 4.0 | 5.0 | 5.0 | 5.0 |
| 棉籽饼 | 0 | 0 | 0 | 0 | 0 | 0 | 0 | 0 | 0 | 0 | 0 | 0 |
| 小麦麸 | 23.0 | 23.8 | 12.0 | 13.8 | 9.8 | 9.8 | 22.2 | 10.0 | 16.0 | 5.8 | 9.0 | 5.8 |
| 酒糟 | 0 | 0 | 0 | 0 | 0 | 31.0 | 0 | 0 | 0 | 0 | 0 | 0 |
| 麦芽根 | 0 | 0 | 0 | 0 | 0 | 0 | 0 | 0 | 0 | 0 | 8.0 | 12.0 |
| 花生秧 | 26.8 | 32.0 | 0 | 31.0 | 0 | 17.0 | 11.0 | 28.0 | 9.0 | 0 | 20.0 | 0 |
| 玉米秸粉 | 0 | 0 | 0 | 0 | 0 | 0 | 10.0 | 0 | 27.0 | 0 | 0 | 0 |
| 苜蓿草粉 | 0 | 0 | 12.0 | 10.0 | 35.0 | 0 | 0 | 0 | 10.0 | 0 | 15.0 | 0 |
| 青干草 | 0 | 0 | 0 | 6.0 | 0 | 0 | 0 | 0 | 20.0 | 0 | 10.0 | 15.0 |
| 洋槐叶粉 | 0 | 0 | 0 | 0 | 0 | 0 | 0 | 0 | 0 | 15.0 | 0 | 10.0 |
| 大豆秸粉 | 0 | 4.0 | 0 | 0 | 15.0 | 0 | 0 | 0 | 0 | 0 | 0 | 0 |
| 甘薯藤粉 | 8.0 | 0 | 28.0 | 0 | 0 | 0 | 23.0 | 0 | 0 | 0 | 0 | 14.0 |
| 磷酸氢钙 | 0 | 0 | 0 | 0 | 0 | 0 | 0.60 | 0 | 0 | 0.8 | 1.0 | 0.3 | 1.0 |
| 食盐 | 0.5 | 0.50 | 0.5 | 0.5 | 0.5 | 0.5 | 0.50 | 0.5 | 0.5 | 0.5 | 0.5 | 0.5 |
| 预混剂 | 0.7 | 0.7 | 0.7 | 0.7 | 0.7 | 0.7 | 0.7 | 0.7 | 0.7 | 0.7 | 0.7 | 0.7 |
| 合计 | 100 | 100 | 100 | 100 | 100 | 100 | 100 | 100 | 100 | 100 | 100 | 100 |

<<<<

# 兔的饲养管理

　　兔具有耐寒怕热、胆小怕惊、昼伏夜行、喜欢干燥洁净环境等特点，根据这些特点，提供适宜的环境（如温湿度适宜、安静和卫生等），多种饲料科学搭配以及重视青饲料的供给，并根据兔的不同种类和阶段采取不同的饲喂程序和饲养方法，保证营养和饮水的充足供给，增强兔抵抗力，促进生产性能的充分发挥。

# 第一节　兔的生活习性及一般饲养管理要求

## 一、生活习性

### （一）耐寒怕热

　　兔的正常体温一般为 38.5～39.5℃，昼夜间由于环境温度的变化，体温有时相差 1℃左右，这与其体温调节能力差有关。兔最适宜的环境温度为 15～25℃（临界温度为 5℃和 30℃）。也就是说，在 15～25℃的环境中，其自身生命活动所产生的热量即可满足维持正常体温的需要，不需另外消耗自身营养，此时兔感到最为舒适，生产性能最高。

　　兔被毛浓密，汗腺退化，呼吸散热是其主要体温调节方式。但其胸腔比例较小，肺不发达，在炎热气候条件下，仅仅靠呼吸很难维持体温恒定。在高温环境下，兔的呼吸、心跳加快，采食减少，生长缓慢，繁殖率急剧下降。在我国南方一些地区出现"夏季不育"的现象，就是由于夏季高温使公兔睾丸生精上皮变性，暂时失去了产生精子的能力。而这种功能的恢复一般是 45~60 天，如果热应激强度过大，恢复的时间更长，特别严重时，将不可逆转。生产中还可发现，如果夏季通风降温不良，有可能发生兔中暑死亡现象，尤以妊娠后期的母兔严重。

相对于高温，低温对兔的危害要轻得多。在一定程度的低温环境下，兔可以通过增加采食量和动员体内营养物质的分解来维持生命活动和正常体温，所以，兔较耐寒冷而惧怕炎热。但冬季低温环境也会造成生长发育缓慢和繁殖率下降，饲料报酬降低，经济效益下降。

獭兔是毛皮动物，毛皮质量与气候有关。低温有助于刺激被毛生长，在相同的营养条件下，适当的低温兔毛生长快。所以，我国长江以北地区，特别是三北地区（东北、西北和华北）饲养的獭兔，生产的皮张质量要好于长江以南地区，冬季的皮张要好于夏季。因此，可在毛兔产毛期，如商品獭兔出栏前和种兔淘汰前，提供适宜的低温环境，以提高皮毛质量。

特别需要指出，虽然大兔惧怕炎热而较耐寒冷，但出生后的小兔惧怕寒冷而需要较高的温度（出生后最佳温度是 33℃左右），随着日龄的增加体温调节能力逐渐增强。提高环境温度是提高仔兔成活率的关键。

温度是兔的最重要环境因素之一，提高兔的生产性能必须重视这一因素。尤其是兔舍设计时就应充分考虑这些问题，给兔提供最理想的环境条件，做到夏防暑、冬防寒。

（二）胆小怕惊

兔胆小怕惊，如动物（狗、猫、鼠、鸡、鸟等）的闯入、闪电的掠过、陌生人的接近、突然的噪声（如鞭炮的爆炸声、雨天的雷声、动物的狂叫声、物体的撞击声、人们的喧哗声）等，都会使兔群发生惊场现象。兔精神高度紧张，在笼内狂奔乱窜，呼吸急促，心跳加快。如果这种应激强度过大，不能很快恢复正常的生理活动，将产生严重后果：妊娠母兔发生流产、早产；分娩母兔停产、难产、死产；哺乳母兔拒绝哺喂仔兔，泌乳量急剧下降，甚至将仔兔咬死、踏死或吃掉；幼兔出现消化不良、腹泻、胀肚，并影响生长发育，也容易诱发其他疾病。故有"一次惊场，三天不长"之说，国内外也曾有肉兔在火车鸣笛、燃放鞭炮后暴死的报道。因此，在建兔场时应远离噪声源，谢绝参观，防止动物闯入，逢年过节不放鞭炮。在日常管理中动作要轻，经常保持环境的安静与稳定。饲养管理要定人、定时，严格遵守作息时间。

（三）昼伏夜行

兔白天善于休息、夜间喜欢活动，也称其为夜行性。这种习性的形成与野生穴兔在野外生活的环境有关。野生兔体格弱小，没有任何侵袭其他动物的能力，也没有反击其他动物侵袭的工具和本领。为了生存繁衍，被迫白天穴居于洞中，不敢外出，而在夜间外出活动与觅食，久而久之，形成了昼伏夜行的习性。尽管野生穴兔驯化已有上千年的历史，但昼伏夜行的习性至今仍然不同程度地保留。兔白天多安静休息，除采食和饮水外，常常爬卧在笼子里，眼睛半睁半闭地睡眠或休息。当太阳落山之后，兔开始兴奋，活动增加，采食和饮水欲望增强。据测定，在自由采食的情况下，兔在夜间的采食量和饮水量占全天的 70% 左右。根据生产经验，兔在夜间配种受胎率和产仔数也高于白天。尤其是在天气炎热的夏季和昼短夜长的冬季，这种现象更加突出。根据兔的这一习性，应当合理地安排饲养管理日程，白天让兔安静休息，晚上提供足够的饲草和饲料，并保证饮水。

（四）喜干怕潮

干燥有利于兔健康，潮湿容易诱发多种疾病。兔对疾病的抵抗力较低，潮湿的环境利于各种细菌、真菌及寄生虫滋生繁衍，易使兔感染疾病，特别是疥癣病、皮肤真菌病、肠炎和幼兔的球虫病，给兔场造成极大的损失。生产中发现，有的兔场种兔的脚皮炎比较严重，这除了与兔的品种（大型品种易发此病）、笼底板质量等有关外，笼具潮湿是主要的诱发因素。当笼具潮湿时，兔的脚毛吸收水分而容易脱落，失去保护脚部皮肤的作用。后肢是兔体重的主要支撑点和受力部位，如果没有脚毛的保护，皮肤在坚硬的踏板上摩擦，形成厚厚的脚垫形脚皮炎；当受到外力伤及皮肤（如接触到钉头毛刺等物）而受到外伤，没有感染时，会形成疤痕形脚皮炎；当外伤感染病原菌之后，皮肤破溃，产生脓肿，而形成溃疡形脚皮炎；种兔一旦发生溃疡型脚皮炎，基本上失去了种用价值。生产中发现，如果将一块木板或砖块放入兔笼内，兔将很快爬卧在木板或砖块上。这是由于兔善于选择地势较高的地方，即在干燥的环境下生活。根据兔的这一特性，在建造兔舍时应选择地势高燥的地方，禁止在低洼处建筑兔场。平时保持兔舍干燥，减少无谓的水分产生。尽量减少粪尿沟内粪尿的堆积，减少水分的蒸发面积，保持常年适宜的通风条件，以降低兔舍湿度。

**（五）喜洁怕污**

污浊的环境使兔感到不爽，容易发生疾病。污浊的环境包括空气污浊、笼具污浊、饲料和饮水污染等。空气污浊是指兔舍内通风不良，有害气体（主要指氨气、硫化氢和二氧化碳等）含量增加时，氧气分压降低，有害气体就会对兔的上皮黏膜产生刺激，容易发生眼结膜炎、传染性鼻炎等；当患有传染性鼻炎，加之氧分压降低，会加重呼吸系统负担，容易诱发肺炎。因此说，发病率很高的传染性鼻炎的主要诱发因素是兔舍有害气体浓度超标。

笼具污浊主要指踏板的污浊和产箱不卫生。踏板是兔的直接生活环境，基本上每时每刻都与踏板接触。当踏板表面沾满粪尿时，容易导致兔的脚皮炎和肠炎。生产中发现，越是发生肠炎的兔笼越是粪尿污染严重，越是粪尿污染严重的兔笼越容易发生肠炎，形成恶性循环；当踏板污染后，母兔爬卧在踏板上，污浊的踏板使母兔乳房上沾满了病原微生物。当其哺喂仔兔后，很容易使仔兔发生大肠杆菌性肠炎而大批死亡；产箱不卫生来自垫草被污染和产箱表面污浊。这对仔兔成活率产生很大的影响，也容易造成母兔乳房的炎症。

饲料和饮水污染是造成兔消化道疾病的主要因素。饲料污染在饲料原料生产、饲料加工、运输和饲喂的每个环节，特别是被老鼠、麻雀、狗和猫粪便的污染，会导致消化道疾病的发生；饮水污染一方面是水源的污染、一方面是饮水在兔舍内饮水系统的污染，如自动饮水器塑料输水管道长苔、开放式饮水器被粪尿污染等。欲养好兔，必保洁净，这是养兔的基本常识。

**（六）三敏一钝**

兔嗅觉、味觉、听觉发达，视觉较差，故称"三敏一钝"。

兔鼻腔黏膜内分布有很多味觉感受器，通过鼻子可分辨不同的气味，辨别异己、性别。比如，母兔在发情时阴道释放出一种特殊气味，可被公兔特异性地接受，刺激公兔产生性欲。当把一只母兔放到公兔笼子内时，公兔并不是通过视觉识别，而是通过鼻闻识别。如果一只发情的母兔与一只公兔交配后马上放到另一只公兔笼子里，这只公兔不是立即去交配，而是去攻击这只母兔。因为这只母兔带有另一只公兔的气味，使这只公兔误认是公兔进入它的领地。母兔识别自己的仔兔也是通过鼻子闻出来的。当寄养仔兔时，应尽量避免被保姆兔识别出来。可通过让两部分小兔的充分混合，气味相投，混淆母兔的嗅觉，或在被寄养的仔兔身上涂上这只母兔尿液，母兔就误认为这是它的孩子而不虐待被寄养的仔兔。

在兔的舌面布满了味觉感受器——味蕾，不同的区域分工明确，辨别不同的味道。一般来说，在舌头的尖部分布大量的感受甜味的味蕾，而在舌根部则布满了感受苦味的感受器。因而，使兔的舌头很灵敏，对于饲料味道的辨别力很强。在野生条件下，兔子有根据自身喜好选择饲料的能力，而这种能力主要是通过位于舌头上的味蕾实现的。兔子对于酸、甜、苦、辣、咸等不同的味道有不同的反应。实践证明，兔子爱吃具有甜味的草和苦味的植物性饲料，不爱吃带有腥味的动物性饲料和具有不良气味（如发霉变质的、酸臭味）的东西。在平时如果添加了它们不喜爱的饲料，有可能造成拒食或扒食现象。国外为了增加兔的采食量和便于颗粒饲料的成型，往往在饲料中添加适量蜂蜜或糖浆。如果在饲料中加入鱼粉等具有较浓腥味的饲料，兔子不爱吃，有时拒食。对于必须添加的而且兔不爱吃的饲料，应该由少到多逐渐增加，充分拌匀，必要时可加入一定的调味剂（如甜味剂）。

兔的耳朵对于声音反应灵敏。兔子具有一对长而高举的耳朵，酷似一对声波收集器，可以向声音发出的方向转动，以判断声波的强弱、远近。野生条件下穴兔靠着灵敏的耳朵来掌握"敌情"。公羊兔两耳长大下垂，封盖了耳穴，对外界反应迟钝，对声音失去灵敏性，看似胆大。耳朵灵敏对于野生条件下兔子的生存是有利的，但是过于灵敏对于日常的饲养管理带来一定的困难，需要时刻注意，防止噪声对兔子的干扰。同时可以利用这一特点，通过饲养人员和兔子的长期接触、"对话"，使它们与饲养人员之间建立"感情"，通过特殊的声音训练，建立采食、饮水等条件反射。据报道，在兔舍内播放轻音乐，可使兔采食增加，消化液分泌增强，母兔性情温顺，泌乳量提高。

兔的眼睛对于光的反应较差。兔的两个眼睛长在脸颊的两侧，外凸的眼球，使它不转头便可看到两侧和后面的物体。也就是说，兔的视野很广。但由于鼻梁的阻隔，其看不到鼻子下面的物体，即所谓的"鼻下黑"。兔对于不同的颜色分辨力较差，距离判断不明，母兔分辨仔兔是否为自己的孩子，不是通过眼看而是依赖鼻闻，同样，对于饲槽内的饲料好坏的判断不是通过眼睛而是通过鼻子和舌头。

了解兔"三敏一钝"的习性，利用其优点，避免其缺点，挖掘其遗传潜力，提高饲养效果。

### （七）同性好斗

小兔喜欢群居，这是由于小兔胆小，群居条件下相互依靠，具有壮胆作用。但是随着月龄的增大，群居性越来越差。特别是性成熟后的公兔，在群养条件下经常发生咬斗现象。这是生物界"物竞天择，适者生存"的体现。为了获得繁殖后代的机会，雄性公兔就需要在与其他公兔的竞争中处于有利地位，奋力战胜自己的"情敌"。母兔性情较温和，很少发生激烈的咬斗现象。兔有领域行为，即在笼具利用上先入为主，一旦其他兔进入，有被驱逐出境的现象。根据兔的这些特点，在饲养管理中需引起注意，性成熟后的公兔要单笼饲养，不留种的公兔一般去势，以便群养，提高饲养密度和设备的利用率。母兔在非妊娠期和非泌乳期可两个或多个养在同一笼内，但在妊娠后期和泌乳期一定要单笼饲养，防止互相干扰而造成不良后果。

### （八）穴居性

穴居性是指兔具有打洞穴居，并且在洞内产仔育仔的本能行为。尽管兔经过长期的人工选育和培育，并在人工笼具内饲养，远离地面，但只要不进行人为限制，兔一旦接触地面，打洞的习性立即恢复，尤以妊娠后期的母兔为甚，并在洞内理巢产仔。穴居性是兔长期进化过程中逐渐形成的习性特点。野生条件下，兔的敌害很多，而自身的防御能力有限。为了生存，必须具备防御或躲避敌害的能力。因此，逐渐形成了在地下打洞生活繁衍的习性。研究表明，地下洞穴具有光线暗淡、环境安静、温度稳定、干扰少等优点，适合兔的生物学特性。母兔在地下洞穴产仔，其母性增强，仔兔成活率提高。因此，在笼养条件下，要为繁殖母兔尽可能地模拟洞穴环境做好产仔箱，并置于最安静和干扰少的地方。但是，地下洞穴具有潮湿、通风不良、管理不便、卫生条件难以控制和占用面积较多，不适于规模化养殖等缺点。在建造兔舍和选择饲养方式时，还必须考虑到兔的这一习性，以免由于选择的建筑材料不合适，或者兔场设计考虑不周到，使兔在舍内乱打洞穴，造成无法管理的被动局面。小规模家庭养兔，可考虑地下洞穴和地上笼养相结合的方式，以充分利用二者的优势。

（九）啮齿性

兔的第一对门齿是恒齿，出生时就有，永不脱换，而且不断生长。如果处于完全生长状态，上颌门齿每年生长约10厘米，下颌门齿每年生长约12.5厘米。由于其不断生长，兔必须借助采食和啃咬硬物不断磨损，才能保持其上下门齿的正常咬合。这种借助啃咬硬物磨牙的习性，称为啮齿行为。在生产中经常发现兔啃咬笼具的现象，其主要原因是牙齿得不到应有的磨损，牙齿过度生长的缘故。避免发生兔啃咬笼具，关键是保证饲料中有一定的粗纤维含量，不要把粗饲料磨得过细。以颗粒饲料的形式提供是最佳方案。由于颗粒饲料有一定的硬度，可以帮助磨损牙齿。也可在笼内投放一些树枝类的东西，既可以提供营养，也可以预防啃咬笼具。此外，在修建兔笼时，要注意材料的选择，尽量使用兔不能啃咬的材料；同时尽量做到笼内平整，不留棱角，使兔无法啃咬，以延长兔笼的使用年限。由于兔门齿终身生长，如果上下门齿咬合不佳，得不到相互磨损，就会出现门齿过长，甚至弯曲等现象，导致兔不能采食。

## 二、一般饲养管理要求

（一）饲养要求

### 1. 保证营养并重视青粗饲料

兔体小而代谢旺盛，生长发育快，繁殖率高，需要提供充足而全价的营养。养兔要以青粗饲料为主，精料为辅，但是应根据不同生产类型和不同生理阶段去灵活掌握，如獭兔对营养的要求高于肉兔，肉兔对低水平营养饲料的耐受性较强，特别是我国本地品种及大型肉兔品种较耐粗饲，提供过高的营养效果往往不甚理想。而低营养水平的日粮不仅造成獭兔生长速度降低，而且使被毛品质下降，生产中，仅靠青草和粗饲料是养不好獭兔的。

兔的发达的盲肠有利用粗纤维的微生物区系及其环境条件，如果饲料中缺乏粗纤维或粗纤维含量不足，淀粉、蛋白质等其他营养物质含量较高，一些非纤维的营养物质进入盲肠，为大肠杆菌、魏氏梭菌等一些有害微生物的活动创造良好条件，将打破盲肠内的微生物平衡，有害微生物大量繁殖，产生毒素而发生肠炎。青粗饲料是粗纤维的主要来源，饲粮中含一定比例的青粗饲料，一方面满足兔的消化生理需要，另一方面能降低养兔成本。因此，在保证兔营养需要的前提下，尽量饲喂较多的青粗饲料。

**2. 多种饲料科学搭配**

不同种类的饲料其营养成分种类和含量不同，经济价值不同。实际生产中，没有任何一种饲料能满足兔的营养需要，需要将多种不同的饲料科学搭配，相互取长补短，既可满足兔的需要，又能最大限度地发挥不同的饲料的效能。比如，一般禾本科籽实含蛋氨酸较多，而含赖氨酸和色氨酸较少；豆科籽实含色氨酸较多，而蛋氨酸较少。因此，在配制兔日粮时，将禾本科和豆科饲料合理搭配，其效果要优于两种饲料单独使用。生产中应注意饲料的配伍问题，做到精粗搭配，青干配合，品种多样，营养互补。正如农民所说："兔要好，百样草"、"花草花料，活蹦乱跳，单一饲料，多吃少膘"。

选择和配制饲料要注意饲料的品质。如饲料的霉变，饲料原料发霉变质，特别是粗饲料（如甘薯秧、花生秧、花生皮）由于含水量超标在贮存过程中发霉变质以及颗粒饲料在加工过程中由于加水过多没有及时干燥而发霉；带露水的草、被粪尿污染的草（料）、喷过农药的草、路边草（公路边的草往往被汽车尾气中的有毒物质污染，小公路边的草往往被牧羊粪尿污染）、有毒草（本身具有毒性或经过一系列变化而具有一定毒性的草或料，如黑斑甘薯和发芽马铃薯等）、堆积草（青草刈割之后没有及时饲喂或晾晒而堆积发热，大量的硝酸盐在细菌的作用下被还原为剧毒的亚硝酸盐）、冰冻料、沉积料（饲料槽内多日没有吃净的料沉积在料槽底部，很容易受潮而变质）、尖刺草（带有硬刺的草或树枝叶容易刺破兔子口腔而发炎）、影响其他营养物质消化吸收的饲料（如菠菜、牛皮菜等含有较多的草酸盐，影响钙的吸收利用）等都会引起兔的发病和死亡。限量饲喂有一定毒性的饲料（如棉籽饼、菜籽饼等），科学处理含有有害生物物质的饲料

（如生豆饼或豆腐渣等含有胰蛋白酶抑制因子，应高温灭活后饲喂），规范饲料配合和混合搅拌程序，特别是使那些微量成分均匀分布，预防由于混合不匀造成严重后果。

**3. 因地制宜地科学饲喂**

饲料形态和兔的生理状态不同，饲喂方法也就不同。如粉料不适于兔的采食习性，饲喂前需要加入一定的水拌潮，使饲料的含水率达到50%左右，无论是在炎热的夏季，还是在寒冷的冬季，饲料都容易发生一些变化而对兔产生不良的影响，就需要定时定量；颗粒饲料含水率较低，投放在料槽中后相对较长的时间不容易发生变化，因此，既可自由采食，也可分次投喂；青饲料和块料是兔饲料的补充形式，每天投喂1～2次即可；而粗饲料一般不单独作为兔的主料，或粉碎后与其他饲料一起组成配合饲料，或投放在草架上，让兔自由采食，以防止配合饲料由于粗纤维不足所造成的肠炎和腹泻。

兔的生理阶段不同，对营养需求的数量和质量要求也不同，应采取不同的饲喂程序和饲养方法。后备种兔、空怀母兔、种公兔非配种期、母兔的妊娠前期，特别是膘情较好的母兔等，营养的供应量应适当控制，最好采取定时定量的饲喂方式。过量的投喂不仅增加了饲养成本，而且对兔带来不良后果。比如，后备兔、种公兔的自由采食，会造成体胖而降低日后的繁殖能力；空怀母兔自由采食时间过长，会使卵巢周围脂肪沉积、卵巢、输卵管等脂肪浸润，导致久不发情或久配不孕，也会造成产仔减少等；妊娠前期营养供应过量，会使胚胎的早期死亡增加、产仔数减少等。对于生长兔、妊娠后期的母兔，特别是泌乳期的母兔，营养需要量大，供料不足，就会影响生产性能，因此，最好采取自由采食的方法。

**4. 饲料更换要逐渐过渡**

兔子是单胃草食家畜，其消化机能的正常依赖于盲肠微生物的平衡。当有益微生物占据主导地位时，兔子的消化机能正常，反之，有害微生物占据上风时，兔正常的消化机能就会被打乱，出现消化不良、肠炎或腹泻，甚至导致死亡。胃肠道消化酶的分泌与饲料种类有关，而消化酶的分泌有一定的规律，盲肠微生物的种类、数量和比例也与饲料有关，特别是与进入盲肠的食糜关系密切，频繁的饲料变更，使兔子不能很快适应变化了的饲料，造成消化机能紊乱，所以，饲料及其组成要相对稳定，不能突然更换饲料。需要更换饲料时，要逐渐进行，有5～7天的过渡期。如从外地引种，要随兔带来一些原场饲料，并根据营养标准和当地饲料资源情况，配制本场饲料，采取三步到位法：前3天，饲喂原场饲料2/3，本场饲料1/3，再3天，本场饲料2/3，原场饲料1/3，此后，全部饲喂本场饲料；饲料过渡还应注意在季节交替过程中饲料原料的变化。如春季到来之后，青草、青菜和树叶相继供应，如果突然给兔子一次提供大量的青绿饲料，会导致兔子腹泻。同样应采取由少到多、逐渐过渡的方法。

### 5. 适应习性而强化夜饲

野生穴兔是兔的祖先，昼伏夜行是兔继承其祖先的一个突出习性之一。兔子白天较安静，多趴卧在笼内休息，而夜间特别活跃。据测定，约70%的饲料是在夜间（日落后至日出前）采食的。正如人们所说："马不吃夜草不肥，兔不夜饲不壮"。所以，要根据兔的生活习性，合理安排饲喂人员的作息时间，将日粮的绝大多数安排在夜间投喂。

### 6. 供给充足优质的饮水

水也是重要的营养素，饮水不足和饮用不合乎要求的水，不仅影响生产，而且危害健康。生产中存在"兔子喝水多了易拉稀"的错误观点，其实，正常饮用质量合格的水不会引起任何疾病，饮水不足往往是造成消化道疾病的诱因。兔子具有根据自己需要调节饮水量的能力，只要兔子饮水，就说明它需要水。所以，任何季节，都应保证兔子自由饮水，尤其是夏季，缺水的后果是非常严重的。同时，要保证饮水质量。兔饮水应符合人饮用水标准，最理想的水源为深井水。做到不饮被粪便、污物、农药等污染的水，不饮死塘水（不流动的水源，特别是由降雨而形成的坑塘水，质量很难保障），不饮隔夜水（开放性饮水器具，如小盆、小碗、小罐等，很容易受到粪尿、落毛、微生物和灰尘的污染），不饮冰冻水，不饮非饮用井水（长期不用的非饮用井水的矿物质、微生物、有机质等项指标往往不合格）等。因此，兔场建筑前，应对地下水源进行检测，使用过程中注意水源的保护和定期检测消毒，保证饮水安全。

## （二）管理要求

### 1. 保证适宜的环境

兔的抗病力、免疫力差，对恶劣环境的耐受力和适应性差，要求提供稳定、舒适、安静和洁净的环境。

(1) 清洁卫生　环境洁净卫生，可以减少疾病发生，有利于维持兔体健康和生产性能发挥。注意搞好兔舍内的空气卫生（如加强通风换气，保持舍内空气新鲜。及时清理粪便、减少兔舍湿度，降低有害气体的产生量。人进入兔舍后应没有刺鼻、刺眼和不舒服的感觉）、笼具和用具卫生（定期清洁和消毒笼底板、食具、饮具、产箱等。及时清理和消毒被病兔污染的设备用具）、兔体卫生（注意兔的乳房卫生和外阴卫生）、饲料卫生、饮水卫生和饲养人员的自身卫生（如饲养人员的工作服要定期清洗消毒，进入生产区和兔舍要消毒，工作前要洗手消毒等）等。

(2) 温热适宜　温热环境影响兔体的热调节和体温恒定，从而影响兔的健康和生产性能发挥，必须为兔提供舒适而稳定的温热环境，即提供适宜温度、湿度和通风。我国属于大陆性季风气候，一年四季分明，冬季寒冷，夏季炎热，春秋气温变化剧烈，加之气流和湿度的变化，对兔产生不良的影响。所以，要根据我国各地的气候特点，在兔舍和其他设施上加以改造，做好冬季保温、夏季防暑、春秋防气候突变，四季防潮湿，每天进行适量通风，保持空气新鲜。

(3) 安静　兔胆小怕惊，对环境的变化敏感，需要提供安静的环境。尤其是母兔的妊娠后期、产仔期、授乳期和断乳后的小兔，突然的噪声会造成严重后果，如母兔流产、难产、产死胎、吃仔、踏仔等。但过于安静的环境在实际生产中很难做到。经常在过于安静环境里生活的兔子对于应激因素的敏感度增加。因此，饲养人员在兔舍内进行日常管理时，可与兔子说话，饲喂前可轻轻敲击饲槽等，产生一定的声音，也可播放一定的轻音乐，有意识地打破过于寂静的环境，对于兔子对环境的适应性提高有一定帮助。但是，一定避免噪声（尤其是爆破音，如燃放鞭炮、急促的警笛等）、其他动物闯入和陌生人的接近。尽量避免在兔舍内的粗暴动作和急速的跑动。

**2. 分群管理**

不同品种、不同生产用途以及不同性别、年龄和生理阶段的兔子对饲养环境和饲养管理的要求也不同，疾病发生的种类也有一定差异。因此，应该分群管理，各有侧重。如幼兔对球虫病敏感，威胁性很大，成年兔尽管有球虫寄生，但没有任何临床症状，即对球虫不敏感。成年兔的带虫率很高（70％左右），在成兔的粪便里经常排出球虫卵囊，成为对仔兔和幼兔最主要的传染源。如果大小兔混养，对小兔是很危险的；由于兔子的性成熟早，如不及早分开饲养，偷配现象难免发生。大小混养，小兔在竞争中永远处于劣势地位，对生长发育不利。因此，种兔应实行单笼饲养，后备兔的公兔及早分开饲养，幼兔和育肥兔可小群饲养。为了有效地预防球虫病，有条件的兔场，在哺乳期实行母仔分养。规模化兔场，实行批量配种，专业化生产，应将空怀母兔、妊娠母兔和泌乳期的母兔按区域分布，以便实行程序化管理，提高养殖效率和效果。

**3. 合理作息**

兔有昼伏夜行的习性、耐寒怕热的特点、昼夜消化液分泌不均衡的规律等，我国幅员广阔，纬度和经度跨越较大，每个地区的日出日落时间不同，每个区域的气候特点不一，应根据具体情况作出合理安排。其基本原则是：将一天70％左右的饲料量安排在日出前和日落后添加；饮水器具内经常保证有清洁的水；粪便每天清理一次，减少粪便在兔舍内的贮存时间，清粪最好安排在早饲后，将一昼夜的粪便清理掉；摸胎在早晨饲喂前空腹进行；母子分离，定时哺乳安排在母乳分泌最旺盛、乳汁积累最多的时间，一般在清晨，应保持时间的相对固定；病兔的隔离治疗应在饲喂工作完成后进行，处理完后及时消毒；消毒应在最大限度发挥药物作用的时间进行，以中午为佳；小兔的管理、编刺耳号、产箱摆放和疫苗的注射等应在大宗管理工作的间隙进行；档案的整理应在每天晚上休息之前完成等。

**4. 认真观察**

兔是无言的动物，通过认真仔细的观察，可以及时发现问题，防患于未然。日常观察是饲养管理的重要程序，是养兔者的职业行为和习惯。观察要有目的和方法。如每次进入兔舍喂兔时，首先要做的工作应是对兔群进行一次全面或重点检查，包括：兔群的精神和食欲（饲槽内是否有剩料），粪便的形态、大小、颜色和数量，尿液的颜色，有无异常的声音（如咳嗽、喷嚏声）和伤亡，有无拉毛、叼草和产仔，有无发情的母兔等。其实这些工作对于有经验的饲养员来说，可以一边喂兔，一边观察，一边记录或处理。如果个别兔子异常，对其进行及时处理。如怀疑传染病，应及时隔离。如果异常兔数量多，应引起高度重视，及时分析原因，并采取果断措施。

**5. 定期检查**

兔的管理有日常检查和定期检查。日常检查包括每天对食欲、精神、粪便、发情等的细致观察，而定期检查是根据兔的不同生理阶段和季节进行的常规检查。一般结合种兔的鉴定，对兔群进行定期检查。检查的主要内容有：一是重点疾病，如耳癣、脚癣、毛癣、脚皮炎、鼻炎、乳房炎和生殖器官炎症。二是种兔体质，包括膘情、被毛、牙齿、脚爪和体重。三是繁殖效果的检查，对繁殖记录进行统计，按成绩高低排队，作为选种的依据。剔除出现有遗传疾病或隐性有害基因携带者，淘汰生产性能低下的个体和老弱病残兔；调整配种效果不理想的组合。四是生长发育和发病死亡。如果生长速度明显不如过去，应查明原因，是饲料的问题，还是管理的问题或其他问题。发病率和死亡率是否在正常范围，主要的疾病种类和发病阶段。定期检查要进行及时记录登记，并作为历史记录，以便为日后提供参考。每年都要进行技术总结，以便填写本场的技术档案。重点疾病的检查一般每月进行一次，而其他三种定期检查则保证每季度一次。

**6. 防止兽害**

老鼠不仅会给兔带来啮齿棒状杆菌、泰泽菌、沙门杆菌、衣原体、支原体等几十种疾病，而且老鼠常常偷吃小兔，污染饲料，因此必须彻底灭鼠。

**7. 定期消毒**

消毒是减少病原种类和数量的有效手段。兔场要制定科学的消毒程序，进行有效的消毒。

# 第二节　不同类型兔的饲养管理

## 一、种兔的饲养和管理

### （一）种公兔的饲养管理

饲养种公兔的目的主要是用于配种、繁殖后代。人们常说："母兔好，好一窝，公兔好，好一坡"，说明公兔在群体中的重要性（遗传效应）大于母兔。种公兔饲养的好坏不仅直接影响母兔的受胎率、产仔数，而且影响仔兔的质量、生活力和生产力。在本交情况下，一只公兔一般可负担 8～12 只母兔的配种任务，在人工授精情况下，可提高到 50～150 只，如果采取冷冻精液，一只优良种公兔可担负上千只甚至上万只母兔的配种，其后代少说有 500～800 只，多者可达几十万只。这就要求我们必须精心培养种公兔，使之品种纯正，发育良好，体质健壮、性欲旺盛，精液品质优良，配种能力强。为达到上述目的，在公兔的基因确定之后，搞好种公兔的饲养管理是至关重要的。

### 1. 种公兔的饲养

对于选作种用的后备公兔，自幼就要注意饲料的品质，不宜喂体积过大或水分过多的饲料，特别是幼年期，如全喂青粗饲料，不仅增重慢，成年时体重小，而且精液品质也差，如形成草腹（大肚子），降低配种能力。

种公兔的营养与其精液的数量和质量有密切的关系，特别是蛋白质、维生素和矿物质等营养物质，对精液品质有着重要作用。

日粮中蛋白质充足时，种公兔的性欲旺盛，精液品质好，不仅一次射精量大，而且精子密度大、活力强，母兔受胎率高。低蛋白日粮会使种公兔的性欲低下，精子的数量和质量都降低。不仅制造精液需要蛋白质，而且在性机能的活动中，诸如激素、各种腺体的分泌物以及生殖系统的各器官也随时需要蛋白质加以修补和滋养。所以应从配种前 2 周起到整个配种期，采用精、青料搭配，同时添加熟大豆、豆粕或鱼粉饲喂，日粮中粗蛋白质含量为 16%～17%，使蛋白质供给充足，提高其繁殖力。实践证明，对精液品质不佳的种公兔，配种能力不强的种公兔，适量喂给鱼粉、豆饼及豆科饲料中的紫云英、苜蓿等优质蛋白质饲料，可以改善精液品质，提高配种力。

维生素与种公兔的配种能力和精液品质有密切关系，特别是维生素 A、维生素 E、维生素 D 和 B 族维生素。当日粮中维生素含量缺乏时，会导致生精障碍，精子数目减少，畸形精子增多，配种受胎率降低。处于生长期的公兔日粮中如缺乏维生素时，会导致生殖器官发育不全，性成熟推迟，种用性能下降。在上述情况发生时，如能及时补给富含维生素的优质青绿多汁饲料或复合维生素，情况可以得到改变。青绿饲料中含有丰富的维生素，所以夏秋季一般不会缺乏。但在冬季和早春时青绿饲料少，或长年喂颗粒饲料时，容易出现维生素缺乏症。这时应补饲青绿多汁饲料，如胡萝卜、白萝卜、大白菜等，或在日粮中添加复合维生素。

矿物质元素对精液品质也有明显的影响，特别是钙，日粮中缺钙会引起精子发育不全，活力降低，公兔四肢无力。在日粮中添加骨粉、蛋壳粉、贝壳粉或石粉，即可满足钙的需要。矿物元素磷为核蛋白形成的要素，并为生成精液所必需，日粮中配有谷物和糠麸时，磷不致缺乏。但应注意钙、磷的供给比例，应以（1.5～2）：1 为宜。锌对精子的成熟具有重要意义。缺锌时，精子活力降低，畸形精子增多。在生产中，可通过在日粮中添加复合微量元素添加剂的方法来满足公兔对矿物质元素的需要，以保证公兔具有良好的精液品质。

种公兔的饲养除了保证营养的全价性外，还要保持营养的长期稳定。因为精子是由睾丸中的精细胞发育而成。而精子的发生过程需要较长的时间，为 47～52 天，故营养物质的供给也应保持长期稳定。饲料对精液品质的影响较为缓慢，用优质饲料来改善种公兔的精液品质时，需 29 天左右的时间才能见效。因此，对一个时期集中使用的种公兔，应注意要在 1 个月前调整饲料配方，提高日粮的营养水平。在配种期间，也要相应增加饲喂量，并根据种公兔的配种强度，适当增加动物性饲料，以达到改善精液品质、提高受胎率的目的。

另外，还应注意种公兔不宜喂过多能量和体积大的秸秆粗饲料，或含水分高的多汁饲料，要多喂含粗蛋白质和维生素类的饲料。如配种期玉米等高能量饲料喂得过多，会造成种公兔过肥，导致性欲减退，精液品质下降，影响配种受胎率。喂给大量体积大的饲料，导致腹部下垂，配种难度大。对种公兔应实行限制饲养，防止体况过肥而导致配种力差，性欲降低，而且精液品质也差。可以通过对采食量和采食时间的限制而进行限制饲养。自由采食颗粒料时，每只兔每天的饲喂量不超过 150 克；另一种是料槽中一定时间内有料，其余时间只给饮水，一般料槽中每天的有料时间为 5 小时。

总之，对种公兔营养的供给应全面而持久。其日粮一般以全价配合料为主，青饲料和粗饲料为辅。蛋白质水平在 16％左右，矿物质元素和维生素必须满足需要，能量水平不宜过高，粗纤维水平适宜。在冬春缺青季节要适量补充胡萝卜、白萝卜、麦芽、白菜等富含维生素的饲料，注重维生素、微量元素添加剂的补充。饲喂量应根据配种强度的大小和种公兔的体型、体况（膘性）灵活掌握，不可因营养过剩而造成肥胖，也不因营养不良使其体质下降，而影响种用性能。

**2. 种公兔的管理**

种公兔的管理与饲养同等重要。管理不当也会影响其种用性能，降低配种能力。

（1）及时分群　对种公兔自幼就应进行选育，因公兔的群居性差，好咬斗。如果几个公兔在一起饲养，轻则互相爬跨影响生长，重则互相咬斗，致残致伤，失去种用价值。

（2）适时配种　肉兔是早熟家畜，3月龄以后即达性成熟，但距真正达到配种月龄还差一段时间。如果过早配种，不仅影响自身生长发育，还会影响后代的质量，降低配种能力，造成早衰，减少公兔的使用寿命。一般来说，公兔的早配由管理不当引起，即兔达到性成熟时没有及时将它们隔离，造成偷配和早配。为防止此类事情的发生，当兔达到3月龄以后，应及时将留作种用的后备公兔单笼饲养，做到一兔一笼。当公兔达到体成熟后再进行配种。一般大型品种兔的初配年龄是7～8月龄，中型品种兔为5～6月龄，小型品种兔为4～5月龄。

（3）控制体重　不少人认为种公兔体重是种用价值的标志，即体重越大越好。这种观点是片面的、错误的。种公兔的种用价值不仅仅在于外表及样子的好坏，而在于配种能力的高低及是否能将其优良的品质遗传给后代。一般来说，种公兔的体重应适当控制，体型不可过大，否则将带来一系列的问题：首先，体型过大发生脚皮炎的概率增大。据笔者调查，体重5千克以上的种公兔，脚皮炎发病率在80%以上，而体重4～5千克的种公兔患病率为50%～60%，体重3～4千克的种公兔仅为20%～40%。体型在3千克以下的种公兔基本不发病。体型越大，脚皮炎的发生率越高，而且溃疡型脚皮炎所占比例也越高。种公兔一旦患脚皮炎，其配种能力大大降低，有的甚至失去种用价值。其次，体型过大将会导致性情懒惰，爱静不爱动，反应迟钝，配种能力下降，配种占用时间长，迟迟不能交配成功。比如，一只4千克的种公兔，一日配种2～3次，可连续使用3天休息一天，配种时间较短，且一次成功率较高，一般每次平均 10 秒左右。而 5 千克以上的种公兔每天配种次数不能超过 2 次，连续 2 天需要休息一天。一次配种的成功率较低，多数是间歇性配种，平均占用时间在 30 秒以上。再者，体型越大，种用寿命越短。第四，体型越大，消耗的营养越多，经济上也不合算。控制种公兔体重是一个技术性很强的工作。在后备期开始，配种期坚持采取限饲的方法，禁用自由采食。饲料质量要高，但平时控制在八分饱，使之不肥不瘦，不让过多的营养转变成脂肪。

（4）搞好初配公兔的调教　选择发情正常、性情温顺的母兔与其配种，使初配顺利完成，以建立良好的条件反射。

（5）注重配种程序　配种时，应把母兔捉到公兔笼内进行，不可颠倒。因为公兔离开了自己的领地，对环境不熟悉或者气味不同都会使之感到陌生，而抑制性活动机能，精力不集中，影响配种效果。

（6）减少频繁刺激　公兔笼应距母兔笼稍远些，避免经常受到异性刺激，特别是当母兔发情时，会使公兔焦躁不安，长此以往，影响公兔的性欲和配种效果。

（7）适当运动　有条件的兔场，可每天让种公兔运动 1～2 小时，以增强体质。长期缺乏运动的公兔，四肢软弱，体质较差，影响配种能力。进行室外活动，多晒太阳，可以促进食欲，增强体质，提高配种能力。

（8）确定合适种兔比例　公母兔的比例应根据兔场的性质而定。在本交情况下，一般的商品兔场公母比例以 1：（10～12）为宜。一般的种兔场，比例应缩小至 1：8 左右。而以保种为目的的兔场应以 1：（5～6）为宜。兔场的规模越大，其中比例也应适当增大，反之应缩小。为了防备意外事件的发生（如公兔生病、患脚皮炎、血缘关系一时调整不开等），应增加适量的种公兔作为后备。

种公兔的比例结构：由于肉兔周转快，利用强度较大，而且老龄兔在配种能力上与青壮年兔有较大的差异，因此在种公兔群中，壮年公兔和青年后备公兔应占相当比例，及时淘汰老年公兔。其中壮年公兔应占 60%，青年公兔占 30%，老年公兔占 10% 为宜。

（9）控制配种强度　公兔的配种次数取决于公兔的体型、体质、年龄、季节和配种任务的大小。一般来说，对于初次配种的青年种公兔和 3 岁以上的老龄公兔，配种强度可适当控制，以每天配种 1～2 次，隔日或隔 2 日休息一天；对于 1～2 岁的壮龄兔，可每天配种 2～3 次，每周休息 2 天。公兔的体型和体质对配种能力影响很大，对于体型较大和体质较差的公兔，绝不能超强度配种，否则体质会很快衰退而难以恢复。当公兔出现消瘦时，应停止配种 1 个月，待其体力和精液品质恢复后再参加配种。春秋季节配种比较集中。在保证种公兔营养的前提下，可适当在短期内增加配种强度。但在夏季高温季节，配种强度要严格控制，而且配种时间要安排在早晨和晚上。如果配种过于频繁，可导致生殖机能减退，精液品质下降，过早丧失配种能力，减少优良种公兔的利用年限。如果配种次数过少，公兔的性兴奋长期得不到满足，也会引起反射性机能减退，性欲降低，精液品质变差，身体过肥，影响其配种能力。

种公兔的利用年限应因兔而异。通常情况下不超过 3 年，特别优秀者最多不超过 5 年。因为过老的公兔精液品质变差，不仅影响母兔的受胎率，同时还会影响到后代的质量。

（10）控制饲养环境　公兔群是兔场最优秀的群体，应予特殊照顾，为其提供清洁卫生、干燥、凉爽、安静的生活环境。应尽量减少应激因素，适当增加活动空间。夏季防暑是养好公兔的首要任务，炎热地区有条件的兔场，在盛夏可将全场种公兔集中在有空调设备的房间里，以备秋季有良好的配种能力。

种公兔脚皮炎发生的比例较大，一是由于公兔性情活泼，运动量大，发现异常情况后多以后肢拍击踏板，造成对脚掌的损伤；二是由于公兔配种时两后肢负担过重。预防脚皮炎一方面要加强选种工作，选择和培育脚毛丰厚的个体；另一方面应加强管理，特别是提高踏板的质量。一般以竹板为原料，应做到平、直、挺，间隙适中（以 1.2 厘米为佳），不留钉头毛刺，平时保持干燥和干净，防止潮湿和粪便积累。夏季由于温度高，公兔的阴囊松弛，睾丸下垂，很容易被锐利物刺伤而发生睾丸炎，失去种用价值。而且，公兔的体重越大，睾丸发育越大，睾丸炎发生的比例越高，对此应特别注意。

（11）建立种公兔档案，做好配种记录，做到血缘清楚，防止近亲交配　每次配种都要详细做好记录，以便分析和测定公兔的配种能力和种用价值，为选种选配打下可靠基础。

## （二）种母兔的饲养管理

种母兔是兔群的基础，饲养的目的是提供数量多、品质好的仔兔。种母兔的饲养管理比较复杂，因为母兔在空怀、妊娠、哺乳阶段的生理状态各不相同，因此，在饲养管理上也应根据各阶段的特点，采取不同的措施。

### 1. 空怀母兔的饲养管理

母兔空怀期即是指仔兔断奶到再次配种怀孕的一段时期。

（1）空怀母兔的生理特点　空怀母兔由于在哺乳期消耗了大量养分，身体比较瘦弱，所以，需要各种营养物质来补偿以提高其健康水平。休闲期一般为 10～15 天。如果采用频密繁殖法则没有休闲期，仔兔断奶前配种，断奶后就已进入怀孕期。

（2）空怀母兔的饲养　饲养空怀母兔营养要全面，但营养水平不宜过高，在青草丰盛季节，只要有充足的优质青绿饲料和少量精料就能满足营养需要。在青绿饲料枯老季节，应补喂胡萝卜等多汁饲料，也可适当补喂精料。若在炎热的夏季和寒冷季节，可降低繁殖频度，营养水平不宜过高。空怀母兔应保持七八成膘的适当肥度，过肥或过瘦的母兔都会影响发情、配种，要调整日粮中蛋白质和碳水化合物含量的比例，对过瘦的母兔应增加精料喂量，迅速恢复体膘；过肥的母兔要减少精料喂量，增加运动。

（3）空怀母兔的管理　对空怀母兔的管理应做到兔舍内空气流通，兔笼及兔体要保持清洁卫生，对长期照不到阳光的兔子要调换到光线充足的笼内，以促进机体的新陈代谢，保持母兔性机能的正常活动。对长期不发情的母兔可采用异性诱导法或人工催情。一般情况下，为了提前配种、缩短空怀期，可多饲喂一些青饲料，增加维生素含量，饲喂一些具有促进发情的饲料，如鲜大麦芽和胡萝卜等。在配种前 7～10 天，实行短期优饲，每天增加混合精料 25～50 克，以利于早发情、多排卵、多受胎和多产仔。

### 2. 怀孕母兔的饲养管理

母兔怀孕期就是指配种怀孕到分娩的一段时期。母兔在怀孕期间所需的营养物质，除维持本身需要外，还要满足胚胎、乳腺发育和子宫增长的需要。所以，需消耗大量的营养物质。据测定，体重 3 千克的母兔，胎儿和胎盘的总重量可达 650 克以上。其中，干物质为

16.5%，蛋白质为 10.5%，脂肪为 4.5%，无机盐为 2%。21 日胎龄时，胎儿体内的蛋白质含量为 8.5%，27 日龄时为 10.2%，初生时为 12.6%。与此同时，怀孕母兔体内的代谢速度也随胚胎发育而增强。

(1) 怀孕母兔的饲养 怀孕母兔的饲养主要是供给母兔全价营养物质。根据胎儿的生长发育规律，可以采取不同的饲养水平。但是，怀孕母兔如果营养供给过多，使母兔过度肥胖，也会带来不良影响，主要表现为胎儿的着床数和产后泌乳量减少。据试验，在配种后第九天观察受精卵的着床数，结果高营养水平饲养的德系长毛兔胚胎死亡率为 44%，而正常营养水平饲养的只有 18%。所以，一般怀孕母兔在自由采食颗粒饲料情况下，每天喂量应控制在 150～180 克；在自由采食基础饲料（青、粗料）、补加混合精料的情况下，每天补加的混合精料应控制在 100～120 克。怀孕母兔所需要的营养物质以蛋白质、无机盐和维生素为最重要。蛋白质是组成胎儿的重要营养成分，无机盐中的钙和磷是胎儿骨骼生长所必需的物质。如果饲料中蛋白质含量不足，则会引起死胎增多、仔兔初生重降低、生活力减弱。无机盐缺乏会使仔兔体质瘦弱，容易死亡。所以，保持母兔怀孕期，特别是怀孕后期的适当营养水平，对增进母体健康、提高泌乳量、促进胎儿和仔兔的生长发育具有重要作用。

(2) 怀孕母兔的管理 怀孕母兔的管理工作，主要是做好护理，防止流产。母兔流产一般在怀孕后 15～25 天内发生。引起流产的原因可分为机械性、营养性和疾病等。机械性流产多因捕捉、惊吓、不正确的摸胎、挤压等引起。营养性流产多数由于营养不全、突然改变饲料，或因饲喂发霉变质、冰冻饲料等引起。引起流产的疾病很多，如巴氏杆菌病、沙门杆菌病、密螺旋体病以及生殖器官疾病等。为了杜绝流产的发生，母兔怀孕后要 1 兔 1 笼，防止挤压；不要无故捕捉，摸胎时动作要轻；饲料要清洁、新鲜；发现有病母兔应查明原因，及时治疗。管理怀孕母兔还需做好产前准备工作，一般在临产前 3～4 天就要准备好产仔箱，清洗消毒后在箱底铺上 1 层晒干敲软的稻草。临产前 1～2 天应将产仔箱放入笼内，供母兔拉毛筑巢。产房要有专人负责，冬季室内要防寒保温，夏季要防暑防蚊。

### 3. 哺乳母兔的饲养管理

母兔自分娩到仔兔断奶这段时期称为哺乳期。母兔哺乳期间是负担最重的时期，饲养管理得好坏对母兔、仔兔的健康都有很大影响。母兔在哺乳期，每天可分泌乳汁60～150毫升，高产母兔可达200～300毫升。兔奶除乳糖含量较低外，蛋白质和脂肪含量比牛、羊奶高3倍多，无机盐高2倍左右。据测定，母兔产后泌乳量逐渐增加，产后3周左右达到泌乳高峰期，之后，泌乳量又逐渐下降。

（1）哺乳母兔的饲养　哺乳母兔为了维持生命活动和分泌乳汁，每天都要消耗大量的营养物质，而这些营养物质，又必须从饲料中获得。所以饲养哺乳母兔必须喂给容易消化和营养丰富的饲料，保证供给足够的蛋白质、无机盐和维生素。如果喂给的饲料不能满足哺乳母兔的营养需要，就会动用体内贮藏的大量营养物质，从而降低母兔体重，损害母兔健康和影响母兔产奶量。饲喂哺乳母兔的饲料一定要清洁、新鲜，同时应适当补加一些精饲料和无机盐饲料，如豆饼、麸皮、豆渣以及食盐、骨粉等，每天要保证充足的饮水，以满足哺乳母兔对水分的要求。为提高仔兔的生长速度和成活率，并保持母兔健康，必须为哺乳母兔提供充足的营养。供给营养全面，能量、蛋白质水平较高的饲粮：消化能水平最低为10.88兆焦/千克，可以高到11.3兆焦/千克，蛋白质水平应达到18%。应注意母兔产后2天内采食量很少，不宜喂精饲料，要多喂青饲料。母兔产后3天才能恢复食欲，要逐渐增加饲料量，为了防止母兔发生乳房炎和仔兔黄尿病，产前的3天就要减少精料，增加青饲料，而产后的3～4天则要逐步增加精料，多给青绿多汁饲料，并增加鱼粉和骨粉，同时每天喂给磺胺噻唑0.3～0.5克和苏打片1片，每日2次，连喂3天。如果母兔产后乳汁少和无乳，除上述增加精料外，可采用如下催乳措施：

①　香菜在每日早晨喂10克，2～3天喂1次。

②　蚯蚓5～10条洗净、用开水烫死，切成5厘米左右，拌入少量饲料中喂母兔，一般1次即可。

③　喂花生米，每天早晚各喂1次，每次5～10粒，喂至仔兔断奶为止。

④　口服人工催乳灵，每日1片，连用3～5天。

饲养哺乳母兔的好坏，一般可根据仔兔的粪便情况进行辨别。如产仔箱内保持清洁干燥，很少有仔兔粪尿，而且仔兔吃得很饱，说明饲养较好，哺乳正常。如尿液过多，说明母兔饲料中含水量过高；粪便过于干燥，则表明母兔饮水不足。如果饲喂发霉变质饲料，还会引起下痢和消化不良。有的兔场采用母兔与仔兔分开饲养，定时哺乳的方法，即平时将仔兔从母兔笼中取出，安置在适当地方，哺乳时将仔兔送回母兔笼内。分娩初期可每天哺乳 2 次，每次 10～15 分钟，20 日龄后可每天哺乳 1 次。这种饲养方法的优点是：可以了解母兔泌乳情况，减少仔兔吊奶受冻；掌握母兔发情，做到及时配种；避免母仔抢食，增强母兔体质；减少球虫病的感染机会；培养仔兔独立生活能力。

（2）哺乳母兔的管理　哺乳母兔的管理工作主要是保持兔舍、兔笼的清洁干燥，应每天清扫兔笼，洗刷饲具和尿粪板，并要定期进行消毒。另外，要经常检查母兔的乳头、乳房，了解母兔的泌乳情况，如发现乳房有硬块，乳头有红肿、破伤情况，要及时治疗。

## 二、仔兔的饲养管理

从出生到断奶这段时期的兔称为仔兔。这一时期可视为兔由胎生期转至独立生活的一个过渡阶段。胎生期的兔子在母体子宫内发育，营养由母体供给，温度恒定；出生后，环境发生急剧变化，而这一阶段的仔兔由于机体生长发育尚未完全，抵抗外界不良环境的调节机能还很差，适应能力弱，抵抗力差，多种因素会给仔兔的生命带来威胁，使仔兔死亡率增高，成为兔群繁殖发展的一大障碍。加强仔兔的管理，提高成活率，是仔兔饲养管理的目的。仔兔饲养管理，依其生长发育特点可分睡眠期、开眼期两个阶段。

### （一）睡眠期仔兔的饲养管理

睡眠期从仔兔出生到 12 日龄左右为睡眠期。这段时间仔兔除了吃奶，多数时间处于睡眠状态。在此期间，仔兔体温调节能力低下，消化系统发育不全，环境适应性极差，但生长发育速度非常快。为顺利度过睡眠期，降低死亡率，饲养管理应注意如下方面。

**1. 早吃初乳**

初乳是仔兔出生后早期生长发育所需营养物质的直接来源和唯一来源。尽管仔兔获得母源抗体主要来自母体胎盘血液，但初乳中也含有丰富的抗体，它对提高初生仔兔的抗病力有重要意义。初乳适合仔兔生长快、消化力弱的生理特点。实践证明，仔兔能早吃奶、吃饱奶则成活率高，抗病力强，发育快，体质健壮；否则，死亡率高，发育迟缓，体弱多病。因此，在仔兔出生后6～10小时内，须检查母兔哺乳情况，发现没有吃到奶的仔兔，要及时让母兔喂奶。自此以后，每天均须检查几次。检查仔兔是否吃到足量的奶，是仔兔饲养的基本工作，必须抓紧抓细。仔兔生下来后就会吃奶，护仔性强的母兔，也能很好地哺喂仔兔，这是本能。仔兔吃饱奶时，安睡不动，腹部圆胀，肤色红润，被毛光亮；饿奶时，仔兔在窝内很不安静，到处乱爬，皮肤皱缩，腹部不胀大，肤色发暗，被毛枯燥无光，如用手触摸，仔兔头向上窜，"吱吱"嘶叫。仔兔在睡眠期，除吃奶外，全部时间都是睡觉，仔兔的代谢很旺盛，吃下的奶汁大部分被消化吸收，很少有粪便排出来。因此，睡眠期的仔兔只要能吃饱奶、睡好，就能正常生长发育。但是，在生产实践中，初生仔兔吃不到奶的现象常会出现，这时必须查明原因，针对具体情况，采取有效措施。强制哺乳有些护仔性不强的母兔，特别是初产母兔，产仔后不会照顾自己的仔兔，甚至不给仔兔哺乳，以致仔兔缺奶挨饿，如不及时处理，会导致仔兔死亡。在这种情况下，必须及时采取强制哺乳措施。方法是将母兔固定在巢箱内，使其保持安静，将仔兔分别安放在母兔的每个乳头旁，嘴顶母兔乳头，让其自由吮乳，每日强制4～5次，连续3～5日，母兔便会自动喂乳。

## 2. 调整仔兔

生产实践中，有时出现有些母兔产仔数多、有些母兔产仔头数少的情况。多产的母兔乳不够供给仔兔，仔兔营养缺乏，发育迟缓，体质衰弱，易于患病死亡；少产的母兔泌乳量过剩，仔兔吸乳过量，引起消化不良，甚至腹泻消瘦死亡。在这种情况下，应当采取调整仔兔的措施。可根据母兔泌乳的能力，对同时分娩或分娩时间先后不超过1～2天的仔兔进行调整。方法是：先将仔兔从巢箱内拿出，按体型大小、体质强弱分窝；然后在仔兔身上投上被带母兔的尿液，以防母兔咬伤或咬死；最后把仔兔放进各自的巢箱内，并注意母兔哺乳情况，防止意外事情发生。调整仔兔时，必须注意：两个母兔和它们的仔兔都是健康的；被调仔兔的日龄和发育与其母兔的仔兔大致相同；要将被调仔兔身上粘上的巢箱内的兔毛剔除干净；在调整前先将母兔离巢，被调仔兔放进哺乳母兔巢内，经1～2小时，使其粘带新巢气味后才将母兔送回原笼巢内。如若母兔拒哺调入仔兔，则应查明原因，采取新的措施，如重调其他母兔或补涂母兔尿液，减少或除掉被调仔兔身上的异味等。

### 3. 全窝寄养

一般是在仔兔出生后，母兔死亡，或者良种母兔要求频繁配种，扩大兔群时所采取的措施。寄养时应选择产仔少、乳汁多而又是同时分娩或分娩时间相近的母兔。为防止寄养母兔咬异味仔兔，在寄养前，可在被寄养的仔兔身上，涂上寄养母兔的尿，在寄养母兔喂奶时放入窝内。一般采取上述措施后，母兔不再咬异窝仔兔。

### 4. 人工哺乳

如果仔兔出生后母兔死亡，无奶或患有乳房方面的疾病不能喂奶，又不能及时找到寄养母兔时，可以采用人工哺乳的措施。人工哺乳的工具可用玻璃滴管、注射器、塑料眼药水瓶，在管端接一乳胶自行车气门芯即可。喂饲以前要煮沸消毒，冷却到 37～38℃ 时喂给。每天 1～2 次。喂饲时要耐心，在仔兔吸吮同时轻压橡胶乳头或塑料瓶体。但不要滴入太急，以免误入气管呛死。不要滴得过多，以吃饱为限。

### 5. 防止仔兔吊奶

"吊乳"是养兔生产实践中常见的现象之一。主要原因是母兔乳汁少，仔兔不够吃，较长时间吸住母兔的乳头，母兔离巢时将正在哺乳的仔兔带出巢外；或者母兔哺乳时，受到骚扰，引起惊慌，突然离巢。吊乳出巢的仔兔，容易受冻或踏死，所以饲养管理上要特加小心，当发现有吊乳出巢的仔兔应马上将仔兔送回巢内，并查明原因，及时采取措施。如是母兔乳汁不足引起的"吊乳"，应调整母兔日粮，适当增加饲料量，多喂青料和多汁料，补以营养价值高的精料，以促进母兔分泌出质好量多的乳汁，满足仔兔的需要。如果是管理不当引起的惊慌离巢，应加强管理工作，积极为母兔创造哺乳所需的环境条件，保持母兔的安静。如果发现吊在巢外的仔兔受冻发凉时，应马上将受冻仔兔放入自己的怀里取暖。或将仔兔全身浸入 40℃ 温水中，露出口鼻呼吸，只要抢救及时，措施得法，大约 10 分钟后便可使被救仔兔复活，待皮肤红润后即擦干身体放回巢箱内。仔兔出生后全身无毛，生后 4～5 天才开始长出茸茸细毛，这个时期的仔兔对外界环境的适应力差，抵抗力弱，因此，冬春寒冷季节要防冻，夏秋炎热季节降温、防蚊，平时要防鼠害、兽害。要认真做好清洁卫生工作，稍一疏忽就会感染疾病。要保持垫草的清洁与干燥。仔兔身上盖毛的数量随天气而定，天冷时加厚，天热时减少。如果是长毛兔的毛应酌情加以处理，因长毛兔毛长而细软，受潮挤压，结成毡块，仔兔卧在毡块上面，不能匿入毛中，保温力差。用长毛铺盖巢穴，由于仔兔时常钻动，颈部和四肢往往会被长毛缠绕，如颈部被缠，能窒息死；足部被缠，使血液不通，也会形成肿胀；仔兔骨嫩，甚至缠断足骨，造成残废。因此，用长毛兔的毛垫巢，还必须先将长毛剪碎，并且掺杂一些短毛，这样就可避免结毡。裘皮类兔毛短而光滑，经常蓬松，不会结毡，仔兔匿居毛中，可随意活动，而且保温力也较高。为了节省兔毛，也可以用新棉花拉松后代替褥毛使用。由于兔的嗅觉很灵敏，不可使用有被粪便污染的旧棉絮或破布屑，也不必把巢穴中的全部清洁兔毛换出。初生仔兔，必须立即进行性别鉴定，淘汰多余的公兔。长毛兔一般哺乳 4~5 只仔兔，皮用兔哺喂 5~6 只仔兔，若母兔产仔过少或过多须进行调整。此外，晚上应取出巢箱，放在安全的地方。

### 6. 防止发生黄尿病

出生后 1 周左右的仔兔容易发生黄尿病。其原因是母兔奶液中含有葡萄球菌或其他病原体，仔兔吃后便发生急性肠炎，尿液呈黄色并排出黄色带腥臭味稀粪沾污后躯。患兔体弱无力、皮肤灰白无光泽，很快死亡。防止黄尿病的关键是要求母兔健康无病，饲料清洁卫生，笼内通风干燥。同时要经常检查仔兔的排泄情况，若发现仔兔精神不振、粪便异常，应采取防治措施。

### 7. 防止鼠害

仔兔，特别是 1 周龄以内的仔兔，最容易遭受鼠害，有时候发生全窝仔兔被老鼠蚕食的可能。所以，灭鼠是兔场的一项重要工作。定期灭鼠，加强夜班看护。

### 8. 防止仔兔窒息或残疾

长毛兔产仔作巢拔下的细软长毛，变潮和挤压后会结毡成块，难以保温。另外，由于兔在巢箱内爬动，容易将细毛拉长成线条，这些线条若缠绕在仔兔颈部或胸部，会使仔兔窒息而死；若缠绕在腿部便引起仔兔局部肿胀坏死而残疾。因此，兔产仔时拔下的长毛应及时收集起来，将其剪短或改用短毛及其他保温材料垫窝，达到既保温又不会缠绕的效果。

## （二）开眼期的饲养管理

仔兔生后 12 天左右开眼，从开眼到离乳，这一段时间称为开眼期。仔兔开眼迟早与发育很有关系，发育良好的开眼早。仔兔若在生后 14 天才开眼的，体质往往很差，容易生病，要对它加强护养。仔兔开眼后，精神振奋，会在巢箱内往返蹦跳；数日后跳出巢箱，叫做出巢。出巢的迟早，依母乳多少而定，母乳少的早出巢，母乳多的迟出巢。此时，由于仔兔体重日渐增加，母兔的乳汁已不能满足仔兔的需要，常紧追母兔吸吮乳汁，所以开眼期又称追乳期。这个时期的仔兔要经历一个从吃奶转变到吃固体饲料的变化过程，由于仔兔胃的发育不完全，如果转变太突然，常常造成死亡。所以在这段时期，饲养重点应放在仔兔的补料和断乳上。实践证明，抓好、抓紧这项工作，就可促进仔兔健康生长，放松了这项工作，就会导致仔兔感染疾病，乃至大批死亡，造成损失。

### 1. 抓好仔兔的补料

肉、皮用兔生后 16 日龄，毛用兔生后 18 日龄，就开始试吃饲料。这时给少量易消化而又富有营养的饲料，并在饲料中拌入少量的矿物质、抗生素等消炎、杀菌、健胃药物，以增强体质，减少疾病。仔兔胃小，消化力弱，但生长发育快，根据这特点，在喂料时要少喂多餐，均匀饲喂，逐渐增加。一般每天喂给 5～6 次，每次分量要少一些，在开食初期哺母乳为主，饲料为辅；到 30 日龄时，则转变为以饲料为主，母乳为辅，直到断乳。在这过渡期间，要特别注意缓慢转变，使仔兔逐步适应，才能获得良好的效果。仔兔是比较贪食的，一定要注意饲料定量，每天大致采食量和最大饲料供给量见表 5-1。

**表 5-1　仔兔大致采食量**

| 日龄 | 采食量/(克/天) | 日龄 | 采食量/(克/天) |
|---|---|---|---|
| 初生～15 | 0 | 35～42 | 40～80 |
| 15～21 | 0～20 | 42～49 | 70～110 |
| 21～35 | 15～50 | 49～63 | 100～160 |

### 2. 抓好仔兔的断奶

小型仔兔 40～45 日龄，体重 500～600 克，大型仔兔 40～45 日龄，体重 1000～1200 克，就可断奶。过早断奶，仔兔的肠胃等消化系统还没有充分发育形成，对饲料的消化能力差，生长发育会受影响。在不采取特殊措施的情况下，断奶越早，仔兔的死亡率越高。根据实践观察，30 天断奶时，成活率仅为 60%；40 天断奶时，成活率为 80%；45 天断奶，成活率为 88%；60 天断奶时成活率可达 92%。但断奶过迟，仔兔长时间依赖母兔营养，消化道中各种消化酶的形成缓慢，也会引起仔兔生长缓慢，对母兔的健康和每年繁殖次数也有直接影响。所以，仔兔的断奶应以 40～45 天为宜。仔兔断奶时，要根据全窝仔兔体质强弱而定。若全窝仔兔生长发育均匀，体质强壮，可采用一次断奶法，即在同一日将母子分开饲养。离乳母兔在断奶 2～3 日内，只喂青料，停喂精料，使其停奶。如果全窝体质强弱不一，生长发育不均匀，可采用分期断奶法。即先将体质强的分开，体弱者继续哺乳，经数日后，视情况再行断奶。如果条件允许，可采取移走大母兔的办法断奶，避免环境骤变，对仔兔不利。抓好仔兔的管理，仔兔开食时，往往会误食母兔的粪便，如果母兔有球虫病，就易于感染仔兔。为了保证仔兔健康，应母仔分笼饲养，但必须每隔 12 小时给仔兔喂一次奶。仔兔开食后，粪便增多，要常换垫草，并洗净或更换巢箱，否则，仔兔睡在湿巢内，对健康不利。要经常检查仔兔的健康情况，察看仔兔耳色，如耳色桃红，表明营养良好；如耳色暗淡，说明营养不良。仔兔在断奶前要做好充分准备，如断奶仔兔所需用的兔舍、食具、用具等应事先进行洗刷与消毒。断奶仔兔的日粮要配合好。

### 3. 防止感染球虫病

患有球虫病的母兔，对母体来说尚未达到致病程度，但可使仔兔消化不良、拉稀、贫血，死亡率很高。因此，预防球虫病也是提高仔兔成活率的关键措施。预防方法是注意笼内日常清洁卫生，及时清理粪便，经常清洗和消毒兔笼板，并用开水或日光浴暴晒等方法杀死卵囊；同时保持舍内通风干燥，使卵囊难以孵化成熟；另外可在饲料中加入一些葱、蒜等物增加肠道的抵抗力，定期在饲料中加入一些抗球虫药物。如果发现粪便异常，要及时采取治疗措施。

#### 4. 注意饲料及饮水卫生

供给仔兔的青绿饲料或调制好的饲料一定要清洁卫生，不干净或被污染的饲料不要投喂，给仔兔的料要充足，要让每个仔兔均能抢占到料槽的位置，吃到充足的饲料。同时注意饲料的适口性，使仔兔爱吃。要训练仔兔饮水。饮水要清洁，做到每天更换 1～2 次饮水，发现被粪、尿、毛等污染的，要及时倒掉重新添上。

### 三、幼兔和青兔的饲养管理

从断奶到 3 月龄的小兔称幼兔。这个阶段的幼兔生长发育快，抗病力差，要特别注意护理。否则，发育不良，易患病死亡。断奶仔兔必须养在温暖、清洁、干燥的地方，以笼养为佳。笼养初期时，每笼可养兔 3～4 只。饲喂由麸皮、豆饼等配合成的精料及优质干草为宜。因为兔奶中的蛋白质、脂肪分别占 10.4% 和 12.2%，高于牛奶 3 倍，所以用喂大兔的饲料是很难养活幼兔的。所喂饲料要清洁新鲜，带泥的青草，要洗净晾干后再喂。喂时要掌握少喂多餐，青料一天 3 次，精料一天 2 次，此外可加喂一些矿物质饲料。

仔兔断奶后正是换毛时期，此时新陈代谢旺盛，需要营养较多，所以饲料给量应相应增加。毛用兔 2 月龄要把乳毛全部剪掉，以促进其生长发育。剪毛以后的仔兔，要加强护理，对体弱的毛用兔，要精心喂养，注意防寒保温，否则很容易发生死亡。3～6 月龄的仔兔称青年兔（亦称中兔）。青年兔吃食量大，生长发育快。饲养以青粗饲料为主，适当补充矿物质饲料，加强运动，使它得到充分发育。青年兔已开始发情，为了防止早配，必须将公母兔分开饲养。对 4 月龄以上的公兔要进行选择，凡是发育优良的留做种用，单笼饲养，凡不宜留种的公兔，要及时去势采取群饲。

### 四、商品肉兔的饲养管理

兔肉是养兔业提供的重要产品之一，兔的产肉能力高于猪和牛。

#### （一）选择优良品种和杂交组合

育肥是在短期内增加体内的营养贮积，同时减少营养消耗，使肉兔采食的营养物质除了维持必需的生命活动外，能大量贮积在体内，以形成更多的肌肉和脂肪。育肥效果的好坏在很大程度上取决于育肥兔的基因组成。基因组合好可使肉兔生长快，饲养期短，饲料报酬高，肉质好，效益高。用于育肥的兔主要有两种，一种专用育肥的商品兔，包括用优良品种直接育肥。即选生长速度快的大型品种如弗朗德兔、塞北兔、哈白兔等，或中型品种如新西兰兔、加利福尼亚兔等进行纯种繁育，其后代直接用于育肥。采用经济杂交。如用良种公兔和本地母兔或优良的中型品种交配，如弗朗德兔♂×太行山兔♀、塞北兔♂×新西兰兔♀，也可以3个品种轮回杂交。饲养配套系（饲养优良品种比原始品种要好，经济杂交比单一品种的效果好，配套系的育肥性能和效果比经济杂交更好，是目前生产商品兔的最佳形式。不过目前我国配套系资源不足，大多数地区还不能实现直接饲养配套系。一般来说，引入品种与我国的地方品种杂交，均可表现一定的杂种优势）。另一种是在不同时期或因不同原因淘汰的种兔。用作育肥的淘汰兔，应选择肥度适中者，经过一个月左右的时间快速育肥，使体重增加1千克左右即可。过瘦的种兔需要较长的时间，一般经济效益不高，可直接上市或作他用。

（二）抓断乳体重

育肥速度在很大程度上取决于早期增重的快慢。凡是断奶时体重大的仔兔，育肥期的增重就快，就容易抵抗环境应激，顺利度过断乳期。相反，断奶时体重越小，断奶后越难养，育肥期增重越慢。30天断乳，中型兔体重500克以上，大型兔体重600克以上。为提高断奶体重，应重点抓好以下几点：

**1. 提高母兔的泌乳力**

仔兔在采食饲料之前的半月多的时间里，母乳是唯一的营养来源。因此，母兔泌乳量的高低决定了仔兔生长速度，同时，也决定了仔兔成活率的高低。提高母兔泌乳力，应该从增加母兔营养，特别是保证蛋白质、必需氨基酸、维生素、矿物质等营养的供应，保证母兔生活环境的幽静舒适。

**2. 调整母兔哺育的仔兔数**

母兔一般8个乳房，1天哺喂1次。每次哺喂的时间，仅仅几分钟。因此，如果仔兔数超过乳头数，多出的仔兔就得不到乳汁。凡是体质弱、体重小的仔兔，在捕捉乳头的竞争中，始终处于劣势和被动局面。要么吃不到乳，要么吃少量的剩乳。久而久之饥饿而死，即便不死也成为永远长不大的僵兔，丧失饲养价值和商品价值。因此，针对母兔的乳头数和泌乳能力，在母兔产后及时进行仔兔调整，即寄养，将多出的仔兔调给产仔数少的母兔哺育。如果没有合适的保姆兔，果断淘汰多余的小兔也比勉强保留效益高。

**3. 抓好仔兔的补料**

母兔的泌乳量是有限的，随着仔兔日龄的增加，对营养要求越来越高。因此，仅仅靠母乳不能满足其营养需要，必须在一定时间补充一定的人工料，作为母乳的营养补充。一般仔兔 15 日龄出巢，此时牙齿生长，牙床发痒，正是开始补料的适宜时间。生产中一般从仔兔16 日龄以后开始补料，一直到断乳为止。在 16～25 日龄仍然以母乳为主，补料为辅。此后以补料为主，母乳为辅。仔兔料注意营养价值要高，易消化，适当添加酶制剂和微生态制剂等。

**（三）过好断奶关**

断乳对仔兔是一个难以逾越的坎。首先，由母子同笼突然到独立生活，甚至离开自己的同胞兄妹；第二，由乳料结合到完全采食饲料；第三，由原来的笼舍转移到其他陌生环境。无论是对其精神上、身体上，还是胃肠道都是非常大的应激。因此，仔兔从断奶向育肥的过渡非常关键。如果处理不好，在断奶后 2 周左右增重缓慢，停止生长或减重，甚至发病死亡。断奶后最好原笼原窝饲养，即采取移母留仔法。若笼位紧张，需要调整笼子，一窝的同胞兄妹不可分开。育肥期实行小群笼养，切不可一兔一笼，或打破窝别和年龄，实行大群饲养。这样会使刚断奶的仔兔产生孤独感、生疏感和恐惧感。断奶后1～2 周内应饲喂断奶前的饲料，以后逐渐过渡到育肥料。否则，突然改变饲料，2～3 天内即出现消化系统疾病。断乳后前 2 周最容易出现腹泻。预防腹泻是断乳仔兔疾病预防的重点。以微生态制剂强化仔兔肠道有益菌，对于控制消化机能紊乱是非常有效的。

**（四）直接育肥**

肉兔在 3 月龄前是快速生长阶段，且饲料报酬高。应充分利用这一生理特点，提高经济效益。肉兔的育肥期很短，一般从断奶（30天）到出栏仅 40～60 天的时间。而我国传统的"先吊架子后填膘"育肥法并不科学。仔兔断奶后不可用大量的青饲料和粗饲料饲喂，应采取直接育肥法，即满足幼兔快速生长发育对营养的需求，使日粮中蛋白质（17%～18%）、能量（10.47兆焦/千克以上）保持较高的水平，粗纤维控制在12%左右。使其顺利完成从断奶到育肥的过渡，不因营养不良而使生长速度减慢或停顿，并且一直保持到出栏。据笔者试验，小公兔不去势的育肥效果更好。因为肉用品种的公兔性成熟在3月龄以后，而出栏在3月龄以前，在此期间其性行为不明显，不会影响增重。相反，睾丸分泌的少量雄激素会促进蛋白质合成，加速兔子的生长，提高饲料的利用率。生产中发现，在3月龄以前，小公兔的生长速度大于小母兔，也说明了这一问题。再者，不论采取刀骟也好，药物去势也好，由于伤口或药物刺激所造成的疼痛，以及睾丸组织的破坏和伤口的恢复，都是对兔的不良刺激，都会影响兔子的生长发育，不利于育肥。

（五）控制环境

育肥效果的好坏，在很大程度取决于为其提供的环境条件，主要是指温度、湿度、密度、通风和光照等。温度对于肉兔的生长发育十分重要，过高和过低都是不利的，最好保持在25℃左右，在此温度下体内代谢最旺盛，体内蛋白质的合成最快。适宜的湿度不仅可以减少粉尘污染，保持舍内干燥，还能减少疾病的发生，最适宜的湿度应控制在55%～60%。饲养密度应根据温度和通风条件而定。在良好的条件下，每平方米笼养面积可饲育肥兔18只。在生产中由于我国农村多数兔场的环境控制能力有限，过高的饲养密度会产生相反的作用，一般应控制在每平方米14～16只；育肥兔由于饲养密度大，排泄量大，如果通风不良，会造成舍内氨气浓度过大，不仅不利于兔的生长、影响增重，还容易使兔患呼吸道等多种疾病。因此，育肥兔对通风换气的要求较为迫切；光照对兔的生长和繁殖都有影响。育肥期实行弱光或黑暗，仅让兔子看到采食和饮水，能抑制性腺发育，延迟性成熟，促进生长，减少活动，避免咬斗，快速增重，提高饲料的利用率。

（六）科学选用饲料和添加剂

保证育肥期间营养水平达到营养标准是肉兔育肥的前提。此外，不同的饲料形态对育肥有一定影响。试验表明，使用颗粒饲料比粉料增重提高 8％～13％，饲料利用率提高 5％以上。满足育肥兔在蛋白质、能量、纤维等主要营养的需求外，维生素、微量元素及氨基酸添加剂的合理使用，对于提高育肥性能有举足轻重的作用。维生素 A、维生素 D、维生素 E 以及微量元素锌、硒、碘等能促进体内蛋白质的沉积，提高日增重；含硫氨基酸能刺激消化道黏膜，起到健胃的作用，并能增加胆汁内磺酸的合成，从而增强消化吸收能力。还可以改善菌体蛋白质品质，提高营养物质的利用率。常规营养以外，可选用一定的高科技饲料添加剂。如：稀土添加剂具有提高增重和饲料利用率的功效；杆菌肽锌添加剂有降低发病率和提高育肥效果的作用；腐殖酸添加剂可提高兔的生产性能；酶制剂可帮助消化，提高饲料利用率；微生态制剂有强化肠道内源有益菌群，预防微生态失调的作用；寡糖有提供有益菌营养、增强免疫和预防疾病的作用；抗氧化剂不仅可防止饲料中一些维生素的氧化，也具有提高增重、改善肉质品质的作用；中草药饲料添加剂由于组方不同，效果各异。总之，根据生产经验和兔场的实际情况，在饲料添加剂方面投入，经济上是合算的，生产上是可行的。

（七）自由采食和饮水

我国传统肉兔育肥，一般采用定时、定量、少喂勤添的饲喂方法和"先吊架子后填膘"的育肥策略。现代研究表明，让育肥兔自由采食，可保持较高的生长速度。只要饲料配合合理，不会造成育肥兔的过食、消化不良等现象。自由采食适于饲喂颗粒饲料，而粉拌料不宜自由采食，因为饲料的霉变问题不易解决。在育肥期总的原则是让育肥兔吃饱吃足，只有多吃，才能多长。有的兔场采用自由采食出现兔消化不良或腹泻现象，其主要原因是在自由采食之前采用少喂勤填的方法，突然改为自由采食，兔的消化系统不能立即适应。可采取逐渐过渡的方式，经过 1 周左右的时间即可调整过来。为了预防因自由采食出现的副作用，可在饲料中增加酶制剂和微生态制剂，降低高增重带来的高风险。水对于育肥兔是不可缺少的营养。饮水量与气温高低呈正相关，与采食量呈正相关。保证饮水是促进育肥不可缺少的环节。饮水过程中注意水的质量，保证其符合畜禽饮用水标准。防止水被污染，定期检测水中的大肠杆菌数量。尤其是使用开放式饮水器的兔场更应重视饮水卫生。

**（八）控制疾病**

肉兔育肥期很短，育肥强度大，在有限的空间内基本上被剥夺了运动自由，对疾病的耐受性差。一旦一只发病，同笼及周边小兔容易被传染。即便发病没有死亡，也会极大影响生长发育，使育肥兔发育大小不均匀，影响整体出栏。因此，在短短的育肥期间，安全生产，健康育肥，降低发病，控制死亡是肉兔育肥的基本原则。肉兔育肥期易感染的主要疾病是球虫病、腹泻和肠炎、巴氏杆菌病及兔瘟。球虫病是育肥兔的主要疾病，全年发生，以 6～8 月份为甚。应采取药物预防、加强饲养管理和搞好卫生相结合的方法积极预防。预防腹泻和肠炎的方法是提倡卫生调控、饲料调控和微生态制剂调控相结合，尽量不用或少用抗生素和化学药物，不用违禁药物。卫生调控就是搞好环境卫生和饮食卫生，粪便堆积发酵，以杀死寄生虫卵。饲料调控的重点是饲料配方中粗纤维含量的控制，一般应控制在 12%，在容易发生腹泻的兔场可增加到 14%。选用优质粗饲料是控制腹泻和提高育肥效果的保障。微生态制剂调控是一项新技术，其效果确实，投资少，见效快。预防巴氏杆菌病，一方面搞好兔舍的环境卫生和通风换气，加强饲养管理。另一方面在疾病的多发季节适时进行药物预防。对于兔瘟只有定期注射兔瘟疫苗才可控制。一般断奶后（35～40 日龄注射最好）每只皮下注射 1 毫升即可至出栏。对于兔瘟顽固性发生的兔场，最好在第一次注射 20 天后再强化免疫一次。

**（九）适时出栏**

出栏时间应根据品种、季节、体重和兔群表现而定。在目前我国饲养条件下，一般肉兔 90 日龄达到 2.5 千克即可出栏。大型品种，骨骼粗大，皮肤松弛，生长速度快，但出肉率低，出栏体重可适当大些。但其生长速度快，90 日龄可达到 2.5 千克以上。因此，3 月龄左右即可出栏。中型品种骨骼细，肌肉丰满，出肉率高，出栏体重可小些，达 2.25 千克以上即可。春秋季节，青饲料充足，气温适宜，兔生长较快，育肥效益高，可适当增大出栏体重。如果在冬季育肥，维持消耗的营养比例较高，尽量缩短育肥期，只要达到最低出栏体重即可出售。兔育肥是在有限的空间内，高密度养殖。育肥期疾病的风险很大。如果在育肥期周围发生了传染性疾病，应封闭兔场，禁止出入，严防病原菌侵入。若此时育肥期基本结束，兔群已基本达到出栏体重，为了降低继续饲养的风险，可立即结束育肥。每批肉兔育肥，应进行详细的记录登记。尤其是存栏量、出栏量、饲料消耗和饲养成本。计算出栏率和料肉比。总结成功的经验和失败的教训，为日后的工作奠定基础。

## 五、商品皮兔的饲养管理

皮兔饲养管理的基本要求与其他兔种大同小异，本节主要介绍商品獭兔饲养管理要点和与毛皮质量等方面的关系。

### (一) 獭兔毛皮的生长特点

獭兔绒毛生长及脱换有一定的规律，仔兔出生第 3 天起开始长绒毛，并可看出固有色型；15 日龄毛被光亮；15～30 日龄被毛生长最快，之后即停止生长；60 日龄左右开始换胎毛；4～4.5 月龄第一次年龄性换毛，此时被毛光润并呈标准色彩，此时体重已达 2～2.5 千克，即可取皮；6～6.5 月龄第二次年龄性换毛，此时不仅毛皮品质优良，而且皮张面积大，但由于饲养期较长，经济效益不高。

### (二) 商品獭兔饲养管理要点

饲养獭兔的最终目的是获得优质毛皮，商品獭兔饲养管理好坏，直接影响毛皮质量，从而影响到经济效益。因此，必须做好以下几项工作。

#### 1. 科学饲养

(1) 抓早期增重 獭兔的生长和毛囊的分化存在明显的阶段性。根据试验测定，在 3 月龄以前，无论是体重的生长，还是毛囊的分化，都相当强烈。而且被毛密度与早期体重呈现正相关的趋势，即体重增长越快，毛囊分化越快，二者是同步的。超过 3 月龄以后，体重增长和毛囊分化急剧下降。因此，獭兔体重和被毛密度在很大程度上取决于早期。提高断乳体重和断乳到 3 月龄的体重是养好獭兔的最关键时期。一般要求仔兔 30 天断乳重 500 克，3 月龄体重达到 2000 克以上，即可实现 5 月龄有理想的皮板面积和被毛质量。资料表明，以蛋白 17.5% 日粮饲喂生长獭兔，5 月龄体重可达到 2718 克，被毛密度 5 月龄达到 13983 根/平方厘米，优于日粮蛋白 16.0% 和 14.5%。由此可见早期营养的重要性以及被毛密度对蛋白水平的依赖性。

（2）前促后控　獭兔的育肥期比肉兔时间长，不仅要求商品獭兔有一定的体重和皮板面积，还要求皮张质量，特别是遵循兔毛的脱换规律，使被毛的密度和皮板达到成熟，如果仅仅考虑体重和皮板面积，一般在良好的饲养条件下 3.5 月龄可达到一级皮的面积，但皮板厚度、韧性和强度不足，皮张的利用价值低。根据笔者试验，如果商品獭兔在整个育肥期全程高营养，有利于前期的增重和被毛密度的增加，但后期出现营养过剩现象（如皮下脂肪沉积），对皮张的处理产生不利影响。因此，采取前促后控的育肥技术，即断乳到 3.5 月龄，提高营养水平（蛋白质含量 17.5%），采取自由采食，充分利用其早期生长发育速度快的特点，挖掘其生长的遗传潜力，多吃快长。此后适当控制，一般有两种控制方法：一是控质法，一是控量法。前者是控制饲料的质量，使其营养水平降低，如能量降低 10%，蛋白降低 1～1.5 个百分点，仍然采取自由采食；后者是控制喂料量，每天投喂相当于自由采食 80%～90% 的饲料，而饲养标准和饲料配方与前期相同。采取前促后控的育肥技术，不但可以节省饲料，降低饲养成本，而且使育肥兔皮张质量好，皮下不会有多余的脂肪和结缔组织。

**2. 合理分群**

商品獭兔实行分小群饲养，断奶后的幼公兔除留种外全部去势，然后按大小、强弱分群，每笼为一群，每群 4～5 只（笼面积约 0.5 平方米）。淘汰种兔按公母分群，每群 2～3 只，经短期饲养上市。饲养密度不能太大，以免因互相抢食和抢休息地盘而发生打架，咬伤皮肤。

**3. 公兔去势**

在肉兔育肥过程中，公兔不需要去势，是由于肉兔的育肥期短，在 3 月龄甚至 3 月龄以前即可出栏，而性成熟在出栏以后，因此，无需去势。但獭兔的育肥期长（5～6 月龄出栏），性成熟（3～4 月龄）早，育肥出栏期在性成熟以后。如果不进行去势，群养育肥条件下，会出现以下严重问题：一是公兔之间相互咬斗，大面积皮肤破损，降低皮张质量；二是公兔追配母兔，或相互爬跨，影响采食和生长，或光吃不长，消耗饲料，增加成本；三是公母混养情况下，造成偷配乱配，母兔早期妊娠，影响生长和降低皮张质量；四是如果实行群养，不便于管理。如果实行个体单养，占用大量的笼具，增加投入，降低房舍利用率。

公兔去势时间以 2.5～3 月龄进行最佳。因为獭兔的睾丸生后在腹腔，2 月龄后进入腹股沟。所以，去势过早睾丸不容易获得，去势过晚会影响饲养管理。

**4. 环境舒适**

环境污浊可使毛皮品质下降，还可使獭兔患病，因此，兔笼兔舍应经常保持清洁、干燥。兔笼要每天打扫，及时清除粪尿及其他污物，避免污染兔的毛皮，以保持兔体清洁卫生。

**5. 及时预防和治疗疾病**

兔舍要定期按常规消毒，切断疾病传染源，用药物预防或及时治疗直接损害毛皮的毛癣病、兔痘、兔坏死杆菌病、兔疥癣病、兔螨病、兔虱病、湿性皮炎和黄尿病等疾病。

**6. 适时出栏**

獭兔的出栏与肉兔不同。后者只要达到一定体重，有较理想的肉质和产肉率即可出栏。很少考虑其皮张质量如何。因为肉兔的主产品是肉，副产品是皮等。獭兔不同，其主产品是皮，副产品是肉和其他。因此，屠宰时间以皮张和被毛质量为依据。

獭兔具有换毛性，又分年龄性换毛和季节性换毛。前者指生后小兔到 6 月龄之间进行 2 次年龄性换毛，后者指 6 月龄以后的獭兔一年中在春秋两季分别进行的一次季节性换毛。在换毛期是绝对不能打皮的。因此，獭兔的屠宰应错开换毛期。

獭兔皮板和被毛需经过一定的发育期方可成熟。被毛成熟的标志是被毛长齐，密度大，毛纤维附着结实，不易脱落；皮板成熟的标志是达到一定的厚度，具有相当的韧性和耐磨力。也就是说，在被毛和皮板任何一种没有达到成熟时，均不宜屠宰。对于商品獭兔，5～6 月龄时，皮板和被毛均已成熟，是屠宰打皮的最佳时机，提前和错后都不利；对于淘汰的成年种兔，只要错过春秋换毛季节即可；但母兔应在小兔断奶一定时间，腹部被毛长齐后再淘汰。

## 六、商品毛兔的饲养管理

专门用作产毛的兔称为商品毛兔。尽管毛用种兔也产毛，但其主要任务是繁殖，在饲养管理方面与商品毛兔有所区别。饲养商品毛兔的目的是生产量多优质的兔毛，而兔毛产量是由兔毛生长速度、兔毛密度和产毛有效面积决定的，与品种、性别、营养、季节及光照有密切关系。

## （一）商品毛兔的饲养

### 1. 抓早期增重

加强早期营养可以促进毛囊分化，提高被毛密度，同时增加体重及表面积，这是养好毛兔的关键措施。一般掌握断乳到 3 月龄以较高营养水平的饲料饲喂，消化能 10.46 兆焦/千克，粗蛋白 16.8%～17%，蛋氨酸 0.7%。

### 2. 控制最终体重

尽管体重越大产毛面积越大，产毛量越多，但是，体重并非越大越好。过大的体重产毛效率低，即用于产毛的营养与维持营养的比例小，利用时间短。体重一般控制在 4～4.5 千克。营养水平采取前促后控的原则。一般掌握能量降低 5%，蛋白低 1 个百分点，保持蛋氨酸水平不变；也可以采取控制采食量的办法，即提供自由采食的 85%～90%，而营养水平保持不变。

### 3. 注意营养的全面性和阶段性

毛兔的产毛效率很高，高产毛兔的年产毛量可占体重的 40% 以上，远远大于其他产毛动物（如绵羊）。产毛需要较高水平的蛋白质和必需氨基酸，尤其是含硫氨基酸。据估算，毛兔每产毛 1 千克，相当于肉兔产肉 7 千克消耗的蛋白质，同时，其他营养（如能量、纤维、矿物质和维生素等）必须保持平衡。营养的阶段性指毛兔剪毛前后环境发生了很大的变化，因而营养要求要适应这种变化的需要。尤其在寒冷的季节，剪毛后突然失去了厚厚的保温层，维持体温要求较多的能量，同时剪毛刺激兔毛生长，需要大量的优质蛋白进行补充。因此，在剪毛后 3 周内，饲料中的能量和蛋白质水平要适当提高，饲喂量也应有所增加，或采取自由采食的方法，以促进兔毛的生长。为了提高产毛量和兔毛品质，可在饲料中添加含硫物质和促进兔毛生长的生理活性物质，如羽毛粉、松针粉、土茯苓、蚕砂、硫黄、胆碱、甜菜碱等。

## （二）商品毛兔的管理

### 1. 笼具质量和单笼饲养

毛兔的被毛生长很快，可达到 10 厘米多。很容易被周围物体挂落或污染，影响产量和质量。因此，饲养毛兔的笼具四周最好用表面光滑的物料如水泥板。由于铁网笼具很容易缠挂兔毛，给消毒带来一定困难，同时还容易诱发食毛，一般不采用这种笼具。为了防止毛兔之间相互接触而诱发食毛症，有条件的兔场应单笼饲养。

**2. 及时梳毛**

兔毛生长到一定长度，容易缠结。特别是被毛密度较低的毛兔，缠结现象更加严重。梳毛没有固定的时间，主要根据毛兔的品种和兔毛生长状况而定。只要发现兔毛有缠结现象，应及时梳理。

**3. 适时采毛**

兔毛生长有一定的规律性，剪毛后刺激皮肤毛囊，使血液循环加快，毛纤维生长加速。据测定，剪毛后 1～3 周，每周兔毛增长 5 毫米，3～6 周为 4.8 毫米，7～9 周为 4.1 毫米，9～11 周为 3.7 毫米，出现递减趋势。因此，增加剪毛次数可提高产毛量。一般南方较温暖地区每年剪毛 5 次，养毛期 73 天，北部地区可剪毛 4 次或 9 次。为了提高兔毛质量和毛纤维的直径，可采取拔毛的方式采毛。在较寒冷地区尤为适用。

**4. 剪毛期管理**

正如上面所述，剪毛前后环境发生了很大的变化，管理工作必须加强，否则，容易诱发呼吸道、消化道及皮肤疾病。剪毛应选择晴朗的天气进行，气温低时，剪毛后应适当增温和保温。剪毛对兔来说是一个较大的应激，在剪毛前后，可适当服用抗应激物质，如维生素C，或复合维生素（速补-14，维补-18 等水溶性维生素、氨基酸和微量元素合剂）；为了预防消化道疾病，可在饮水中加入微生态制剂；预防感冒可添加一定的抗感冒药物（以中药为佳）；对于有皮肤病（疥癣和真菌病）的兔场，剪毛 7～10 天进行药浴效果较好。

## 七、不同季节的管理要点

### （一）春季

**1. 注意气温变化**

春季气温渐暖，空气干燥，阳光充足，是兔繁殖的最佳季节。但是由于春季的气候多变，给养兔带来更多的不利因素。从总体来说，春季的气温是逐渐升高的。但是，在这一过程中并不是直线上升的，

而是升中有降，降中有升，气候多变，变化无常。在华北以北地区，
尤其是在 3 月份，倒春寒相当严重，寒流、小雪、小雨不时袭来，很
容易诱发兔患感冒、巴氏杆菌病、肺炎、肠炎等病。特别是刚刚断奶
的小兔，抗病力较差，容易发病死亡，应精心管理。尽管春季是兔生
产的最佳季节，但给予生产的理想时间是很短的。原因在于春季的气
候变化十分剧烈，而稳定的时间很短。由冬季转入春季为早春，此时
的整体温度较低，以较寒冷的北风为主，夹杂着雨雪。此期应以保温
和防寒为主。每天中午适度打开门窗，进行通风换气。而由春季到夏
季的过渡为春末，气候变化较为激烈。不仅温度变化大，而且大风频
繁，时而有雨。此期应控制兔舍温度，防止气候骤变引发的应激。平
时打开门窗，加强通风，遇到不良天气，及时采取措施，为春季兔的
繁殖和小兔的成活提供最佳环境。

**2. 抓好春繁**

兔在春季的繁殖能力最强，公兔精液品质好，性欲旺盛，母兔的
发情明显，发情周期缩短，排卵数多，受胎率高。这与气温逐渐升高
和光照由短到长，刺激兔生殖系统活动有关。应利用这一有利时机争
取早配多繁。但是，在多数农村家庭兔场，特别是在较寒冷地区，由
于冬季没有加温条件，往往停止冬繁，公兔较长时间没有配种，造成
在附睾里贮存的精子活力低，畸形率高，最初配种的母兔受胎率较
低。为此，应采取复配或双重配（商品兔生产时采用），并及时摸胎，
减少空怀。春季繁殖应首先抓好早春繁殖。对于我国多数地区夏季和
冬季的繁殖有很大困难，而秋季由于公兔精液品质不能完全恢复，受
胎率受到很大的影响。如果抓不住春季的有利时机，很难保证年繁殖
5 胎以上的计划。一般来说，春季第二胎采取频密繁殖策略，对于膘
情较好的母兔，在产后立即配种，缩短产仔间隔，提高繁殖率。但是
第三胎采取半频密繁殖，即在母兔产后的 10～15 天进行配种，使母
兔泌乳高峰期和仔兔快速发育期错开，这样可实现春繁 2 胎以上，为
提高全年的繁殖率奠定基础。

**3. 保障饲料供应**

春季是兔的换毛季节，此期冬毛脱落，夏毛长出，要消耗较多的
营养，对处于繁殖期的种兔，加重了营养的负担。兔毛是高蛋白物
质，需要含硫氨基酸较多。为了加速兔毛的脱换，在饲料中应补加蛋

氨酸，使含硫氨基酸达到 0.6％以上；同时，早春又是饲料青黄不接的时候，应利用冬季贮存的萝卜、白菜或生大麦芽等，提供一定的维生素营养；春季兔容易发生饲料中毒事件，尤其是发霉饲料中毒，给生产造成较大的损失。其原因是冬季存贮的甘薯秧、花生秧、青干草等在户外露天存放，冬春的雪雨使之受潮发霉，在粉碎加工过程中如果不注意挑选，用发霉变质的草饲喂兔，就会发生急性或慢性中毒。此外，冬贮的白菜、萝卜等受冻或受热，发生霉坏或腐烂，也容易造成兔中毒；冬季向春季过渡期，饲料也同时经历一个不断的过渡。随着气温的升高，青草不断生长并被采集喂兔。由于其幼嫩多汁，适口性好，兔喜食。如果不控制喂量，兔子的胃肠不能立即适应青饲料，会出现腹泻现象，严重时造成死亡。一些有毒的草返青较早，要防止兔误食。一些青菜，如菠菜、牛皮菜等含有草酸盐较多，影响钙磷代谢，对于繁殖母兔及生长兔更应严格控制喂量。

**4. 预防疾病**

春季万物复苏，各种病原微生物活动猖獗，是兔多种传染病的多发季节，要做好疫病预防工作。

（1）注射疫苗　要注射有关的疫苗，兔瘟疫苗必须保证注射。其他疫苗可根据具体情况灵活掌握，如魏氏梭菌疫苗、巴氏-波氏二联苗、大肠杆菌疫苗等。

（2）控制传染性鼻炎　将传染性鼻炎型为主的巴氏杆菌病作为重点。由于气温的升降，气候多变，会诱发兔患呼吸道疾病，应有所防范。

（3）预防肠炎　尤其是断乳小兔的肠炎作为预防的重点。可采取饲料营养调控、卫生调控和微生态制剂调控相结合，尽量不用或少用抗生素和化学药物。

（4）预防球虫病　春季气温低，湿度小，容易忽视春季球虫病的预防。目前我国多数实行室内笼养，其环境条件有利于球虫卵囊的发育。如果预防不力，有暴发的危险。

（5）有针对性地预防感冒和口腔炎等　前者应根据气候变化进行，后者的发生尽管不普遍，但在一些兔场连年发生。应根据该病发生的规律进行有效防治。

（6）控制饲料品质，预防饲料发霉　可在饲料中添加霉菌毒素吸附剂，同时加强饲料原料的保管，缩短成品饲料的贮存时间，控制饲料库的湿度等。

（7）加强消毒　春季的各种病原微生物活动猖獗，应根据饲养方式和兔舍内的污染情况酌情消毒。在兔的换毛期，可进行一次到两次火焰消毒，以焚烧脱落的兔毛。

**5. 做好防暑准备**

在我国北方，春季似乎特别短，4～5月份气温刚刚正常，高温季节马上来临。由于兔惧怕炎热，而我国多数兔场的兔舍保温隔热条件较差，尤以农村家庭兔场的兔舍更加简陋，给夏季防暑工作带来很大的难度。应采取投资少、见效快、效果好、简便易行的防暑降温措施，即在兔舍前面栽种藤蔓植物，如丝瓜、吊瓜、苦瓜、眉豆、葡萄、爬山虎等，既起到防暑降温效果，又起到美化环境、净化空气的作用，还可有一定的瓜果收益，一举多得。

**（二）夏季**

夏季高温高湿，不仅严重影响兔的热调节，而且还利于球虫卵囊的发育，幼兔极易暴发球虫病，加之蚊蝇多，给兔的生长、繁殖和健康带来很大的不利。因此，有"寒冬易度，盛夏难熬"之说。夏季的管理要点是防暑降温，供给充足营养，保持环境卫生，减少疾病发生。

**1. 防暑降温**

（1）环境绿化遮阳　通过绿化可以改善兔场和兔舍的温热环境。在兔舍的前面和西面一定距离栽种高大的树木（如树冠较大的梧桐），或丝瓜、眉豆、葡萄、爬山虎等藤蔓植物，以遮挡阳光，减少兔舍的直接受热；如果为平顶兔舍，而且有一定的承受力，可在兔舍顶部覆盖较厚的土，并在其上种草（如草坪）、种菜或种花，对兔舍降温有良好作用；在兔舍顶部、窗户的外面拉折光网，实践证明是有效的降温方法。其折射率可达70%，而且使用寿命达4～5年；对于室外架式兔舍，为了降低成本，可利用柴草、树枝、草帘等搭建凉棚，起到折光造荫降温作用，是一种简便易行的降温措施。

（2）墙面刷白　不同颜色对光的吸收率和反射率不同。黑色吸光率最高，而白色反光率很强，可将兔舍的顶部及南面、西面墙面等受到阳光直射的地方刷成白色，以减少兔舍的受热度，增强光反射。可在兔舍的顶部铺放反光膜，可降低舍温 2℃左右。

（3）蒸发降温　兔舍内的温度来自太阳辐射，舍顶是主要的受热部位。降低兔舍顶部热能的传递是降低舍温的有效措施。如果为水泥或预制板为材料的平顶兔舍，在搞好防渗的基础上，可将舍顶的四周垒高，使顶部形成一个槽子，每天或隔一定时间往顶槽里灌水，使之长期保持有一定的水，降温效果良好。如果兔舍建筑质量好，采取这样的措施，兔舍内夏季可保持在 30℃以下，使母兔夏季继续繁殖；无论何种兔舍，在中午太阳照射强烈时，往舍顶部喷水，通过水分的蒸发降低温度，效果良好。美国一些简易兔舍，夏季在兔舍顶脊部通一根水管，水管的两侧均匀钻有很多小孔，使之往两面自动喷水，是很有效的降温方式。当天气特别炎热时，可配合舍内通风、地面喷水，以迅速缓解热应激。

（4）加强通风　通风是兔舍降温的有效途径，也是兔对流散热的有效措施。在天气不十分炎热的情况下，在兔舍前面栽种藤蔓植物的基础上，打开所有门窗，可以实现兔舍的降温或缓解高温对兔舍造成的压力。

兔舍的窗户是通风降温的重要工具，但生产中发现很多兔场窗户的位置较高。这样造成上部通风效果较好，而下部通风效果不良，导致通风的不均匀性。此外，兔舍的湿度产生在下部粪尿沟，如果仅仅在上面通风，下面粪尿沟没有空气流动，或流动较少，起不到降低湿度的作用。因此，在建筑兔舍时，可在大窗户的下面，接近地面的地方，设置下部通风窗。这对于底部兔笼的通风和整个兔舍湿度的降低产生积极效果。但是，当外界气温居高不下，始终在 33℃以上时，仅仅靠自然通风是远远不够的，应采取机械通风，强行通风散热。机械通风主要靠安装电扇，加强兔舍的空气流动，减少高温对兔的应激程度，小型兔场可安装吊扇，对于局部空气流动有一定效果，但不能改变整个兔舍的温度，仅仅使局部兔笼内的兔感到舒服，达到缓解热应激的程度。因此，其作用是很有限的。大型兔场可采取纵向通风，有条件的兔场，采取增加湿帘和强制通风相结合，效果更好。

**2. 科学饲养**

（1）合理喂料　饲喂时间、饲喂次数、饲喂方法和饲料组成，都对兔的采食和体热调节产生影响，所以，从饲喂制度到饲料配方等均应进行适当调整。

①　喂料时间调整　采取"早餐早，午餐少，晚餐饱，夜加草"，把一天饲料的80%安排在早晨和晚上。由于中午和下午气温高，兔没有食欲，应让其好好休息，减少活动量，降低产热量，不要轻易打扰兔。即便喂料，它们也多不采食。

②　饲料种类调整　增加蛋白质饲料的含量，减少能量饲料的比例，尽量多喂青绿饲料。尤其是夜间，气温下降，兔的食欲旺盛，活动增加，可满足其夜间采食。家庭养兔，可以大量的青草保证自由采食。使用全价颗粒料的兔场，也可投喂适量的青绿饲料，以改善胃肠功能，提高食欲。阴雨天，空气湿度大，笼舍内的病原微生物容易滋生，通过饲料和饮水进入兔体内，导致腹泻。可在饲料中添加1%～3%的木炭粉，以吸附病原菌和毒素。

③　喂料方法调整　粉料湿拌喂可增强食欲，但加水量应严格控制，少喂勤添，一餐的饲料量分两次添加，防止剩料发霉变质。

（2）充足供水　水是兔机体重要的组成部分，机体内的任何代谢活动，几乎都与水有密切关系。研究表明，假如完全不提供水，成年兔只能活4～8天，而供水不供料，兔可以活30～31天。一般来说，兔的饮水量是采食量的2～4倍。随着气温的升高而增加。有人试验，在30℃环境下兔饮水比20℃时饮水量增加50%。有人对生长后期的兔进行了限制饮水和自由饮水对增重的影响试验。限制饮水组每只兔日供水50毫升，试验组自由饮水。试验期30天。结果表明，限制饮水组日增平均0.63克，而试验组为15.5克。试验组是对照组的24倍之多。饮水不足必然对兔的生产性能和生命活动造成影响。其中妊娠母兔和泌乳母兔受到的影响最大。妊娠母兔除了自身需要外，胎儿的发育更需要水。泌乳母兔饮水量要比妊娠母兔增加50%。因为，泌乳高峰期的母兔日泌乳量高达250毫升，而乳中70%是水。生长兔代谢旺盛，相对的需水大。兔夏季必须保证自由饮水。为了提高防暑效果，可在水中加入人工盐；为了预防消化道病，可在饮水中添加一定的微生态制剂；为了预防球虫病，可让母兔和仔、幼兔饮用0.01%～0.02%的稀碘液。

**3. 严格管理**

（1）降低饲养密度　高温季节兔舍热量来源一是太阳辐射热进入

兔舍或通过墙壁和舍顶辐射进入兔舍，增加舍内热量；二是粪尿分解产生热量；三是兔本身的散热。饲养密度越大，向外散热量越多，越不利于防暑降温。因此，降低饲养密度是减少热应激的一条有效措施。为了便于散热降温，对兔舍内的兔进行适宜的疏散。泌乳母兔最好与仔兔分开，定时哺乳，既利于防暑，又利于母兔的体质恢复和仔兔的补料，还有助于预防仔兔球虫病。育肥兔实行低密度育肥，每平方米底板面积饲养 10～12 只，由群养改为单笼饲养或小群饲养。三层重叠式兔笼，由三层养兔改为两层养兔，即将最上面的笼具空置（上层的温度高于下层）。

（2）种公兔的特殊保护 公兔睾丸对于高温十分敏感，高温条件下，兔的曲细精管变性，细胞萎缩，睾丸体积变小，暂时失去产生精子的机能。所以，夏季加强种公兔的特殊保护，对提高母兔配种受胎率有重要意义。

① 提供适宜的环境温度 如果兔场的所有兔舍整体控温有困难，可设置一个"环境控制舍"，即建筑一个隔热条件较好的房间，安装控温设备（如空调），使高温期兔舍内温度始终控制在最佳范围之内，避免公兔睾丸受到高温的伤害。使公兔舒舒服服度过夏季，以保证秋配满怀。如果种公兔数量较多，环境控制舍不能全部容纳，可将种公兔进行鉴定，保证部分最优秀的公兔得到保护。没有条件的兔场，可建造地下室或利用山洞、地下窖、防空洞等，也可起到一定的保护作用。

② 防止睾丸外伤 阴囊具有保护、敷托睾丸和睾丸温度调节作用。睾丸温度始终低于体温 4～6℃，主要依靠阴囊的扩张和收缩来实现的。在低温情况下，阴囊收缩，可使睾丸贴近腹壁，甚至通过腹股沟管进入腹腔"避寒"。在高温情况下，阴囊下垂，扩大散热面积，以最大限度地保证睾丸降温。大型品种的种公兔，睾丸体积大，阴囊下垂可到达踏板表面。如果踏板表面有钉头毛刺，很容易划破阴囊甚至睾丸，造成发炎、脓肿，甚至丧失生精机能。因此，在入夏之前，应对踏板全面检查和检修，防止无谓损失。

③ 营养平衡 有人认为夏季公兔不配种，没有必要提供全价营养。这是片面的。精子的产生是一个连续的过程，并非在使用前增加营养即可排出合格的精液。尽管公兔暂时休闲，但也不能降低饲养水

平。当然，与集中配种期相比，饲喂的数量要减少，防止营养过剩而沉积脂肪过多而造成的肥胖。一般可按照配种期饲喂量的 80％ 饲喂即可。必需氨基酸和维生素的水平不可降低。

④ 合理使用种公兔　在交配次数上，壮年公兔每天可配种 2 次，即配 1 只母兔，包括初配和复配，以后休配 3 天，受孕率较高。可 2～3 周剪一次毛。

（3）控制繁殖　兔具有常年发情、四季繁殖的特点。只要环境得到有效控制，特别是温度控制在适宜的范围之内，一年四季均可获得较好的繁殖效果。但是，我国多数兔场，尤其是农村家庭兔场，环境控制能力较差，夏季不能有效降低温度，给兔的繁殖带来极大困难。兔体温为 38.5～39.5℃，适宜的环境温度为 15～25℃，临界上限温度为 30℃。也就是说，超过 30℃ 不适宜兔的繁殖。高温对兔整个妊娠期均有威胁，关键时期是妊娠早期和妊娠后期。妊娠早期，即胎儿着床前后对温度敏感，高温容易引起胚胎的早期死亡；妊娠后期，尤其是产前一周，胎儿发育迅速，母体代谢旺盛，需要的营养多，采食量大。如果此时高温，母兔采食量降低，造成营养的负平衡和体温调节障碍，不仅胎儿难保，有时母兔也会中暑死亡。母兔夏季的繁殖应根据兔场的具体情况而定。在没有防暑降温条件的兔场，6 月份就应停止配种。

（4）搞好卫生　夏季气温高，蚊蝇滋生，病原微生物繁殖速率快，饲料和饮水容易受到污染。夏季空气湿度大，兔舍和笼具难以保持干燥，不仅不利于细菌性疾病的预防，给球虫病的预防增加了难度，往往发生球虫和细菌的混合感染，因而，兔消化道疾病较多，所以搞好卫生非常重要。

① 饲料卫生　饲料原料要保持较低的含水率，否则霉菌容易滋生而产生毒素；室外存放的粗饲料，要预防雨水浸入；室内存放的饲料原料，很容易通过地面和墙壁的水分传导而受潮结块，应进行防潮处理；饲料原料在贮存期间，要预防老鼠和麻雀的污染；颗粒饲料是最佳的饲料形态，但夏季由于气温高、湿度大，存放时间不宜过长，以控制在 3 周内最佳；小型颗粒饲料机压制的颗粒饲料含水率一定要控制。当加入的水分较多时，一定要经晾晒，使含水率低于 14％ 方可入库存放；粉料湿拌饲喂，一次的喂料量不宜过多，以控制在 20

分钟之内吃完为度，不能使含水率较高的粉料长期在饲料槽内存放；青饲料喂兔，一定要放在草架上，尽量降低被污染的机会。

② 饮水卫生　饮水对于兔的健康非常重要。对于用开放性饮水器（如瓶、碗、盆等器皿）的兔场，容易受到污染，应经常清洗消毒饮水器具，每天更换新水；重视对水源的保护，防止被粪便、污水、动物和矿物等污染；定期化验水质，尤其是兔场发生无原因性腹泻时应首先考虑是否水源被污染；以自动饮水器供水，可保持水的清洁。目前国内生产的塑料管容易长苔，对兔的健康形成威胁，应选用不透明的塑料管。

③ 环境卫生　对于降低兔夏季疾病非常重要。在兔的生活环境中，直接与兔接触的环境对兔的健康影响最大。尤其是脚踏板，兔每时每刻都离不开踏板。当湿度较大时，残留在踏板上的有机物很容易成为微生物的培养基，尤其是兔发生腹泻后，带有很多病原微生物的粪便黏附在踏板上。因此，踏板是消毒的重点。

此外，还应注意消灭苍蝇、蚊子和老鼠。它们是造成饲料和饮水污染的罪魁祸首之一。兔舍的窗户上面安装窗纱，涂长效灭蚊蝇药物，可对蚊蝇有一定的预防效果。加强饲料库房的管理，防止老鼠污染料库。采取多种方法主动灭鼠，可降低老鼠的密度，减少其对饲料的污染。

**4. 疾病控制**

夏季温度高、雨水多、湿度大，是兔球虫病的高发期。尤其是1～3月龄的幼兔最易感染，是严重危害幼兔的一种传染性寄生虫病。多年来，人们都非常重视球虫病的防治工作，但是，近年发现兔球虫病有些新的特点，即发病的全年化、抗药性的普遍化、药物中毒的严重化、混合感染的复杂化、临床症状的非典型化和死亡率提高等，为有效控制这种疾病带来很大的难度。兔球虫病是兔夏季的主要疾病，应采取综合措施进行防控。

（1）搞好卫生　搞好饮食卫生和环境卫生，对粪便实行集中发酵处理，以降低感染机会。

（2）注意隔离　减少母仔接触机会，或严格控制通过母兔对仔兔的感染。

（3）加强药物预防　选用高效药物，交替使用药物、准确用量和严格按照程序用药等。若采取中西结合或复合药物防治效果更好。兔对不同药物的敏感性不同,如兔对马杜霉素非常敏感,正常剂量添加即可造成中毒。因此,该药物不可用于兔球虫病的预防和治疗。另外,多种疾病并发,即混合感染,如球虫和大肠杆菌、球虫和线虫混合感染等,在诊断和治疗中应引起重视。

### (三) 秋季

#### 1. 抓好秋繁

秋高气爽,温度适宜,饲料充足,是兔繁殖的第二个黄金季节。但是,由于兔刚刚度过了夏季(体质较弱,公兔睾丸的破坏严重,公兔睾丸的生精上皮受到很大的破坏,精液品质不良,配种受胎率较低)、第二次季节性换毛(代谢处于一种特殊时期,换毛和繁殖在营养方面发生了冲突)、光照时间进入渐短期(母兔卵巢活动弱,母兔的发情周期出现不规律,发情征状表现不明显)等因素不利于兔繁殖。为了保证秋季的繁殖效果,应重点抓好以下工作:

(1) 保证营养 除了保证优质青饲料外,还应注重维生素 A 和维生素 E 的添加,适当增加蛋白质饲料的比例,使蛋白质达到16%~18%。对于个别优秀种公兔可在饲料中搭配 3% 左右的动物性蛋白饲料(如优质鱼粉),以尽快改善精液品质,加速被毛的脱换,缩短换毛时间。

(2) 增加光照 如果光照时间不足 14 小时,可人工补充光照。由于种公兔较长时间没有配种,应采取复配或双重配。

(3) 对公兔精液品质进行全面检查 经过一个夏天,公兔精液品质会发生很大的变化,但个体之间差异很大。因此,对所有种公兔普遍采精,进行一次全面的精液品质检查。对于精液品质很差(如活率低、死精和畸形精子比例高等)的公兔,查找原因,对症治疗,暂时休养,不参加配种。每 1~2 周检测一次,观察恢复情况。对于精液品质优良的种公兔,重点使用,以防盲目配种所造成受胎率低的损失。

(4) 提高配种成功率 秋季公兔精液品质普遍低,而又处于兔换毛期,受胎率不容乐观。为了提高配种的成功率,可采取复配和双重配。对于种兔场,采用复配的方式,即母兔在一个发情期,用同一只公兔交配 2 次或 2 次以上。对于商品生产的兔场,母兔在一个发情期，可用两只不同的公兔交配。注意间隔时间在 4 小时以内。根据生产经验，每增加一次配种，受胎率可提高 5%～10%，产仔数可增加 0.5～1 只。

**2. 科学饲养**

秋季是兔繁殖的繁忙季节，也是换毛较集中的季节，同时是饲料种类变化最大的季节。饲养应针对季节和兔代谢特点进行。

（1）调整饲料配方　随着季节的变化，饲料种类的供应发生一定变化，饲料价格也发生一定的变化。为了降低饲料成本，同时也要根据季节和兔的代谢特点进行饲料配方的调整。以新的饲料替代以往饲料时，如果没有可靠的饲料营养成分含量，应进行实际测定。尤其是地方生产的大宗饲料品种，更应进行实际测定，以保证饲料的理论营养值和实际值的相对一致。

（2）预防饲料中毒　立秋之后，一些饲料产生一定的毒副作用。比如，露水草、霜后草、二茬高粱苗、棉花叶、萝卜缨、龙葵、蓖麻、青麻、苍耳、灰菜等，本身就含有一定的毒素。农村家庭兔场喂兔，一是要控制喂量，二是掌握喂法，防止饲料中毒。

（3）做好饲料过渡　深秋之后，青草逐渐不能供应，由青饲料到干饲料要有一个过渡阶段。由一种饲料配方到另一种配方要有一个适应过程。否则，饲料突然变化，会造成兔消化机能紊乱。生产中可采取两种方式：一种是两种饲料逐渐替代法。即开始时，原先饲料占 2/3，新的饲料占 1/3，每 3～5 天，更替 30% 左右，使之平稳过渡；一种是有益菌群强化法。饲料改变造成腹泻的机理在于消化道内微生物种类和比例的失调。也就是说，平时以双歧杆菌、乳酸菌等占绝对优势，而大肠杆菌、魏氏梭菌等有害微生物处于劣势地位。当饲料突然改变后，导致兔消化道不能马上适应变化的饲料，肠道的内环境发生改变，进入盲肠内的内容物也发生改变，为有害菌的繁殖提供机遇。欲防止肠道菌群的变化，也可以在饲料中或饮水中大量添加微生态制剂，使外源有益菌与内源有益菌共同抑制有害微生物，保持肠道内环境的稳定和消化机能的正常。

**3. 饲料贮备**

秋季是饲草饲料收获的最佳季节。抓住有利时机，收获更多更好的饲草饲料，特别是优质青草、树叶和作物秸秆等粗饲料，为兔准备充足优质的营养物质，是每个兔场必须考虑的问题。应做到以下几点：

（1）适时收获　立秋之后，野草结籽，各种树叶开始凋落，农作物相继收获，及时采收是非常重要的。否则，采收不及时，其营养物质的转化非常迅速，将有利于兔消化吸收的可溶性营养物质转化成难以吸收利用的纤维素和木质素，营养价值大大降低。立秋之后，植物茎叶的水分含量逐渐降低，干物质含量增加，是收获的有利时机，应在它们的颜色保持绿色的时候收获。

（2）及时晾晒　秋季天高气爽，风和日丽，有利于青草的晾晒干制。要在晴朗的天气尽快将饲草晒干。但是有时候秋雨连绵，对饲草的晾晒造成很大的困难。有条件的饲草公司进行人工干燥，可保证青干草的质量。若自然干燥遇到不良天气，应及时避雨、经常翻动，防止堆积发酵。否则，很容易造成青草受损破坏。在晾晒期间，应与气象部门取得联系，获得最新气象信息，避开不良天气，趁晴朗天气抓紧将草晒干。

（3）妥善保管　青草或作物秸秆晒干后要妥善保管。由于其体积大，占据很大的空间，多垛在室外，然后用苫布保护。在保管过程中应注意防霉、防晒、防鼠、防雨雪。防霉即当草没有晒得特别干，或晾晒不均匀，在保存过程中预防回潮，霉菌滋生而霉坏；防晒即在保存过程中，避免阳光直射，刚刚干制的青干草是绿色的，如果长期暴露在阳光下，受紫外光的破坏作用，其颜色逐渐变成黄色和白色，丧失营养价值；防鼠即在保存过程中，防止老鼠对草的破坏和污染；防雨雪即在保存过程中，一定要防止苫布出现破洞而渗漏雨雪。在干草的保存过程中，应定期抽查，发现问题，及时解决。

**4. 预防疾病**

秋季的气候变化无常，温度忽高忽低，昼夜温差较大，是兔主要传染病发生的高峰期，应引起高度重视：

（1）注意呼吸道传染病的预防　秋冬过渡期气温变化剧烈，最容易导致兔暴发呼吸道疾病，特别是巴氏杆菌病对兔群造成较大的威胁。生产中，单独的巴氏杆菌感染所占的比例并非很多，而多数是巴氏杆菌和波氏杆菌等多种病原菌混合感染。除了注意气温变化以外，适当的药物预防作为预防的补充。应有针对性地进行疫苗注射。根据生产经验，单独注射巴氏杆菌或波氏杆菌疫苗效果都不理想，应注射其二联苗。

（2）预防兔瘟　兔瘟尽管是全年发生，但在气候凉爽的秋季更易流行，应及时注射兔瘟疫苗。注射疫苗应注意三个问题：一是尽量注射单一兔瘟疫苗，不要注射二联或三联苗，否则对兔瘟的免疫产生不利影响。二是注射时间要严格控制。断乳仔兔最好在 40 日龄左右注射，过早会造成免疫力不可靠，免疫过晚有发生兔瘟的危险。三是检查免疫记录，观察成年兔群，免疫期是否已经超过 4 个月。凡是超过或接近 4 个月的种兔最好统一注射。

（3）重视球虫病预防　由于秋季的气温和湿度仍适于球虫卵囊的发育，预防幼兔球虫病不可麻痹大意。应有针对性地注射有关疫苗、投喂药物和进行消毒。

（4）强化消毒　秋季的病原微生物活动较猖獗，又是换毛季节，通过脱落的被毛传播疾病的可能性增加，特别是真菌性皮肤病。因此，在集中换毛期，应用火焰喷灯进行 1～2 次消毒。这样也可避免脱落的被毛被兔误食而发生毛球病。

（四）冬季

冬季环境温度低，保温是冬季管理的中心工作。

**1. 兔舍的保温**

（1）减少舍内热量散失　如关门窗、挂草帘、堵缝洞等措施，减少兔舍热量外散和冷空气进入。兔舍屋顶最好设置具有一定隔热能力的天花板（有的在兔舍内上方设置塑料布作为天花板），可降低顶部散热；为减少墙壁散热，可增加墙的厚度，特别是北墙的厚度或选用隔热材料等。

（2）增加外源热量　在兔舍的阳面或整个室外兔舍扣塑料大棚。利用塑料薄膜的透光性，白天接受太阳能，夜间可在棚上面覆盖草帘，降低热能散失。安装暖气系统是解决冬季兔舍温度的普遍做法。有条件的兔场可利用太阳能供暖装置，或通过锅炉进行汽暖或水暖。小型兔场可安装土暖气，或直接安装火炉，但要用烟管把煤气导出，避免中毒。

（3）建造保温舍　在高寒地区，可挖地下室，山区可利用山洞等。这样的兔舍不仅保温，夏季也可起到降温作用。

## 2. 适量通风

生产中发现，冬季兔的主要疾病是呼吸道疾病，占发病总数的60％以上，而且相当严重。其主要原因是冬季兔舍通风换气不足，污浊气体浓度过高，特别是有毒有害气体（如硫化氢）对兔黏膜（如鼻腔黏膜、眼结膜）的刺激而发生炎症，黏膜的防御功能下降，病原微生物乘虚而入，容易发生传染性鼻炎，有时继发急性和其他类型的巴氏杆菌病（这些疾病仅靠药物和疫苗效果不好，兔舍空气环境改善，症状很快减轻）。因此，冬季应注意通风换气，在晴朗的中午应打开一定窗户，排出浊气。较大的兔舍应采取机械通风和自然通风相结合。为了减少污浊气体的产生，粪便不可在兔舍内堆放时间过长，每天定时清理，以减少湿度和臭气。使用添加剂，如微生态制剂——生态素，按 0.1％ 的比例添加在饮水中或直接喷洒在颗粒饲料表面，让兔自由饮水或采食，不仅可有效地控制兔的消化道疾病，而且使兔舍内的不良气味大幅度降低。

## 3. 抓好冬繁

冬季气温低，虽给兔的繁殖带来很大的困难，但低温也不利于病原微生物的繁衍。搞好保温的情况下，冬繁的仔兔成活率相当高，而且疾病少。因此，抓好冬繁是提高养兔效益的重要一环。抓好冬繁应该注意如下问题。

（1）舍内保温　可采用多种方法进行增温和保温。冬季兔舍温度达到最理想的温度（15～25℃）是不现实的。根据生产经验，平时保持在 10℃ 以上，最低温度控制在 5℃ 以上，繁殖是没有问题的；另外，保持产仔箱的局部高温（是指产仔箱温度要达到仔兔需要的温度）是搞好冬繁的有效措施。一方面产仔箱的材料具有隔热保温性，最好内壁镶嵌隔热系数较大的泡沫塑料板；另一方面，产箱内填充足够的保温材料作为垫草（以薄碎刨花作为垫草效果最佳），将垫草整理成四周高、中间低的浅锅底状，让仔兔相互靠拢，互相供暖，不容易离开，就可实现保温防寒的目的。

（2）增强母性　母性对于仔兔成活率至关重要。凡是拉毛多的母兔，母性强，泌乳力高。而母性的强弱除了受遗传影响以外，受环境的影响也很大。据观察，洞穴养兔，没有人去管理母兔，其自行打洞、拉毛、产仔和护仔，没有发现母性差的母兔。也就是说，人工干预越多，对兔的应激越大，本性表现得就越差。据试验，建造人工洞穴，创造光线暗淡、环境幽雅、温度恒定的条件，就会唤起兔的本性，母性大增。因此，在产仔箱上多下功夫，可以达到事半功倍的效果。母兔拉下的腹毛是仔兔极好的御寒物。对于不会拉毛的初产母兔，可人工诱导拉毛，即在其安静的情况下，用手将其乳头周围的毛拉下，盖在仔兔身上，可起到诱导母兔自己拉毛的作用。

（3）精细管理　有些兔场冬季繁殖成活率低的主要原因是仔兔产后 3 天内死亡严重，与管理不当有关。如产仔前没有准备产箱。环境不安静是造成母兔箱外产仔和仔兔吊奶的主要原因。吊奶是母兔在喂哺仔兔时，受到应激而逃出产箱，将正在吃奶的仔兔带出产箱。如果没有及时发现，多数被冻死。产箱过大、垫草少，小兔不能相互集中，容易爬到产箱的角落被冻死。

（4）人工催产　如果冬季兔舍温度较低，白天没有产仔，夜间缺乏照顾的情况下产的仔容易被冻死。因此，对于已经到了产仔期，但白天没有产仔的母兔，可采取人工催产。方法有二：一是催产素催产。肌内注射人用催产素，每支可注射 3 只母兔，10 分钟内即可产仔。二是吮乳法诱导分娩。即让其他一窝仔兔吮吸待产母兔乳汁 3～5 分钟，效果良好。

**4. 科学管理**

根据冬季气候特点，采取以下饲养管理方法：

（1）科学饲喂　冬季气温低，兔维持体温需要消耗的能量较其他季节高，即兔子需要的营养要高于其他季节。无论是在喂料数量上，还是在饲料的组成上，都应作适当调整。比如，饲料中能量饲料适当提高，蛋白饲料相对降低。喂料量要比平时提高 10％以上。在饲喂时间方面，更应注意夜间饲喂。尤其是在深夜入睡前，草架上应加满饲草，任其自由采食。冬季气温低，光照短，青绿饲料缺乏，要注意维生素的补给。

（2）适时出栏　冬季商品兔育肥的效率低，应采取小群育肥，笼养或平养。平养条件下，如果地面为水泥或砖面，应铺垫干柴草，以减少热量的传递，防止育肥兔腹部受凉。冬季育肥用于维持体温的能量比例高，因此，只要达到出栏的最低体重即可出栏。否则，饲养期越长，经济上越不合算。

（3）合理剪毛　冬季天气寒冷可刺激被毛生长。但是剪毛之后如果保温不当会引起感冒等疾病。因此，多采用拔毛的办法，拔长留短，缩短拔毛间隔，可提高采毛量。如果采取剪毛，在做好保温工作的同时，可预防性投药，或在饲料中添加抗应激制剂。

（4）防好球虫　冬季保温的兔场，应注意球虫病的预防。

（5）注意防潮　冬季通风不良，兔舍湿度大，容易发生疥癣病和皮肤真菌病。因此，应做好防潮工作，注意传染性皮肤性疾病的发生。

## 八、兔的常规管理

### （一）捉兔方法

母兔发情鉴定、妊娠摸胎、种兔生殖器官的检查、疾病诊断和治疗（如：药物注射、口腔投药、体表涂药等）、注射疫苗、打耳号等，种兔的鉴定，后备兔体尺体重的称量，所有兔的转群和转笼等，都需要先捕捉兔。在捕捉前应将笼子里的食具取出，右手伸到兔子头的前部将其挡住（如果手从兔子的后部捕捉，兔子受到刺激而奔跑不止，很难捉住），顺势将其耳朵按压在颈肩部，抓住该部皮肤，将兔上提并翻转手腕，手心向上，使兔子的腹部和四肢向上（如果使兔子的四肢向下，则兔子的爪用力抓住踏板，很难将其往外拉出，而且还容易把脚爪弄断）撤出兔笼。如果为体型较大的种兔，此时左手应托住其臀部，使重心放在左手上。取兔时，一定要使兔子的四肢向外，背部对着操作者的胸部，以防被兔子抓伤。捉兔时绝不可提捉兔子的耳朵（因兔的耳朵大多是软骨，它不能承担全身的重量）、倒提后肢（因兔子有跳跃向上的习惯，倒提时必使其挣扎向上而易导致脑部充血死亡和内脏受伤）或前肢、腰部（引起腰部骨折）及其他部位。对于妊娠母兔在捕捉中更应慎重，以防流产。

### （二）性别鉴定

鉴别初生仔兔性别对于决定是否保留和重点培养有一定的意义，可根据阴孔和肛门的形状、大小和两者的距离判断。公兔的阴孔呈圆形，稍小于其后面的肛门孔洞，距离肛门较远，大于1个孔洞的距离；母兔的阴孔呈扁形，其大小与肛门相似，距离肛门较近，约1个孔洞或小于1个孔洞的距离。也可以将小兔握在手心，用手指轻轻按压小兔阴孔，使之外翻。公兔阴孔上举，呈柱状，母兔阴孔外翻呈两片小豆叶状。性成熟前的兔可通过外阴形状来判断。一手抓住耳朵和颈部皮肤，一手食指和中指夹住尾根，大拇指往前按压外阴，使之黏膜外翻。呈圆柱状上举者为公兔，呈尖叶状下裂接近肛门者为母兔。性成熟后的公兔阴囊已经形成，睾丸下坠入囊，按压外阴即可露出阴茎头部。对于成年兔的性别鉴定应注意隐睾的兔。不能因为没有见到睾丸就认为是母兔。隐睾是一种遗传性疾病，一侧睾丸隐睾可有生育能力，但配种能力降低，不可留种。两侧睾丸隐睾，由于腹腔内的温度始终在35℃以上，兔的睾丸不能产生精子，不具备生育能力。

### （三）年龄鉴定

在集市上购买种兔，或对兔群进行鉴定，以决定种兔的选留和淘汰，判断其年龄是非常必要的。生产中常用的方法是根据兔子的眼睛、牙齿、被毛和脚爪来进行判断，见表5-2。

表 5-2　兔的年龄鉴定

| 生长阶段 | 眼睛 | 门齿 | 趾爪 | 被毛 | 状态 |
|---|---|---|---|---|---|
| 青年兔（6个月至1.5岁） | 圆而明亮、凸出 | 洁白短小，排列整齐 | 表皮细嫩，爪根粉红。爪部中心有一条红线（血管），红线长度与白色（无血管区域）长度相等，约为1岁，红色多于白色，多在1岁以下。青年兔爪短，平直，无弯曲和畸形 | 皮板薄而富有弹性 | 行动敏捷，活泼好动 |
| 壮龄兔（1.5～2.5岁） | 较大而明亮 | 牙齿白色，表面粗糙，较整齐 | 趾爪较长、稍有弯曲，白色略多于红色 | 皮肤较厚、结实、紧密 | 行动灵活 |
| 老龄兔（2.5岁以上） | 眼皮较厚，眼球深凹于眼窝中 | 门齿暗黄，厚长，有破损，排列不整齐 | 趾爪粗糙，长而不齐，向不同的方向歪斜，有的断裂 | 皮板厚，弹性较差 | 行动缓慢，反应迟钝 |

注：獭兔的脚毛短，很难掩盖脚爪，因此，以脚爪露出脚毛的多少判断年龄的方法不适于獭兔。以上判断方法，仅是一种粗略估测方法，不是十分准确。而且兔子的年龄越大，误差也越大。而靠以上方法只能作出初步判断。准确知道兔子的年龄必须查找种兔档案。

## （四）修爪

兔的脚爪是皮肤衍生物。兔的每一指（趾）的末节骨上都附有爪。前肢5指5爪，后肢4趾4爪。爪的功能是保护脚趾，奔跑抓地，挖土打洞和御敌搏斗等。兔的爪具有终身生长的特性。保持适宜的长度，才能使兔感到舒服。在野生条件下，兔在野外奔跑和挖土打洞，将过长的爪磨短。但是，在笼养条件下，兔失去了挖土的自由，随着月龄的增加，其脚爪不断生长，越来越长，不仅影响活动，而且在走动中很容易卡在笼底板间隙内，导致爪被折断。同时，由于爪部过长，脚着地的重心后移，迫使跗关节着地，是造成脚皮炎的主要原因之一。因此，及时给种兔修爪很有必要。在国外有专用修爪剪刀，我国还没有专用工具，可用果树修剪剪刀代替。方法是：将种兔保定，放在胸前的围裙上，使之臀部着力，露出四肢的爪。剪刀从脚爪红线前面0.5～1厘米处剪断即可，不要切断红线。如果一人操作不方便，可让助手配合操作。剪断爪之后，可用锉刀将其端部锉尖，以便种兔着地舒服。种兔一般从1岁以后开始剪爪，每年修剪2～3次。

## （五）恶癖的调教

恶癖是指动物非常规性的、习惯性的、对动物或管理者产生不利影响的行为。如咬人、乱排便、咬架、拒绝哺乳等，只要方法得当，是可以调教的。

### 1. 拒哺母兔的调教

有的母兔无故不哺喂仔兔，有的母兔因为人用手触摸了仔兔而不再喂奶。一旦将其放入产箱便挣扎着逃出。对于这种母兔，可用手多次抚摸其被毛，让其熟悉饲养人员的气味，并使之安静下来，将其放在产箱里，在人的监护和保定下给仔兔喂奶，经过几天后即可调教成功。

如果因为母兔患了乳房炎、缺乳，或因环境嘈杂，母兔曾在喂奶时受到惊吓而发生的拒哺，应有针对性地予以防治。

### 2. 咬架兔的调教

当母兔发情时将其放入公兔笼内配种，而有的公兔不分青红皂白，先扑过去，猛咬一口。这种情况多发生在双重交配时，在前一只公兔的气味还没有散尽时便放进另一只公兔笼中，久而久之，便形成了咬架的恶癖。对这种公兔可采取互相调换笼位的方法，使其与其他种公兔多次调换笼位，熟悉更多的气味。如果还不行，则采取在其鼻端涂擦大蒜汁或清凉油予以预防。

**3. 咬人兔的调教**

有的兔当饲养人员饲喂或捕捉时，先发出"呜——"的示威声，随即扑过来，或咬人一口，或用爪挠人一把，或仅仅向人空扑一下，然后便躲避起来。这种恶癖，有的是先天性的，有的是管理不当形成的（如无故打兔、逗兔，兔舍过深过暗等）。对这种兔的调教首先要建立人兔亲和，将其保定好，在阳光下用手轻轻抚摸其被毛和颜面，并以可口的饲草饲喂，以温和的口气与其"对话"，不再施以粗暴的态度。经过一段时间后，恶癖便能改正。

## （六）公兔去势

商品獭兔出栏的理想时间为5月龄，3月龄后公兔相继性成熟，群养时相互爬跨影响生长和采食，有可能造成偷配而受孕。对非种用公兔实行去势不仅可使之温顺好养，便于群养，而且可改善兔皮品质和兔肉风味。去势时间一般为2.5～3月龄，去势方法见表5-3。

**表5-3 公兔的去势方法和操作**

| 方法 | 操作步骤 | 优缺点 |
|---|---|---|
| 刀骟法 | 将兔仰卧保定，将两侧睾丸从腹腔挤入阴囊并固定捏紧，用2%的碘酒涂擦手术部位（阴囊中部纵向切割）然后用75%的酒精涂擦，以消毒后的手术刀切开一侧阴囊和睾丸外膜2～3厘米，并挤出睾丸，切断精索。用同样方法处理另一侧睾丸。手术后在切口处涂些抗生素或碘酒即可 | 刀骟法将睾丸一次去掉，干净彻底，尽管当时剧烈疼痛，但很快伤口愈合，总的疼痛时间短。需要动手术，伤口有感染的危险性 |
| 结扎法 | 将睾丸挤入阴囊并捏紧，以橡皮筋在阴囊基部反复缠绕扎紧，使之停止血液循环和营养供应，自然萎缩脱落 | 结扎法也有肿胀和疼痛时间长的问题 |
| 药物法 | 药物去势是以不同的化学药物注入睾丸，破坏睾丸组织而达到去势的目的。常用的化学药物有：2%～3%的碘酒、甲钙溶液（10%的氯化钙+1%的甲醛）、7%～8%的高锰酸钾溶液和动物专用去势液等。其方法是以注射器将药液注入每侧睾丸实质中心部位，根据兔子年龄或睾丸的大小，每侧注射1～2毫升 | 药物法去势睾丸严重肿胀，兔子疼痛时间长，操作简便，没有感染的危险，但有时去势不彻底 |

（七）编号

**1. 编耳号**

对于任何一个兔场来说，每只种兔都应有区别其他种兔的方法。在育种工作中，通常给种兔编刺耳号。也就是说，耳号就是兔的名字。编耳号是按照一定的规则给每只种兔起"名字"。耳号应尽量多地体现种兔较多的信息，如品种（或品系、组合）、性别、初生时间及个体号等。编号一般为4～6位数字或字母。给兔编耳号没有统一规定。习惯上，表示种兔品种或品系的号码一般放在耳号的第一位，以该品种或品系的英文或汉语拼音的第一个字母表示，如美系以A或M表示，德系以G或D表示，法系以F表示。性别有两种表示方法：一种是双耳表示法，通常将公兔打在左耳上，母兔打在右耳上；另一种是单双号表示法，通常公兔为单号，母兔为双号。

初生时间一般仅表示出生的年月或第几周（星期）。出生的年份以1位数字表示，如1998年以"8"表示，2000年以"0"表示，10年一个重复。出生月份以两位数字表示，即1～9月份分别为01～09，10～12月份即编为实际月份。也可用一位数表示，即用数字和字母混排法。1～9月份用1～9表示，10月、11月和12月份分别用其月份的英文第一个字母，即O、N和D表示；周（即星期）表示法是将一年分成52周，第一至第九周出生的分别以01～09表示，此后出生的以实际周号表示。比较而言，以周表示法更好。

个体号一般以出生的顺序编排。如以出生年月表示法则为该月出生的仔兔顺序号，如出生周表示法则为该周初生仔兔的顺序号。由于耳朵所容纳的数字位数有限，个体顺序号以两位为好。对于小型兔场，如每月出生的仔兔在100只以内，可以年月表示法，如果生产的仔兔多，最好以出生周表示法。

如果一个兔场饲养的品种或品系只有一种，可将车间号编入耳号，以防车间之间种兔的混乱；对于搞杂交育种的兔场，耳号应体现杂交组合种类和世代数；对于饲养配套系的兔场，应将代（系）编入耳号。如果所反映的信息更多，一个耳朵不能全部表示出来，也可采用双耳双号法。

**2. 标耳号**

（1）钳刺法　即借助一定的工具将编排好的号码刺在种兔的耳壳

内。通常是用专用工具——耳号钳。先将欲打的号码按先后顺序一一排入耳号钳的燕尾槽内并固定好，号码一般打在耳壳的内侧上 1/3～1/2 的皮肤上，避开较大的血管。打前先消毒，再将耳壳放入耳号钳的上下卡之间，使号码对准欲打的部位，然后按压手柄，适度用力，使号码针尖刺透表皮，刺入真皮，使血液渗出而不外流为宜。此时在针刺的耳号部位涂擦醋墨（用醋研磨的墨汁，也可在黑墨汁中加入 1/5 的食醋）即可。此后在耳壳上留下蓝黑色永不褪色的标记。小规模兔场也可使用蘸水笔刺耳号的方法。其原理与耳号钳相同。将蘸水笔的尖部磨尖，一手抓住兔的耳朵，一手持笔，先蘸醋墨，再将笔尖刺入兔耳壳内，多个点形成预定的字母或数字的轮廓。此种方法比较原始，但对于操作熟练的饲养员很实用。刺耳号对于兔来说是一个非常大的应激。应尽量缩短刺号时间。在刺耳号前 2 天，可在饮水或饲料中添加抗应激的添加剂，如维生素 C、维生素 E 等。操作前，应在刺号的部位消毒，以防止病原菌感染。

（2）耳标法　在耳标上写上兔子的耳号，再装在兔子的耳朵上即可。此法简单实用。

## 九、兔的产品采集和处理

### （一）兔毛的采集和处理

采毛通常有剪毛和拉毛两种方法，还有目前正处于试验阶段的药物脱毛。

**1. 剪毛**

饲养毛兔较多时，一般都用剪毛的方法采毛。幼兔第一次剪毛在 8 周龄，以后同成年兔。成年兔一年可剪 4～5 次毛。一年剪 4 次毛时，优质毛比例较高；一年剪 5 次毛时，兔毛产量可提高，但特级、一级毛相对较少。

（1）梳毛　剪毛前要先进行梳毛。梳毛是保持和提高兔毛质量的一项经常性的重要工作。梳毛时脱落的毛也可以收集起来加以利用。兔绒毛纤维的鳞片层常会互相缠结勾连，如久不梳理，就会结成毡块而降低毛的等级甚至成为等外毛，失去纺织和经济价值。

幼兔自断奶后即应开始梳毛，每隔 10～15 天梳理一次。成年兔在每次采毛后的第 2 个月即应梳毛，每 10 天左右梳理一次，直至下次采毛。

梳毛的方法是：将兔放在采毛台或小桌子上，左手轻抓兔的双耳，右手持梳自顺毛方向插入，朝逆毛方向拖起。梳理不通时要用手轻轻扯开，不可强拉。梳毛的顺序是先颈后及两肩，再梳背部、体侧、臀部、尾部及后腿，然后提起两耳梳前胸和腹部，再梳大腿两侧和脚部，最后整理额、颊和耳毛。

（2）剪毛方法　剪毛时，先将兔背脊的毛左右分开，使其呈一条直线，用专用剪毛剪或理发剪自背部中线开始剪，依次顺序为体侧、臀部、颈部、颌下，最后到脑部、腹部和四肢。剪下的毛按其等级分别装入箱或包装纸盒内，毛丝方向最好一致。每放一层毛后需加盖一层油光纸。剪下的毛如不能及时出售，应在箱内撒一些樟脑粉或放些樟脑块，以防虫蛀。剪毛是一项细致的工作，在技术熟练后才能追求速度。

长毛兔要及时剪毛，毛成熟时不及时剪会引起采食不正常。冬季剪毛要分期进行，一次只能剪半边，过 20 天左右再剪另半边；或者先剪下已够优质毛的部分，其他部位待长到够长度后再剪。如果兔舍的保暖条件较好，冬季也可以一次剪完。每次剪毛后，兔的体重要减轻 150～250 克，甚至更多。因此，兔剪毛后应加强饲养管理，喂食要好。

（3）剪毛注意事项

① 要贴着皮肤剪，留下的毛茬力求整齐。

② 不可用手将毛提起来剪，因为兔的皮肤很松软，将毛提起时皮肤会凸起，很容易将皮肤剪破，最好是将皮肤绷紧剪。

③ 遇有结毡时，可先把毡块上面的松毛剪下，然后使刀口垂直，将毡块剪成小条条，最后齐根剪下。

④ 剪腹部毛时，要先把乳头附近的毛剪下，使乳头露出，以防剪伤乳头。剪公兔时，要特别注意不剪破睾丸和外生殖器。

⑤ 妊娠母兔剪毛时，应留下腹毛供营巢之用，母兔到妊娠后期不宜再剪毛。

⑥ 如不慎将皮肤剪破，应涂以碘酊消毒，防止感染。

⑦ 剪毛应选择晴天、无风时进行，阴雨天和天气骤变时不要剪毛，冬季剪毛应在中午进行，剪毛时应垫上软垫，并将门窗关好，防

风侵袭，以防由此引起感冒。

⑧ 剪毛后，将兔饲养在铺有柔软垫草的笼内，并给予营养丰富的饲草和饲料。

⑨ 剪毛时，边剪边按长度分级存放，以便分级包装。

**2. 拔毛**（拉毛）

长毛兔常年均可拔毛，此法尤适于换毛期和冬季采用。长毛兔没有明显的季节性换毛，但在每年春季 3～4 月份和秋季 8～9 月份换毛期内，其毛根脆弱，容易拔取。

拔毛时以左手轻抓兔耳保定，右手拇、食、中三指将兔毛一小撮一小撮均匀地拔下。拔毛时应拔长留短，不要贪多，否则易伤害皮肤，使兔感到痛苦。拔不下的毛，说明未成熟，切不可强拔。妊娠母兔、哺乳母兔和配种期公兔不能拔毛，被毛密度大的兔也不宜拔毛，否则，毛易变粗。

（1）拔毛的优点

① 多产优质毛。孟昭式测试结果，11 只德系长毛兔年剪毛 4 次，兔均年产毛 740 克，特级毛占 34.9%，每千克售价为 37.80 元，兔均年收入 27.97 元；6 只德系与本地毛兔的杂交二代兔，年拉毛 6 次，平均产毛 720 克，特级毛占 81.6%，每千克售价 50.6 元，兔均年收入 36.43 元。拉毛比剪毛所得的特级毛比例高，所以拉兔毛的收入比剪兔毛平均高 8.46 元。

② 拔长留短，有利于兔体保温。留在兔身上的毛不易结毡，夏季可防蚊虫叮咬。

③ 拉毛能刺激兔皮肤的代谢机能，促进毛囊发育，有利于兔毛的生长。近来有人测定，拉毛后可增加兔毛中的粗毛比例，这对近年纺织业需要粗毛型兔毛的潮流有利。

（2）拔毛的不足

① 拔毛费时费工。一只兔每年拉毛 8～15 次，每次 20 分钟，而剪毛每只兔每年 4～5 次，每次 10～15 分钟。

② 拉毛对兔子的皮肤有疼痛刺激，容易引起应激反应，尤其是在幼兔拔光毛时。因此，第一次采集胎毛不宜用拉毛的方法。

③ 长期使用拔毛方法采集的兔毛，虽然毛纤维长些，但由于是自然形态，具有毛梢结构，毛纤维细度不均匀，降低毛纺价值。

### 3. 药物脱毛

长毛兔的药物脱毛目前处于试验阶段，所用药物为复方脱毛灵，按每千克体重 60 毫克的剂量内服，一般在服药后 6 天左右可以脱毛。据试验，复方脱毛灵对长毛兔有轻度副作用，开始几天食欲下降，白细胞、红细胞、血红蛋白都出现减少，一周左右开始恢复。用复方脱毛灵脱毛，对长毛兔的精液质量影响不大，能较快恢复。对母兔的受胎产仔也均无影响，但产毛量要下降，脱毛后长出的毛粗毛率增加，特别是两型毛增多。复方脱毛灵能否在生产中推广，还有待于进一步研究。

### 4. 兔毛的分级与贮藏

（1）兔毛的分级　为了提高兔毛质量，国家收购部门规定了收购等级标准，凡符合国家收购规格的兔毛称为等级毛，等级毛的要求是"长、白、松、净"。长是指毛纤维长度达到等级标准。白是指色泽洁白，对灰黄和尿黄毛都要降级。松是指松散不结块。净是指无杂质。凡不符合以上规定的都是次毛。凡属等级毛，再根据品质优劣分以下四级，见表 5-4。

表 5-4　兔毛的分级

| 分级 | 标　　准 |
|---|---|
| 特级毛 | 纯白全松毛,长度 5.7 厘米以上,含粗毛不超过 10% |
| 一级毛 | 纯白全松毛,长度 4.7 厘米以上,含粗毛不超过 10% |
| 二级毛 | 纯白全松毛,长度 3.7 厘米以上,含粗毛不超过 20%,略带缠结毛,但能撕开,而不损害毛品质 |
| 三级毛 | 纯白全松毛,长度 2.5 厘米以上,含粗毛不超过 20%,可带缠结毛,但能撕开,而又不损害毛的品质 |

（2）兔毛的贮藏　采毛之后最好及时或在短时间内出售。如要存放时，应放在通风处，不可直接存放在地上，要注意防潮，尤其在南方更应注意。存放时，严禁压放重物，否则易缠结成团。如存放时间较长，应用纸包些樟脑块放入，以防虫蛀及兔毛发黄变脆。若大规模存放时应设置温度低、湿度小，温度及湿度恒定，通风良好的专用保存库。

（二）兔皮的采集和处理

**1. 兔皮的构造和特点**

（1）兔皮的构造　根据组织学构造，兔皮可分为表皮层、真皮层和皮下组织 3 层。表皮层位于皮肤表面，由多层上皮细胞组成。由内向外又可分为生发层、颗粒层和角质层。表皮层占皮层厚度的 2%～3%；真皮层位于表皮层的下面，是皮肤最厚的一层，占皮层厚度的 75%～80%，真皮层包括乳头层和网状层，其中乳头层约占 1/3，网状层占 2/3；皮下组织位于真皮层下面，是一层松软的结缔组织，由排列疏松的胶原纤维和弹性纤维组成。纤维间分布着许多脂肪细胞、神经组织、肌纤维和血管等。

（2）兔皮的特点　兔皮的化学成分主要为水、脂肪、无机盐、蛋白质和碳水化合物等。刚屠宰剥取的兔皮含水分 65%～75%，一般幼龄兔皮的含水量高于老龄兔，母兔皮的含水量高于公兔皮。据测定，真皮层含水量最多，表皮层最少，网状层介于两者之间。鲜皮中的脂肪含量占皮重的 10%～20%，脂肪主要存在于表皮层、乳头层和皮脂腺中，其次为网状层和皮下组织中。脂肪对兔皮的加工鞣制有极大影响。含脂过多的生皮，在鞣制加工前必须进行脱脂处理。鲜皮中的无机盐占鲜皮重的 0.3%～0.5%，主要是钠、钾、镁、钙、铁、锌等。

一般表皮层中含钾盐多，真皮层中含钙盐多；白色兔毛中含有较高的氯化钙和磷酸钙，深棕色兔毛中含有较高的氧化铁。鲜皮中的碳水化合物含量占皮重的 1%～5%，从真皮层到表皮层，从细胞到纤维均有分布，有葡萄糖、半乳糖等单糖及糖原、黏多糖等。酸性黏多糖在基质中具有润滑和保护纤维的作用。鲜皮中的蛋白质含量占皮重的 20%～25%，蛋白质是毛皮的重要组成成分，其结构和性质极其复杂。真皮的主要成分为胶原蛋白和弹性蛋白，表皮和兔毛的主要成分是角蛋白。

**2. 兔皮的采集**

（1）宰前准备　进入屠宰场的候宰兔必须经兽医检疫人员检疫合格，具有良好的健康体况。确定屠宰的兔子，宰前断食 8 小时，只供给充足的饮水。宰前断食不仅有利于屠宰操作，保证皮张质量，而且还可节省饲料，降低成本。

（2）处死方法　兔处死的方法很多，常用的有颈部移位法、棒击法、电麻法和注射空气法等。操作见表 5-5。

表 5-5　处死方法及操作

| 分级 | 标　　准 |
| --- | --- |
| 颈部移位法 | 是最简单而有效的处死方法，在农村分散饲养或家庭屠宰加工的情况下。术者用左手抓住兔后肢，右手捏住头部，将兔身拉直，突然用力一拉，使头部向后扭转，兔子因颈椎脱位而致死 |
| 棒击法 | 广泛用于小型獭兔屠宰场。通常用左手紧握兔的两后肢，使头部下垂，用木棒或铁棒猛击其头部，使其昏厥后屠宰剥皮。棒击时须迅速、熟练，否则不仅达不到击昏的目的，且因兔子骚动易发生危险 |
| 电麻法 | 通常用电压为 40～70 伏特、电流为 0.75 安培的电麻器轻压耳根部，使兔触电致死。这是正规化屠宰场广泛采用的处死方法。采用电麻法常可刺激心跳活动，缩短放血时间，提高宰杀取皮的劳动效率 |
| 注射空气法 | 从兔的耳静脉注射空气，形成血栓，阻止血液流动，造成心脏缺血而使兔子死亡。此法对皮毛没有任何损伤，缺点是容易形成体内淤血，放血不全 |

（3）剥皮　处死后应立即剥皮，尸体僵冷后皮、肉很难剥离。手工剥皮一般先将左后肢用绳索拴起，倒挂在柱子上，用利刃割开跗关节周围的皮肤，沿大腿内侧通过肛门平行挑开，将四周毛皮向外剥开翻转，用退套法剥下毛皮，最后抽出前肢，剪除眼睛和嘴唇周围的结缔组织和软骨。在退套剥皮时应注意不要损伤毛皮，不要挑破腿肌或撕裂胸腹肌。剥下的鲜皮应立即用利刀割除皮上残留的肌肉、筋腱等，然后用剪刀沿腹中线细心剪开成“开片皮”按其自然皮形，毛面朝下、皮板朝上，让其在阴凉通风处风干。

剥皮后的肉尸应立即进行放血处理。据实践经验，最好将兔体倒挂，用利刀切开颈动脉或割除头部，放血时间应不少于 2～3 分钟。否则，放血不净会影响兔肉的保存时间。

（4）放血方法　正确的獭兔宰杀取皮方法是先处死、剥皮，后放血的方法，以减少毛皮污染。目前，最常用的放血方法是颈部放血法，即将剥皮后的兔体侧挂在钩上，或由他人帮助提举后腿，割断颈部的血管和气管放血。根据实践，倒挂刺杀的放血时间以 3～4 分钟为宜，不能少于 2 分钟，以免放血不全，影响兔肉品质。

**3. 原料皮的初步处理**

（1）清理工作　剥下的生皮，常带有油脂、残肉和血污，不仅影响毛皮的整洁和贮存，而且容易造成油烧、霉烂、脱毛等伤残，降低使用价值，应及时清理残存的脂肪、肌腱、结缔组织等。脱脂清理工作，通常采用刮肉机或木制刮刀进行。清理中应注意：一是清理刮脂时应展平皮张，以免刮破皮板，影响毛皮质量；二是刮脂时用力应均衡，不宜用力过猛，以免损伤皮板，切断毛根；三是刮脂应由臀部向头部顺序进行，如逆毛刮脂，易造成透毛、流针等伤残。

（2）防腐处理　鲜皮防腐是毛皮初步加工的关键，防腐的目的在于促使生皮造成一种不适于细菌和酶作用的环境。目前常用的防腐处理主要有干燥法、盐腌法和盐干法三种。

① 干燥法　即通过干燥使鲜皮中的含水量降至12%～16%，以抑制细菌繁殖，达到防腐的目的。鲜皮干燥的最适温度为20～30℃，温度低于20℃，水分蒸发缓慢，干燥时间长，可能使皮张腐烂；温度超过30℃，皮板表面水分蒸发快，易使皮张表面收缩或使胶原胶化，阻止水分蒸发，成为外干内湿状态，干燥不匀会使生皮浸水不匀，影响以后的加工操作。干燥防腐的优点是操作简单，成本低，皮板洁净，便于贮藏和运输。主要缺点是皮板僵硬，容易折裂，难于浸软。且贮藏时易受虫蚀损失。

② 盐腌法　利用干燥食盐或盐水处理鲜皮，是防止生皮腐烂最普通、最可靠的方法。用盐量一般为皮重的30%～50%，将其均匀撒布于皮面，然后板面对板面堆叠1周左右，使盐溶液逐渐渗入皮内，直至皮内和皮外的盐溶液浓度平衡，达到防腐的目的。盐腌法防腐的毛皮，皮板多呈灰色，紧实而富有弹性，温度均匀，适于长时间保存，不易遭受虫蚀。主要缺点是阴雨天容易回潮，用盐量较多，劳动强度较大。

③ 盐干法。这是盐腌和干燥两种防腐法的结合，即先盐腌后干燥，使原料皮中的水分含量降至20%以下，鲜皮经盐腌，在干燥过程中盐液逐渐浓缩，细菌活动受到抑制，再经干燥处理，达到防腐的目的。盐干皮的优点是便于贮藏和运输，遇潮湿天气不易迅速回潮和腐烂。主要缺点是干燥时由于胶原纤维束缩短，皮内又有盐粒形成，可能影响真皮天然结构而降低原料皮质量。

（3）消毒处理　在某些情况下，原料皮可能遭受各种病原微生物的污染，尤其是遇到某些人畜共患疾病的传染源，如果处理不当会严重危害人畜健康。因此，必须重视对原料皮的消毒处理。为了防止各种传染源的扩散和传播，在原料皮加工前，可用甲醛熏蒸消毒，或用2％盐酸和15％食盐溶液浸泡2～3天，则可达到消毒的目的。

（4）贮存保管　生皮经脱脂、防腐处理后，虽然能耐贮藏，但若贮存保管不当，仍可能发生皮板变质、虫蚀等现象，降低原料皮的质量。

① 库房要求　贮存原料皮的库房要求地势高燥，库内要通风、隔热、防潮。建筑物应当坚固，屋顶不能漏水，地面最好为木地板或水泥地，要有防鼠、防蚁设备。库房温度最低不低于5℃，最高不超过25℃。相对湿度应保持在60％～70％。

② 入库检查　原料皮入库前应进行严格的检查，没有晾干或带有虫卵以及大量杂质的皮张，必须剔出。如发现湿皮应及时晾干；生虫的原料皮应除虫或用药物处理后再入库；含大量杂质的皮张需加工整理后方能入库。

③ 库房管理　在库房内，生皮应堆在木条上，按产地、种类、等级分别堆放。为了防止虫害，皮板上应撒施防虫剂，如精萘粉、二氯化苯等。如在库房内发现虫迹，应及时翻垛检查，采取灭虫措施。一般情况下应每月检查2～3次。

（5）包装运输　基层收购的原料皮，大多是零收整运，发运时必须重新包装。远途邮寄托运投售的，可按品质或张片基本一致地叠放在一起，每5张一扎，撒上少量防虫药剂，包一层防潮纸，然后用纸箱或塑料编织袋打包成捆投寄。公路运输必须备有防雨设备，以免中途遭受雨淋。长途运输的皮张，每捆25～50张，打捆时毛面对毛面，皮板对皮板，层层叠放，但每捆上下两层必须皮板朝外，再用塑料袋包装，用绳子按井字形捆紧，经检疫、消毒后方能发运。

**4. 毛皮质量要求**

毛皮品质优劣的主要依据是皮板面积、皮板质地、被毛长度、被毛密度和被毛色泽等。

（1）皮板面积　毛皮面积的大小关系到商品的利用价值，在品质相同的情况下，面积愈大则利用价值愈大。评定面积的要求是，凡等内皮均不能小于 0.1111 平方米，达不到标准者就要相应降级。要达到 0.1111 平方米的规格，獭兔活重需达 2.75～3 千克。

（2）皮板质地　评定皮板质地的基本要求是厚薄适中，质地坚韧，板面洁净，被毛附着牢固，色泽鲜艳。青年兔在适宜季节取皮，板质一般较好；老龄兔取皮则板质比较粗糙、过厚。部分毛皮板质不良，厚薄不均，多因饲养管理粗放，剥取技术不佳或晾晒、贮存、运输不当等所致，严重者多无制裘价值。据测定，獭兔皮张厚度为 1.72～2.08 毫米，以臀部最厚，肩部最薄。

（3）被毛密度　被毛密度是评定獭兔毛皮质量的第一要素。被毛密度与毛皮的保暖性能有很大关系，因此，要求密度愈大愈好。现场测定兔毛密度的方法是逆向吹开被毛，形成旋涡中心，根据旋涡中心露皮面积大小来确定其密度。如不露皮肤或露皮面积小于 4 平方毫米（似大头针头大小）为极好，不超过 8 平方毫米（约火柴头大小）为良好，不超过 12 平方毫米（约 3 个大头针头大小）为合格。据测定，獭兔被毛密度每平方厘米为 2.6 万～3.8 万根，母兔被毛密度略高于公兔，从不同部位看则以臀部被毛密度最大，背部次之，肩部最差。影响獭兔被毛密度的主要因素，除遗传因素外，主要受营养、年龄和季节的影响。营养条件愈好，毛绒愈丰厚；青壮年兔比老龄兔丰厚；冬皮比夏皮丰厚。饲养管理不善、忽视品种选育等，均会影响被毛的密度。

（4）被毛色泽　评定被毛色泽的基本要求是符合品种色型特征，纯正而富有光泽。色泽的纯正度主要受遗传、年龄的影响。品种不纯的有色獭兔，其后代容易出现杂色、色斑、色块和色带等异色毛；由于年龄不同，其色泽也有很大差异，獭兔一生以 5 月龄至周岁前后色泽最为纯正而富有光泽；4 月龄前的青年兔及 3 岁后的老年兔，毛皮色泽多淡而无光，有色獭兔的毛皮色泽多随年龄增长而逐渐变淡，且失去光泽。此外，管理不善、营养不良、疾病等因素均会影响被毛的色泽。

（5）被毛长度　评定獭兔毛皮品质的重要指标之一是要求被毛长度均匀一致。据测定，獭兔被毛的长度为 1.77～2.11 厘米。影响兔毛长度和平整度的主要因素有营养水平、取皮时间、性别等。营养条件愈差，被毛愈短且枪毛含量高；未经换毛的毛皮，枪毛含量往往高于换毛后的适龄皮张；从不同性别看，似有公兔毛略长于母兔毛的趋向。

**5. 兔皮的鞣制**

獭兔皮的鞣制工艺一般分为：选皮—浸水—脱脂—第二次脱水—第二次去肉—浸酸—鞣制—中和—离心甩水—加脂干燥—干铲—整理。各工序参考时间为：浸水 16～24 小时，脱脂 1 小时，浸酸、鞣制各 48 小时。

**（三）兔肉的采集和处理**

**1. 肉兔的屠宰**

（1）宰前准备　肉兔在屠宰前，需经兽医逐只检验，凡确诊为患严重传染病的兔，应立即扑杀销毁。早检验确认为一般传染病，且有治愈希望者，或有传染病可疑而未经确认的兔，可隔离治疗缓宰。经检验发现受伤或其他非传染病者，无碍人体健康，且有可能迅速死亡的病兔，应急宰并进行高温处理。检疫合格的候宰兔可按产地、品种、强弱等情况进行分群、分栏饲养。对肥度良好的兔喂给饲料，以减少在运输途中所受损失；对瘦弱兔则应喂以育肥料，以期在短期内迅速增重。在宰前饲养过程中必须限制兔的活动，充分休息，解除疲劳，避免屠宰时放血不全。在候宰期间，须经 8～12 小时的断食休息，但要有充足的饮水，直至宰前 2～4 小时停水。断食是为了减少消化道中的内容物，便于开膛和内脏整理，可防止在加工过程中肉质被污染。在断食期间供以充足的饮水，以保证兔正常的生理机能，促使粪便排出和放血充分，并有利于剥皮和提高屠宰产品质量。但应在屠宰前 2～4 小时停止饮水，避免兔倒挂放血时胃内容物从食道流出。

（2）宰杀过程　小型兔加工厂屠宰时多采用手工操作。现代化的屠宰厂都采用机械流水作业，用空中吊轨移动来进行兔的屠宰与加工，降低劳动强度，提高工作效率，减少污染机会，保证肉质的新鲜卫生。二者屠宰方法基本相同，主要包括击昏、放血、剥皮、剖腹取内脏、胴体修整等过程。

① 击昏　是为了使兔暂时失去知觉，减少和消除屠宰时的挣扎和痛苦，便于屠宰时放血。目前，常用的击昏法主要有电击法、机械击昏法和颈部移位法。另外，还可给候宰兔灌服食醋数汤勺，由于兔对食醋很敏感，会引起心脏衰竭，出现麻痹及呼吸困难而致昏。

② 放血　兔子被击昏后应立即放血，以保证操作安全和放血完全。目前，广大农村及小型兔肉加工厂，宰杀肉兔大都为手工操作。最常用的放血法是颈部放血法，即将击昏的兔倒挂在钩上，或由他人帮助提举后腿，割断颈部的血管和气管，进行放血。根据操作实践，倒挂刺杀的放血时间以 3～4 分钟为宜，不能少于 2 分钟，以免放血不全（放血充分，肉质细嫩，含水量少，容易贮存；放血不全，肉质发红，含水量增加，贮存困难）；现代化兔肉加工厂，宰杀兔子多用机械割头。这种方法可以减轻操作时的劳动强度，提高工效，防止兔毛、兔血沾污胴体，影响产品质量。

③ 剥皮　根据出口冻兔肉的要求和国内兔肉的消费习惯，带骨兔肉或去骨兔肉都应剥皮去脂。剥皮是一项繁重的劳动，现代化的肉兔屠宰场多采用机械剥皮，如上海市食品公司冻兔肉加工厂已试制成功链条式剥皮机，工效比手工剥皮提高 5 倍左右。中、小型肉兔屠宰加工场多采用半机械化剥皮法，即先用手工操作，将放血后的兔从后肢膝关节处平行挑开剥至尾根，用双手紧握腹背部皮张，伸入链条式转盘槽内，随转盘转动顺势拉下兔皮。目前，广大农村分散养兔及小型肉兔屠宰加工场普遍采用手工剥皮法。

④ 剖腹、擦血　经处死、剥皮后的胴体，即可进行剖腹净腔。先用利刀切开耻骨联合处，分离出泌尿生殖器官和直肠，然后沿腹中线切开腹腔，除肾脏外，取出全部内脏。取下的大小肠及脾、胃应单独存放，经兽医卫生检验后集中送往处理间处理。

经剖腹取脏后，可用洁净海绵或棕榈刷擦除体腔内残留血水。上海市食品公司冻兔加工厂采用真空泵吸除血水，效果很好。先用刷颈机代替抹布擦净颈血，然后用真空泵吸除体腔内残留血水，既干净又卫生。

⑤ 修整、冷却　修整的目的是为了除去胴体上能使微生物繁殖、污染的淤血、残脂、污秽等，达到洁净、完整和美观的商品要求。其工序包括：第一，修除残存的内脏、生殖器、各种腺体、结缔组织和颈部血肉等；第二，修整背、臀、腿部等主要部位的外伤，修除各种瘢疤、溃疡等；第三，修整暴露在胴体表面的各种游离脂肪和其他残留物；第四，从第一颈椎处去头，从前肢腕关节、后肢跗关节处截肢；第五，用高压自来水喷淋胴体，冲净血污，转入冷风道沥水

冷却。

**2. 兔肉的分级、分割**

带骨兔肉按重量分级，包括：特级（每只净重 1500 克以上）、一级（每只净重 1001～1500 克）、二级（每只净重 601～1000 克以上）和三级（每只净重 400～600 克）。按部位分割兔肉，分成前腿肉、背腰肉和后腿肉。

第六章

<<<<<

# 兔场的经营管理

### 核心提示

兔场的经营管理就是通过对兔场的人、财、物等生产要素和资源进行合理的配置、组织、使用，以最少的消耗获得尽可能多的产品产出和最大的经济效益。但许多兔场只重视技术管理而忽视经营管理，只重视饲养技术的掌握而不愿接受经营管理知识，导致经营管理水平低，养殖效益差。兔场的经营管理包含市场调查、经营预测、经营决策、经营计划制定以及经济核算等内容。

## 第一节 经营管理的概念、意义和基本内容

### 一、概念

经营是经营者在国家各项法律法规、政策方针的规范指导下，利用自身资金、设备、技术等条件，在追求用最少的人、财、物消耗取得最多的物质产出和最大的经济效益的前提下，合理确定生产方向与经营目标，有效地组织生产、销售等活动。管理是经营者为实现经营目标，如何合理组织各项经济活动，这里不仅包括生产力和生产关系两个方面的问题，还包括经营生产方向、生产计划、生产目标如何落实，以及人、财、物的组织协调等方面的具体问题。经营和管理之间有着密切的联系，有了经营才需要管理；经营目标需要借助于管理才能实现，离开了管理，经营活动就会混乱，甚至中断。经营的使命在于宏观决策，管理的使命在于如何实现经营目标，是为实现经营目标

服务的，两者相辅相成，不能分开。

## 二、意义

### （一）取得最大经济效益

只有搞好经营管理，才能以最少的资源、资金取得最大的经济效益。养兔生产需要投入资金多，技术性强，正常运行要求组织严密，解决问题及时，必须要求把科学的饲养管理和科学的经营管理结合起来。只有高水平的经营管理，才能体现高水平的饲养管理。

### （二）提高市场竞争能力

只有搞好经营管理，才能不断挖掘兔场生产潜力，合理地使用人、财、物，提高资源利用率，生产更多的产品；才能提高采用新技术和更新设备的能力，不断提高劳动生产率；才能建立健全各项规章制度并落到实处，完善各种原始记录，不断对生产情况进行分析，找出问题所在，及时有效地解决，加强成本控制和核算，最大限度地降低产品生产成本等，这都会极大地提高兔场的竞争能力和赢利空间。

### （三）规避风险，减少损失

兔是活的动物，有其特定的生物学特性，容易受到疾病的侵袭，同时兔的产品生产具有一定的季节性和市场需求的不稳定性等，这些都加大了兔场的养殖风险。只有加强饲养管理和经营管理，按照兔的生物学要求，提供适宜的生产条件，根据市场的变化不断调整兔群结构、生产结构和产品产量及上市时间，这不仅能将风险降低到最小限度，甚至可以获得较好的效益。

## 三、基本内容

### （一）经营决策

经营决策是指在经营分析的基础上，对兔场整体活动以及各重要经营活动的目标、方针、战略、策略等做出抉择的过程。经营决策目标指在一定时期内兔场计划达到的利润指标、市场营销指标、生产技术经济指标、竞争能力提高程度、职工科技文化水平提高程度及职工生活福利改善目标等。

## （二）计划管理

计划管理是兔场经营管理的首要职能，由计划的编制、执行和检查分析所构成，计划一般包括长远规划、年度计划和阶段作业（按季度或月份或旬编制）计划3种。

## （三）生产管理

生产管理包括兔群结构的组成和调整生产组织、生产工艺流程。具体地讲，生产组织又包括生产管理制度程序的确定及调整，生产人员的调配、生产设备管理、安全生产及生产统计分析等内容。

## （四）技术管理

技术管理包括兔场技术操作规程的制定和实施，完善生产技术记录，建立兔场生产技术档案及新技术的引进和技术攻关、技术推广等内容。

## （五）人力资源管理

人力资源管理包括劳动定额的确定，落实生产责任制，严格各项规章制度，建立考评和奖罚机制，保障职工福利待遇，进行职工培训，建立有效的激励机制，激发职工的积极性和创造性等内容。

## （六）财务管理

财务管理包括财务预算、资金的筹措及运用成本核算、财务分析、财务决算、编制财务计划（可列入计划管理）、制定财务制度等内容。不断提高财务管理水平，保证生产计划的实现，在兔场经营管理工作中具有重要意义。

## （七）经济核算

对企业的资产、成本和盈利进行核算，最大限度地降低生产成本，提高养兔效益。

# 第二节 经营预测和决策

## 一、经营预测

预测是决策的前提，要做好产前预测，必须首先开展市场调查。

即运用适当的方法，有目的、有计划、系统地搜集、整理和分析市场情况，取得经济信息。调查的内容包括市场需求量、消费群体、产品结构、销售渠道、竞争形式等。调查的方法常用的有访问法、观察法和实践法三种。搞好市场调查是进行市场预测、决策和制订计划的基础，也是搞好生产经营和产品销售的前提条件。

经营预测就是对未来事件做出的符合客观实际的判断。如市场预测（销售预测）就是在市场调查的基础上，在未来一定时期和一定范围内，对产品的市场供求变化趋势做出估计和判断。市场预测的主要内容包括：市场需求预测、销售量预测、产品寿命周期预测、市场占有率预测等。预测期分为短期和长期两种。预测方法有判断性预测法和数学模型分析预测法。

## 二、经营决策

经营决策就是兔场为了确定远期和近期的经营目标和实现这些目标有关的一些重大问题作出最优的选择的决断过程。大至兔场的生产经营方向、经营目标、远景规划，小到规章制度的制定、生产活动的具体安排等，都需要决策。决策的正确与否，直接影响到经营效果。有时一次重大的决策失误就可能导致兔场的亏损，甚至倒闭。正确的决策是建立在科学预测的基础上的，通过收集大量有关的经济信息，进行科学预测后，才能进行决策。正确的决策必须遵循一定的决策程序，采用科学的方法。

### （一）决策的程序

**1. 提出问题**

即确定决策的对象或事件。也就是要决策什么或对什么进行决策。如确定经营方向、饲料配方、饲养方式、治疗什么疾病等。

**2. 确定决策目标**

决策目标是指对事件作出决策并付诸行动之后所要达到的预期结果。如经营项目和经营规模的决策目标是，一定时期内使销售收入和利润达到多少。如发生疾病时的决策目标是治愈率多高，有了目标，拟定和选择方案就有了依据。

**3. 拟订多种可行方案**

只有设计出多种方案，才可能选出最优的方案。拟订方案时，要紧紧围绕决策目标，充分发扬民主，大胆设想，尽可能把所有的方案包括无遗，以免漏掉好的方案。如对兔群防治大肠杆菌病决策的方案有用药防治（可以选用的药物也有多种，如丁胺卡那霉素、庆大霉素、喹乙醇及复合药物）、疫苗防治等。

## （二）常用的决策方法

经营决策的方法较多，生产中常用的决策方法有下面几种。

### 1. 比较分析法

比较分析法是将不同的方案所反映的经营目标实现程度的指标数值进行对比，从中选出最优方案的一种方法。如对不同品种的饲养结果分析，可以选出一个能获得较好的经济效益的品种。

### 2. 综合评分法

综合评分法就是通过选择对不同的决策方案影响都比较大的经济技术指标，根据它们在整个方案中所处的地位和重要性，确定各个指标的权重，把各个方案的指标进行评分，并依据权重进行加权得出总分，以总分的高低选择决策方案的方法。例如在兔场决策中，选择建设兔舍时，往往既要投资效果好，又要设计合理、便于饲养管理，还要有利于防疫等。这类决策，称为多目标决策。但这些目标（即指标）对不同方案的反映有的是一致的，有的是不一致的，采用对比法往往难以提出一个综合的数量概念。为求得一个综合的结果，需要采用综合评分法。

### 3. 盈亏平衡分析法

这种方法又叫量、本、利分析法，是通过揭示产品的产量、成本和盈利之间的数量关系进行决策的一种方法。产品的成本划分为固定成本（不随产品产量的变化而变化的成本，如兔场的管理费、固定职工的基本工资、折旧费等）和变动成本（随着产销量的变动而变动的，如饲料费、燃料费和其他费用）。计算公式：

$$PQ = F + QV + PQX \tag{6-1}$$
$$Q = F / [P(1-X) - V]$$

式中，$F$ 为某种产品的固定成本；$X$ 为单位销售额的税金；$V$ 为单位产品的变动成本；$P$ 为单位产品的价格；$Q$ 为盈亏平衡时的产销量。

如企业计划获利 $R$ 时的产销量 $Q_R$ 为：

$$Q_R = (F+R)/[P(1-X)-V] \tag{6-2}$$

盈亏平衡公式可以解决如下问题：

（1）**规模决策**　当产量达不到保本产量，产品销售收入小于产品总成本，就会发生亏损，只有在产量大于保本点条件下，才能盈利，因此保本点是企业生产的临界规模。

（2）**价格决策**　产品的单位生产成本与产品产量之间存在以下关系：

$$CA（单位产品生产成本）= F/(Q+V) \tag{6-3}$$

即随着产量增加，单位产品的生产成本会下降。可依据销售量作出价格决策。

① 在保证利润总额（$R$）不减少的情况下，可依据产量来确定价格。由 $PQ = F + VQ + R$

可知：

$$P = (F+R)/Q + V \tag{6-4}$$

② 在保证单位产品利润（$r$）不变时，如何依据产销量来确定价格水平。

由 $PQ = F + VQ + R$　　　（$R = rQ$）

则

$$P = F/Q + V + r \tag{6-5}$$

### 4. 决策树法

利用树形决策图进行决策基本步骤：绘制树形决策图，然后计算期望值，最后剪枝，确定决策方案。如某牧场可以养兔、肉猪，只知道其年赢利额（见表 6-1），请做出决策选择。

表 6-1　不同方案在不同状态下的年赢利额　单位：万元

| 收益项目<br>状态 | 概率 | 肉兔 | | 肉猪 | |
|---|---|---|---|---|---|
| | | 畅销 0.9 | 滞销 0.1 | 畅销 0.8 | 滞销 0.2 |
| 饲料涨价 A | 0.3 | 15 | −20 | 20 | −5 |
| 饲料持平 B | 0.5 | 30 | −10 | 25 | 10 |
| 饲料降价 C | 0.2 | 45 | 5 | 40 | 20 |

（1）绘制决策树形示意图（图 6-1）　□表示决策点，由它引出的

分枝叫决策方案枝；○表示状态点，由它引出的分枝叫状态分枝，上面标明了这种状态发生的概率；△结果点，它后面的数字是某种方案在某状态下的收益值。

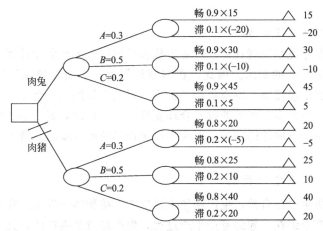

图 6-1　决策树形示意图

（2）计算期望值

① 肉兔＝{(0.9×15)＋[0.1×(−20)]}×0.3＋{(0.9×30)＋[0.1×(−10)]}×0.5＋[(0.9×45)＋(0.1×5)]×0.2＝24.45

② 肉猪＝{(0.8×20)＋[0.2×(−5)]}×0.3＋[(0.8×25)＋(0.2×10)]×0.5＋[(0.8×40)＋(0.2×20)]×0.2＝19.1

（3）剪枝　由于肉兔的期望值是 24.45，大于肉猪的期望值，剪掉肉猪项目，留下的肉兔项目就是较好的项目。

# 第三节　兔场的计划管理

计划是决策的具体化，计划管理是经营管理的重要职能。计划管理就是根据兔场确定的目标，制定各种计划，用以组织协调全部的生产经营活动，达到预期的目的和效果。为充分发挥兔场现有的人力、物力资源，挖掘生产潜力，做到全年合理、安全、稳定生产和供应，必须制定切合实际的生产计划。

## 一、编制计划的原则

兔场要编制科学合理、切实可行的生产经营计划,必须遵循以下原则。

### (一)整体性原则

编制的兔场经营计划一定要服从和适应国家的养兔业计划,满足社会对兔产品的要求。因此,在编制计划时,必须在国家计划指导下,根据市场需要,围绕兔场经营目标,处理好国家、企业、劳动者三者的利益关系,统筹兼顾,合理安排。作为行动方案,不能仅提出和规定一些方向性的问题,而应当规定详尽的经营步骤、措施和行为等内容。

### (二)适应性原则

养兔生产是自然再生产和经济再生产、植物第一性生产和动物第二性生产交织在一起的复杂生产过程,生产经营范围广泛,其不可控影响因素较多。因此,计划要有一定弹性,以适应内部条件和外部环境条件的变化。

### (三)科学性原则

编制兔场生产经营计划要有科学态度,一切从实际出发,深入调查分析有利条件和不利因素,进行科学的预测和决策,使计划尽可能地符合客观实际,符合经济规律。编制计划使用的数据资料要准确,计划指标要科学,不能太高,也不能太低。要注重市场,以销定产,即要根据市场需求倾向和容量来安排组织兔场的经营活动,充分考虑消费者需求以及潜在的竞争对手,以避免供过于求,造成经济损失。

### (四)平衡性原则

兔场安排计划要统筹兼顾,综合平衡。兔场生产经营活动与各项计划、各个生产环节、各种生产要素以及各个指标之间,应相互联系、相互衔接、相互补充。所以,应当把它们看作是一个整体,各个计划指标要平衡一致,使兔场各个方面、各个阶段的生产经营活动协调一致,使之能够充分发挥兔场优势,达到各项指标和完成各项任务。因此,要注重两个方面:一是加强调查研究,广泛收集资料数据，进行深入分析，确定可行的、最优的指标方案；二是计划指标要综合平衡，要留有余地，不能破坏兔场的长期协调发展，也不能满打满算，使兔场生产处于经常性的被动局面。

## 二、编制计划的方法

兔场计划编制的常用方法是平衡法，是通过对指导计划任务和完成计划任务所必须具备的条件进行分析、比较，以求得两者的相互平衡。畜牧业企业在编制计划的过程中，重点要做好草原（土地）、劳力、机具、饲草饲料、资金、产销等平衡工作。利用平衡法编制计划主要是通过一系列的平衡表来实现的，平衡表的基本内容包括需要量、供应量、余缺三项。具体运算时一般采用下列平衡公式：

期初结存数＋本期计划增加数－本期需要数＝结余数

上式三部分，即供应量（期初结存数＋本期增加数）、需要量（本期需要量）和结余数构成平衡关系，进行分析比较，揭露矛盾，采取措施，调整计划指标，以实现平衡。

## 三、编制计划的程序

编制经营计划必须按照一定程序进行，其基本程序如下。

### （一）做好各项准备工作

主要是总结上一计划期计划的完成情况，调查市场的需要情况，分析本计划期内的利弊情况，即做好总结、收集资料、分析形势、核实目标、核定计划量等工作。

### （二）编制计划草案

主要是编制各种平衡表，试算平衡，调整余额，提出计划大纲，组织修改补充，形成计划草案。

### （三）确定计划方案

组织讨论计划草案，并由有关部门审批，形成正式计划方案。一套完整的企业计划，通常由文字说明的计划报告和一系列计划指标组成的计划表两部分构成。计划报告也叫计划纲要，是计划方案的文字说明部分，是整个计划的概括性描述。一般包括以下内容：分析企业上期养兔生产发展情况，概括总结上期计划执行中的经验和教训；对当前兔生产和市场环境进行分析；对计划期兔生产和畜产品市场进行预测；提出计划期企业的生产任务、目标和计划的具体内容，分析实现计划的有利和不利因素；提出完成计划所要采取的组织管理措施和技术措施。计划表是通过一系列计划指标反映计划报告规定的任务、目标和具体内容的形式，是计划方案的重要部分。

## 四、兔场主要生产计划

### （一）繁殖计划

根据所饲养的兔品种性成熟和体成熟时间、市场行情、季节、笼位和饲料供应等多种因素综合考虑兔群繁殖的时间和数量，制定一个详细的繁殖计划和合理流程，包括何时配种和配种数量、摸胎时间、挂产仔箱时间、产仔时间及人员安排、仔兔的哺乳和护理、母兔繁殖性能测定、仔兔断奶时间等。可以制定一个全年繁殖计划（见表6-2）。繁殖前对种兔群进行清理整顿，淘汰不能作为种用或已达到淘汰年龄的种兔；对新选入的种兔注意饲喂，保持体型，以防过肥或过瘦影响配种受孕，尤其对后备种公兔要及时进行调教；制定生产和测定表格，如配种记录表、母兔繁殖性能测定记录表，以备生产中各原始数据的记录。繁殖中合理安排，适时配种，精心饲养，减少空怀母兔，并要及时测定记录各种数据。繁殖要着重抓春繁产仔多和秋繁质量好两个季节，解决夏冬两季成活率的问题。对于獭兔繁殖更应注意季节，最好能避免商品兔夏季上市，以提高经济效益。

表 6-2　全年繁殖计划

| 配种批次 | 配种日期 | 配种数量 | 摸胎日期 | 挂产仔箱日期 | 产仔日期 | 断奶日期 | 备注 |
|---|---|---|---|---|---|---|---|
|  |  |  |  |  |  |  |  |
|  |  |  |  |  |  |  |  |

### （二）兔群周转计划

合理的周转计划是提高经济效益的有效途径，既能获得最多的兔产品，又能以最快速度扩大再生产，因此应该抓好这项工作。兔群周转计划应根据年初兔群结构状况、上年繁殖情况、引进和淘汰的数量和时间及年内生产任务、更新比例、仔兔断奶时间和商品兔出栏时间而制定。商品兔周转越快，饲养周期就缩短，饲料消耗降低，兔舍和笼器具的利用率就提高，单位成本减少，经济效益上升。周转计划表参见表6-3。

表 6-3　兔群的周转计划

| 日期 | 年初头数 | 本年增加 | | | 本年减少 | | | 年末头数 |
|---|---|---|---|---|---|---|---|---|
| | | 繁殖 | 购进 | 转入 | 出售 | 转出 | 淘汰或死亡 | |
| | | | | | | | | |
| | | | | | · | | | |
| | | | | | | | | |

### （三）饲料供应计划

为使养兔生产有可靠的饲料基础，每个兔场都要制定饲料供应计划（见表6-4）。编制饲料供应计划时，要根据兔群周转计划，按全年兔群的年饲养日数乘以各种饲料的日消耗定额，再增加10%～15%的损耗量，确定为全年各种饲料的总需要量，在编制饲料供应计划时，要考虑兔场发展增加兔数量时所需量。

表 6-4　兔场饲料供应计划　　　　　　单位：千克

| 类别 | 数量/只 | 粗饲料 | | 青饲料 | 能量饲料 | 蛋白饲料 | | | 辅料 | 其他饲料 | 矿物质饲料 | | | | | |
|---|---|---|---|---|---|---|---|---|---|---|---|---|---|---|---|---|
| | | 秸秆 | 干草 | | | 油粕类 | 副产品 | 其他 | | | 食盐 | 石粉 | 小苏打 | 碳酸氢钠 | 微量元素预混料 | 其他 |
| | | | | | | | | | | | | | | | | |
| | | | | | | | | | | | | | | | | |

### （四）疫病防治计划

疫病防治工作是生产管理中必不可少的一个重要组成部分。为使兔场生产按计划顺利进行，确保疫病防治工作的正常开展，必须制定切实可行的卫生防疫制度和完善的消毒制度等，为便于管理，可制定一个全年疫病防治计划。养殖者应根据生产实际需要有针对性地选择疫苗，制定防疫计划和免疫程序；防疫需根据不同品种、不同年龄明确疫苗品种、防疫时间、防疫量、防疫方法及不同疫苗之间的防疫安排。除此之外，还要做好寄生虫的防治工作，特别是球虫病、疥癣、耳螨等常见病，这类病易感染、传播快、死亡率高、难根除，并没有疫苗可防，生产中需根据发病的季节、环境、感染的年龄阶段制定防治计划，主要是通过平时的饲养管理和药物预防共同控制。此外，还包括饲养管理人员和车辆进出场制度，兔舍及笼器具和场地定期消毒卫生制度，消毒池和消毒用品管理制度，兔及产品出入场检疫制度，病兔隔离和死兔处理制度等。

（五）物资供应计划

物资正常的供应是生产的保障，为确保生产有序地开展，必须根据年内生产任务制定物资供应计划。主要有种兔、饲料、药品、设备等，可根据物资的数量、质量、品种、价格、货源、时间、库存量、需购量等具体内容制定，它涉及整个生产的运转过程。如饲料供应计划的制订，需根据兔场养殖规模来确定。先通过计算平均每只兔每天饲喂量推算出全群每月、每年的饲料消耗，再根据饲料配方计算出每种原料的需求量，从而制定合理的饲料供应计划，避免出现供应不均衡影响生产的状况。可把各种原料需求量按月制定一个计划表。原料采购最好能提前半个月完成，以防天气和节假日因素影响运输和采购。采购中一定要注意原料品质，杜绝霉变、劣质、水分超标、杂质过多的饲料入库；饲料保管中注意防鼠咬、防虫蛀。

（六）资金使用计划

有了生产销售计划、草料供应计划等计划后，资金使用计划也就必不可少了。资金使用计划是经营管理计划中非常关键的一项工作，做好计划并顺利实施，是保证企业健康发展的关键。资金使用计划的制订应依据有关生产等计划，本着节省开支，并最大限度提高资金使用效率的原则，精打细算，合理安排，科学使用。既不能让资金长时间闲置，造成资金资源浪费，还要保证生产所需资金及时足额到位。在制定资金计划中，对兔场自有资金要统筹考虑，尽量盘活资金，不要造成自有资金沉淀。对企业发展所需贷款，经可行性研究，认为有效益、项目可行，就要大胆贷款，破除企业不管发展快慢，只要没有贷款就是好企业的传统思想，要敢于并善于科学合理地运用银行贷款，加快规模兔场的发展。一个企业只要其资产负债率保持在合理的范围内，都是可行的。

# 第四节　生产运行过程的经营管理

## 一、制度的制定

### （一）制定技术操作规程

技术操作规程是兔场生产中按照科学原理制定的日常作业技术规范。兔场管理中的各项技术措施和操作等均通过技术操作规程加以贯彻。同时，它也是检验生产的依据。不同饲养阶段的兔群，按其生产周期制定不同的技术操作规程。

技术操作规程的主要内容是：对饲养任务提出生产指标，使饲养人员有明确的目标；指出不同饲养阶段兔群的特点及饲养管理要点；按不同的操作内容分段列条、提出切合实际的要求等。

技术操作规程的指标要切合实际，条文要简明具体，易于落实执行。

### （二）制定日常工作程序

规定各类兔舍每天从早到晚的各个时间段内的常规操作，使饲养管理人员有规律地完成各项任务，饲养管理人员要严格遵守饲养管理日常操作规程，见表 6-5。

**表 6-5　日常工作程序**

| 时间 | 工　作　内　容 | 备　注 |
|---|---|---|
| 8:00～9:00 | 给仔兔喂奶 | 检查全群健康情况（发现病情及时处理）；全群喂饲料观察每只兔子吃料及精神状态 |
| 9:00～9:30 | 给仔兔补饲（重点抓开口关）。喂种兔、幼兔、商品兔 | |
| 9:30～10:00 | 扫粪，冲洗粪沟，打扫卫生 | |
| 10:00～10:30 | 防病治病、配种、检查修理饮水系统 | |
| 10:30 | 结束场内工作 | |
| 12:30～13:00 | 给仔幼兔喂料 | |
| 13:30 | 修补底笆，采割青饲料，准备饲料等场外工作 | |
| 晚渐黑 | 给所有兔喂料 | 观察兔群 |
| 20:00～22:30 | 配种，防病治病，修补笼舍 | |
| 22:30 | 给所有兔喂料、喂草或给母兔添加黄豆等 | |

（三）制订综合防疫制度

为了保证兔群的健康和安全生产，场内必须制定严格的防疫措施，规定对场内、外人员、车辆、场内环境、运输兔的容器进行及时或定期的消毒，兔舍在空出后的冲洗、消毒，各类兔群的检查、免疫、用药等制度。

## 二、劳动管理

### （一）劳动定额

兔场生产管理的主要任务是，明确每一名员工的工作职责，调动每个成员的积极性。劳动定额就是给每个员工确定劳动职责和劳动额度，要求达到的质量标准和完成时间，做到责任到人。如规定一个饲养员饲养的种母兔数（兔场每人一般可饲养管理繁殖母兔 80～100 只，存栏兔 200 只左右），年底必须上交合格的商品兔数，以及物资、药品、水电费的使用情况。劳动定额是贯彻按劳分配的重要依据，要做到奖罚分明，多劳多得。在落实责任制时根据兔场实际情况、设施条件、职工素质制定生产指标，指标要适当，在正常情况下经过职工努力，应有奖可得。

### （二）劳动组织

### 1. 人员定岗

人员定岗形式多样，目的是把兔场现有的人力资源整合后充分利用，实行定岗定员，分工负责，发挥各自特长，签订相应责任状。要避免分工后互不联系状况的出现，要始终做到分工不分家，坚持发挥团队精神。目前普遍的做法是：在生产中根据兔群（繁殖群、育种后备群、商品群）来分类管理，确定基本人员，安排兔舍，实行岗位制，责任到人。所定兔舍中所有事务均由责任人员来完成，包括繁殖、饲喂、防疫、卫生打扫、笼器具的消毒等一系列工作。随着技术水平的提高，现代化生产中出现了一种新的管理模式，主要根据职工的专业和特长进行分类管理。如在规模化和工厂化生产中实行技术分工，设立专门从事兔繁殖、选育工作的繁育工作岗位，从事卫生防疫、疾病治疗和消毒的兽医工作岗位，从事兔日常喂养的饲养工作岗位，从事兔舍卫生清扫和笼器具清洗的环境卫生岗位，从事饲料供应的加工岗位，从事水电安全生产和机械维修的水电维修管理岗位，兔产品销售的营销岗位，从事青饲料供应的田间工作岗位，另外还需配备门卫。

**2. 岗位培训**

饲养人员处在生产第一线，是养兔生产的主体，他们的技术水平高低，直接影响生产状况和兔场经营的经济效益，因此要重视提高他们的业务素质，要经常进行技术培训，使他们更好地适应岗位工作需要。岗位培训方式多样，可分为岗前培训和工作中继续教育培训，脱产培训和边生产边培训，全方面技术培训和专项技术培训，也可送出去培训和自己组织培训。

**3. 组织培训**

培训的目的是要求每个生产人员了解兔的生物学特性、各个年龄阶段的营养需求及基本的病理知识，掌握一定的科学养兔知识和兔场具体的饲养管理要求，使他们自觉遵守饲养管理操作规程，达到科学养兔的目的。

**4. 规章制度**

完善的、严格的场规和场纪是经营管理的保证。兔场在生产中必须建立和健全适合本场实际情况的各种规章制度，以法治场。规章制度包括职工守则、考勤制度、水电维持保养规程、饲养管理操作标准、卫生防疫消毒、仓库管理、安全保卫等各种规章制度，使全场每个部门每个人都有章可循，照章办事。

## 三、记录管理

记录管理就是将兔场生产经营活动中的人、财、物等消耗情况及有关事情记录在案，并进行规范、计算和分析。

### （一）记录管理的作用

**1. 兔场记录反映兔场生产经营活动的状况**

完善的记录可将整个兔场的动态与静态记录无遗。有了详细的兔场记录，管理者和饲养者通过记录不仅可以了解现阶段兔场的生产经营状况，而且可以了解过去兔场的生产经营情况。有利于对比分析，有利于进行正确的预测和决策。

**2. 兔场记录是经济核算的基础**

详细的兔场记录包括了各种消耗、兔群的周转及死亡淘汰等变动情况、产品的产出和销售情况、财务的支出和收入情况以及饲养管理情况等，这些都是进行经济核算的基本材料。没有详细的、原始的、全面的兔场记录材料，经济核算也是空谈，甚至会出现虚假的核算。

**3. 兔场记录是提高管理水平和效益的保证**

通过详细的兔场记录，并对记录进行整理、分析和必要的计算，可以不断发现生产和管理中的问题，并采取有效的措施来解决和改善，不断提高管理水平和经济效益。

**（二）兔场记录的原则**

**1. 及时准确**

及时是根据不同记录要求，在第一时间认真填写，不拖延、不积压，避免出现遗忘和虚假；准确是按照兔场当时的实际情况进行记录，既不夸大，也不缩小，实实在在。特别是一些数据要真实，不能虚构。如果记录不精确，将失去记录的真实可靠性，这样的记录也是毫无价值的。

**2. 简洁完整**

记录工作繁琐就不易持之以恒地去实行。所以设置的各种记录簿册和表格力求简明扼要，通俗易懂，便于记录；完整是记录要全面系统，最好设计成不同的记录册和表格，并且填写完全、工整，易于辨认。

**3. 便于分析**

记录的目的是为了分析兔场生产经营活动的情况，因此在设计表格时，要考虑记录下来的资料便于整理、归类和统计，为了与其他兔场的横向比较和本兔场过去的纵向比较，还应注意记录内容的可比性和稳定性。

**（三）兔场记录的内容**

兔场记录的内容因兔场的经营方式与所需的资料而有所不同，一般应包括：

**1. 生产记录**

（1）兔群生产情况记录　兔的品种、饲养数量、饲养日期、死亡淘汰、产品产量等。

（2）饲料记录　将每日不同兔群（或以每栋或栏或群为单位）所消耗的饲料按其种类、数量及单价等记载下来。

（3）劳动记录　记载每天出勤情况，工作时数、工作类别以及完成的工作量、劳动报酬等。

**2. 财务记录**

（1）收支记录　包括出售产品的时间、数量、价格、去向及各项支出情况。

（2）资产记录　固定资产类，包括土地、建筑物、机器设备等的占用和消耗；库存物资类，包括饲料、兽药、在产品、产成品、易耗品、办公用品等的消耗数、库存数量及价值；现金及信用类，包括现金、存款、债券、股票、应付款、应收款等。

**3. 饲养管理记录**

（1）饲养管理程序及操作记录　饲喂程序、光照程序、兔群的周转、环境控制等记录。

（2）疾病防治记录　包括隔离消毒情况、免疫情况、发病情况、诊断及治疗情况、用药情况、驱虫情况等。

## （四）兔场生产记录表格

**1. 生长性能记录表**

见表 6-6、表 6-7。

### 表 6-6　生长性能记录

批次_____　品种_____　性别_____　断奶日期_____　（单位：千克）

| 断奶兔耳号 | 性别 | 28 日龄体重 | 56 日龄体重 | 84 日龄体重 | 120 日龄体重 | 初配体重 | 备注 |
|---|---|---|---|---|---|---|---|
|  |  |  |  |  |  |  |  |
|  |  |  |  |  |  |  |  |
| 平均体重 |  |  |  |  |  |  |  |

### 表 6-7　肉兔育肥成绩表

栋号：_____　负责人：_____　饲养员：_____　测定人：_____

| 品种 | 笼号 | 育肥兔数量 | 出生日期 | 断乳日期 | 断乳体重 | | 60 日龄 | | | 90 日龄 | | | 全期 | | 备注 |
|---|---|---|---|---|---|---|---|---|---|---|---|---|---|---|---|
|  |  |  |  |  | 总重/克 | 均重/克 | 总重/克 | 增重/克 | 耗料/克 | 总重/克 | 增重/克 | 耗料/克 | 日增重/克 | 料肉比 |  |
|  |  |  |  |  |  |  |  |  |  |  |  |  |  |  |  |
|  |  |  |  |  |  |  |  |  |  |  |  |  |  |  |  |
|  |  |  |  |  |  |  |  |  |  |  |  |  |  |  |  |

## 2. 配种记录和繁殖性能测定表

见表 6-8、表 6-9。

### 表 6-8　配种记录

配种批次＿＿＿　配种日期＿＿＿　配种总数＿＿＿　怀孕总数＿＿＿　怀孕率＿＿＿

| 公兔耳号 | 母兔耳号 | 受孕情况 | 操作者 |
|---|---|---|---|
|  |  |  |  |

### 表 6-9　母兔繁殖性能测定表

配种批次＿＿＿＿＿＿＿＿　配种日期＿＿＿＿＿＿＿＿

| 母兔耳号 | 产仔日期 | 产仔数 | 产活仔数 | 带仔数 | 7日龄数 | 21日龄数 | 21日龄窝重 | 断奶数 | 断奶窝重 | 断奶成活数 |
|---|---|---|---|---|---|---|---|---|---|---|
|  |  |  |  |  |  |  |  |  |  |  |

## 3. 产品生产和饲料消耗记录表格

见表 6-10。

### 表 6-10　产品生产和饲料消耗记录

品种＿＿＿＿＿＿　兔舍栋号＿＿＿＿＿＿　填表人＿＿＿＿＿＿

| 日期 | 日龄 | 存栏兔数/只 | 死亡淘汰/只 | 饲料消耗/千克 | | | | 产品数量 | | | 饲养管理情况 | 其他情况 |
|---|---|---|---|---|---|---|---|---|---|---|---|---|
|  |  |  |  | 精饲料 | 精饲料只耗量 | 青饲料 | 青饲料只耗量 | 肉兔/千克 | 兔毛/千克 | 兔皮/张 |  |  |
|  |  |  |  |  |  |  |  |  |  |  |  |  |
|  |  |  |  |  |  |  |  |  |  |  |  |  |
|  |  |  |  |  |  |  |  |  |  |  |  |  |
|  |  |  |  |  |  |  |  |  |  |  |  |  |
|  |  |  |  |  |  |  |  |  |  |  |  |  |

## 4. 收支记录表格

见表 6-11。

表 6-11　收支记录表格

| 收入 | | 支出 | | 备注 |
|---|---|---|---|---|
| 项目 | 金额/元 | 项目 | 金额/元 | |
| | | | | |
| | | | | |
| 合计 | | | | |

## （五）记录数据的统计分析

数据统计处理是一项基础性的工作，是提高经营管理水平的一个重要环节，是对职工进行业绩考核和兑现劳动报酬的主要依据。通过建立报表制度，做好生产统计分析工作，能做到及时掌握生产动态和生产计划执行情况，便于管理，确保生产按计划有序进行。常用统计报表有：母兔配种记录、母兔繁殖性能测定、断奶兔生长性能测定、后备种兔测定、兔出栏、存栏、转群、死亡、淘汰、饲料消耗、卫生防疫、兽医诊断治疗、物品入库出库等各种报表。

# 第五节　经济核算

## 一、资产核算

### （一）流动资产核算

流动资产是指可以在一年内或者超过一年的一个营业周期内变现或者运用的资产。流动资产是企业生产经营活动的主要资产，主要包括兔场的现金、存款、应收款及预付款、存货（原材料、在产品、产成品、低值易耗品）等。流动资产在企业再生产过程中是不断循环着的，它是随着供应、生产、销售三个过程的固定顺序，由货币形态转化为材料物资形态，再由材料物资形态转化为在产品和产成品形态，最后由产成品形态转化为货币形态，这种周而复始的循环运动，形成了流动资产的周转。流动资产周转状况影响到产品的成本，加快流动资产周转措施如下。

#### 1. 有计划的采购

加强采购物资的计划性，防止盲目采购，合理地储备物质，避免积压资金，加强物资的保管，定期对库存物资进行清查，防止鼠害和霉烂变质。

**2. 缩短生产周期**

科学地组织生产过程，采用先进技术，尽可能缩短生产周期，节约使用各种材料和物资，减少在产品资金占用量。

**3. 及时销售产品**

产品及时销售可以缩短产成品的滞留时间，减少流动资金占用量。

**4. 加快资金回收**

及时清理债权债务，加速应收款项的回收，减少成品资金和结算资金的占用量。

**（二）固定资产核算**

固定资产是指使用年限在 1 年以上，单位价值在规定的标准以上，并且在使用中长期保持其实物形态的各项资产。兔场的固定资产主要包括建筑物、道路、繁殖兔以及其他与生产经营有关的设备、器具、工具等。

**1. 固定资产的折旧及计算方法**

（1）固定资产的折旧 固定资产在长期使用中，在物质上要受到磨损，在价值上要发生损耗。固定资产的损耗，分为有形损耗和无形损耗两种。固定资产在使用过程中，由于损耗而发生的价值转移，称为折旧，由于固定资产损耗而转移到产品中去的那部分价值叫折旧费或折旧额，用于固定资产的更新改造。

（2）固定资产折旧的计算方法 兔场计算固定资产折旧，一般采用平均年限法和工作量法。

① 平均年限法 它是根据固定资产的使用年限，平均计算各个时期的折旧额，因此也称直线法。其计算公式为：

固定资产年折旧额＝[原值－（预计残值－清理费用)]/固定资产预计使用年限 (6-6)

固定资产年折旧率＝固定资产年折旧额/固定资产原值×100%＝(1－净残值率)/折旧年限×100% (6-7)

② 工作量法。它是按照使用某项固定资产所提供的工作量，计算出单位工作量平均应计提折旧额后，再按各期使用固定资产所实际

完成的工作量，计算应计提的折旧额。这种折旧计算方法，适用于一些机械等专用设备。其计算公式为：

单位工作量(单位里程或每工作小时)折旧额＝(固定资产原值－预计净残值)/总工作量(总行驶里程或总工作小时)　　　(6-8)

**2. 提高固定资产利用效果的措施**

(1) 适时、适量购置和建设固定资产　根据轻重缓急，合理购置和建设固定资产，把资金使用在经济效果最大而且在生产上迫切需要的项目上；购置和建造固定资产要量力而行，做到与单位的生产规模和财力相适应。

(2) 注重固定资产的配套　注意加强设备的通用性和适用性，并注意各类固定资产务求配套完备，使固定资产能充分发挥效用。

(3) 加强固定资产的管理　建立严格的使用、保养和管理制度，对不需用的固定资产应及时采取措施，以免浪费，注意提高机器设备的时间利用强度和它的生产能力的利用程度。

## 二、成本核算

产品的生产过程，同时也是生产的耗费过程。企业要生产产品，就是发生各种生产耗费。生产过程的耗费包括劳动对象（如饲料）的耗费、劳动手段（如生产工具）的耗费以及劳动力的耗费等。企业为生产一定数量和种类的产品而发生的直接材料费（包括直接用于产品生产的原材料、燃料动力费等）、直接人工费用（直接参加产品生产的工人工资以及福利费）和间接制造费用的总和构成产品成本。

【注意】产品成本是一项综合性很强的经济指标，它反映了企业的技术实力和整个经营状况。兔场的品种是否优良，饲料质量好坏，饲养技术水平高低，固定资产利用的好坏，人工耗费的多少等，都可以通过产品成本反映出来。所以，兔场通过成本和费用核算，可发现成本升降的原因，降低成本费用，提高产品的竞争能力和盈利能力。

### （一）做好成本核算的基础工作

**1. 建立健全各项原始记录**

原始记录是计算产品成本的依据，直接影响着产品成本计算的准确性。如原始记录不实，就不能正确反映生产耗费和生产成果，就会使成本计算变为"假账真算"，成本核算就失去了意义。所以，饲料、燃料动力的消耗、原材料、低值易耗品的领退，生产工时的耗用，畜禽变动，畜群周转、畜禽死亡淘汰、产出产品等原始记录都必须认真如实地登记。

**2. 建立健全各项定额管理制度**

兔场要制定各项生产要素的耗费标准（定额）。不管是饲料、燃料动力，还是费用工时、资金占用等，都应制定比较先进、切实可行的定额。定额的制定应建立在先进的基础上，对经过十分努力仍然达不到的定额标准或不需努力就很容易达到定额标准的定额，要及时进行修订。

**3. 强化财产物质的计量、验收、保管、收发和盘点制度**

财产物资的实物核算是其价值核算的基础。做好各种物资的计量、收集和保管工作，是加强成本管理、正确计算产品成本的前提条件。

（二）兔场成本的构成项目

**1. 饲料费**

饲料费是指饲养过程中耗用的自产和外购的混合饲料和各种饲料原料。凡是购入的按买价加运费计算，自产饲料一般按生产成本（含种植成本和加工成本）进行计算。

**2. 劳务费**

从事养兔的生产管理劳动，包括饲养、清粪、转群、防疫、消毒、购物运输等所支付的工资、资金、补贴和福利等。

**3. 引种费**

种兔引进和培育的费用，可分摊到每个仔兔。

**4. 医疗费**

医疗费是指用于兔群的生物制剂、消毒剂及检疫费、化验费、专家咨询服务费等。

**5. 固定资产折旧维修费**

固定资产折旧维修费是指兔舍、笼具和专用机械设备等固定资产的基本折旧费及修理费。根据兔舍结构和设备质量，使用年限来计损。如是租用土地，应加上租金；土地、兔舍等都是租用的，只计租金，不计折旧。

**6. 燃料动力费**

燃料动力费是指饲料加工、兔舍保暖、排风、供水、供气等耗用的燃料和电力费用，这些费用按实际支出的数额计算。

**7. 利息**

利息是指对固定投资及流动资金一年中支付利息的总额。

**8. 杂费**

杂费包括低值易耗品费用、保险费、通信费、交通费、搬运费等。

**9. 税金**

税金是指用于养兔生产的土地、建筑设备及生产销售等一年内应交税金。

以上九项构成了兔场生产成本。

**（三）成本核算方法**

兔场的成本核算，就是准确确定该场，生产一个单位主产品（如1只符合出场要求的种兔、1千克长毛兔的兔毛、1张獭兔皮、1只商品肉兔等）所需要的开支金额。具体计算，是兔场的全部支出（含饲料、人工、医药、购种、水电费用及房屋土地租金或折旧费、流动资金利息等），减去该场兔子的全部副产物（如兔粪肥、淘汰种兔、獭兔的肉、肉兔的皮等）收入，再除以主产品的总产量即得。资料不全的小规模兔场可采用如下方法计算。

**1. 种兔成本**

每只种兔成本(元/只)＝[期初存栏种兔价值＋购入种兔价值＋本期种兔饲养费－期末种兔存栏价值－出售淘汰种兔价值－其他收入(兔粪肥、商品兔等收入)]/本期出售的种兔数　　　(6-9)

**2. 兔毛成本**

每千克兔毛成本(元/千克)＝[期初存栏长毛兔价值＋购入长毛兔价值＋本期长毛兔饲养费用－期末长毛兔存栏价值－淘汰出售兔价值－兔粪收入](元)/本期兔毛总质量(千克)　　　(6-10)

**3. 兔皮成本**

每张兔皮成本(元/张)＝[期初存栏兔价值＋购入兔价值＋本期兔饲养费用－期末兔存栏价值－淘汰出售兔价值－兔粪收入](元)/本期皮张产量(张)　　　(6-11)

## 4. 肉兔成本

每千克肉兔成本(元/千克)＝[期初存栏兔价值＋购入兔价值＋本期兔饲养费用－期末兔存栏价值－淘汰出售兔价值－兔粪收入](元)/本期兔肉总质量(千克)　　　　　　　　　　　　　　　(6-12)

## 三、赢利核算

赢利核算是对兔场的赢利进行观察、记录、计量、计算、分析和比较等工作的总称。所以赢利也称税前利润。赢利是企业在一定时期内的货币表现的最终经营成果，是考核企业生产经营好坏的一个重要经济指标。

### (一) 赢利的核算公式

赢利＝销售产品价值－销售成本＝利润＋税金　　　(6-13)

### (二) 衡量赢利效果的经济指标

#### 1. 销售收入利润率

表明产品销售利润在产品销售收入中所占的比重。利润率越高，经营效果越好。

销售收入利润率＝产品销售利润/产品销售收入×100%　(6-14)

#### 2. 销售成本利润率

它是反映生产消耗的经济指标，在畜产品价格、税金不变的情况下，产品成本愈低，销售利润愈多，其愈高。

销售成本利润率＝产品销售利润/产品销售成本×100%　(6-15)

#### 3. 产值利润率

它说明实现百元产值可获得多少利润，用以分析生产增长和利润增长比例关系。

产值利润率＝利润总额/总产值×100%　　　　(6-16)

#### 4. 资金利润率

把利润和占用资金联系起来，反映资金占用效果，具有较大的综合性。

资金利润率＝利润总额/流动资金和固定资金的平均占用额×100%

(6-17)

【提示】开办兔场获得较好收益需从市场竞争、提高产量和降低生产成本三方面着手。一是生产适销对路的产品，进行市场调查和预测，根据市场变化生产符合市场需求的、质优量多的产品；二是提高资金的利用效率，合理配备各种固定资产，注意适用性、通用性和配套性，减少固定资产的闲置和损毁，加强采购计划制定，及时清理回收债务等；三是提高劳动生产率，购置必要的设备减轻劳动强度，制定合理劳动指标和计酬考核办法，多劳多得，优劳优酬；四是提高产品产量，选择优良品种、创造适宜条件、合理饲喂、应用添加剂、科学管理、加强隔离卫生和消毒等，控制好疾病，促进生产性能的发挥；五是制定好兔场周转计划，保证生产正常进行，一年四季均衡生产；六是降低饲料费用，购买饲料要货比三家，选择质量好、价格低的饲料，利用科学饲养技术、创造适宜的饲养环境、严格细致的观察和管理、制定周密的饲料计划、及时淘汰老弱病残兔等，减少饲料的消耗和浪费。

# 第七章

<<<<<

# 兔场的疾病控制

## 核心提示

疾病直接关系到养兔的成败。必须树立"预防为主"、"养防并重"的观念，采取提高抵抗力、卫生消毒、防疫等综合措施，避免疾病，特别是疫病的发生。

## 第一节　兔场疾病综合防控措施

### 一、科学的饲养管理

科学的饲养管理可以增强兔群的抵抗力和适应力，从而提高兔体的抗病力。

（一）满足营养需要

兔体摄取的营养成分和含量不仅影响生产性能，更会影响健康。营养不足不仅会引起营养缺乏症，而且影响免疫系统的正常运转，导致机体的免疫机能低下。所以要供给全价平衡日粮，保证营养全面充足。大型集约化养兔场可将所进原料或成品料分析化验之后，再依据实际含量进行饲料配合，严防购入掺假、发霉等不合格的饲料，造成不必要的经济损失。小型兔场和养兔专业户最好从信誉高、有质量保证的大型饲料企业采购饲料。自己配料的养殖户，最好能将所用原料送质检部门化验后再用，以免造成不可挽回的损失；按照兔群不同时期各个阶段的营养需要量，科学设计配方，合理地加工调制，保证日粮的全价性和平衡性；重视饲料的贮存，防止饲料腐败变质和污染。

（二）供给充足卫生的饮水

水是重要的营养素，保证兔体健康和正常生产必须保证充足的饮水，特别是在炎热的高温季节，如果水供应不足，会影响兔体的抵抗力。同时，水可以传播疫病，必须保证兔饮用的水洁净卫生，符合饮用水标准，并定期进行饮水消毒。

（三）减少应激发生

应激严重影响兔的抵抗力和生产力。生产中的应激因素较多，如捕捉、转群、免疫接种、运输、饲料转换、无规律的供水供料以及饲料营养不平衡或营养缺乏、温度过高或过低、湿度过大或过小、不适宜的光照、突然的噪声等。应加强饲养管理和改善环境条件，在饲料和饮水中使用维生素 C、速补-14 等抗应激剂防止和减弱应激。

（四）保持适宜的环境条件

根据季节气候的差异，做好小气候环境的控制，适当调整饲养密度，加强通风，改善兔舍的空气环境。做好防暑降温、防寒保温、卫生清洁工作，使兔群生活在一个舒适、安静、干燥、卫生的环境中。

## 二、兔场的隔离卫生

（一）科学选址

应选建在背风、向阳、地势高燥、通风良好、水电充足、水质卫生良好、排水方便的沙质土地带，易使兔舍保持干燥和卫生环境。最好配套有鱼塘、果林、耕地，以便于污水的处理。兔场应处于交通方便的位置，但要和主要公路、居民点、其他繁殖场至少保持 2 千米以上距离的间隔，并且尽量远离屠宰场、废物污水处理站和其他污染源。

（二）合理布局

兔场要分区规划，并且严格做到生产区和生活管理区分开，生产区周围应有防疫保护设施。生产区内部应按核心群种兔舍—繁殖兔舍—育成兔舍—幼兔舍的顺序排列，并尽可能避免运料路线与运粪路线的交叉重叠。

（三）完善防疫设施

生产区最好有围墙和防疫沟，并且在围墙外种植荆棘类植物，形成防疫林带，只留一个出入口供人员出入、饲料、机械设备和出兔的进入等，减少与外界的直接联系。兔场大门设立宽于门口、长于大型载货汽车车轮一周半的水泥结构的消毒池，并装有喷洒消毒设施。场区和生产区入口设置消毒室，供人员出入消毒。

## （四）严格引种

尽量做到自繁自养。从外地引进场内的种兔，要严格进行检疫。可以隔离饲养和观察 2～3 周，确认无病后，方可并入生产群。

## （五）采用全进全出的饲养制度

采取"全进全出"的饲养制度，"全进全出"的饲养制度是有效防止疾病传播的措施之一。"全进全出"使得兔场能够做到净场和充分的消毒，切断疾病传播的途径，从而避免患病兔只或病原携带者将病原传染给日龄较小的兔群。

## （六）消毒管理

人员必须在更衣室沐浴、更衣、换鞋，经严格消毒后方可进入生产区，生产区的每栋兔舍门口必须设立消毒脚盆，生产人员经过脚盆再次消毒工作鞋后进入兔舍，生产人员不得互相串舍，各兔舍用具不得混用；严禁闲人进入兔场；外来车辆必须在场外经严格冲洗消毒后才能进入生活管理区，严禁任何车辆和外人进入生产区。

饲料应由本场生产区外的饲料车运到饲料周转仓库，再由生产区内的车辆转运到每栋兔舍，严禁将饲料直接运入生产区内。生产区内的任何物品、工具（包括车辆），除特殊情况外不得离开生产区，任何物品进入生产区必须经过严格消毒，特别是饲料袋应先经熏蒸消毒后才能装料进入生产区。场内生活区严禁饲养畜禽。尽量避免猪、狗、禽鸟进入生产区。生产区内肉食品要由场内供给，严禁从场外带入偶蹄兽的肉类及其制品。

## （七）卫生管理

### 1. 保持兔舍和兔舍周围环境卫生

及时清理兔舍的污物、污水和垃圾，定期打扫兔舍和设备用具的灰尘，每天进行适量的通风，保持兔舍清洁卫生；不在兔舍周围和道路上堆放废弃物和垃圾。

**2. 保持饲料、饲草和饮水卫生**

饲料不霉变，不被病原污染，饲喂用具勤清洁消毒；饮用水符合卫生标准，水质良好，饮水用具要清洁，饮水系统要定期消毒。

**3. 废弃物要无害化处理**

（1）粪便处理　兔粪尿中的尿素、氨以及钾磷等，均可被植物吸收。但粪中的蛋白质等未消化的有机物，要经过腐熟分解成 $NH_3$ 或 $NH_4^+$，才能被植物吸收。所以，兔粪尿可做底肥，也可做速效肥使用。为提高肥效，减少兔粪中的有害微生物和寄生虫卵的传播与危害，兔粪在利用之前最好先经过发酵处理。

① 处理方法　将兔粪尿连同其垫草等污物，堆放在一起，最好在上面覆盖一层泥土，让其增温、腐熟。或将兔粪、杂物倒在固定的粪坑内（坑内不能积水），待粪坑堆满后，用泥土覆盖严密，使其发酵、腐熟，经15～20天便可开封使用。经过生物热处理过的兔粪肥，既能减少有害微生物、寄生虫的危害，又能提高肥效，减少氨的挥发。兔粪中残存的粗纤维虽肥分低，但对土壤具有疏松的作用，可改良土壤结构。

② 利用方法　直接将处理后的兔粪用做各类旱作物、瓜果等经济作物的底肥。其肥效高，肥力持续时间长；或将处理后的兔粪尿加水制成粪尿液，用作追肥喷施植物，不仅用量省、肥效快，增产效果也较显著。粪液的制作方法是将兔粪存于缸内（或池内），加水密封10～15天，经自然发酵后，滤出残余固形物，即可喷施农作物。尚未用完或缓用的粪液，应继续存放于缸中封闭保存，以减少氨的挥发。

（2）病死兔处理　病死兔是最大的污染源，容易传播疫病和造成食品不安全，要进行无害化处理。兔尸体可采用焚烧法和深埋法进行处理。

① 深埋法　一种简单的处理方法，费用低且不易产生气味，但埋尸坑易成为病原的贮藏地，并有可能污染地下水。因此必须深埋，而且要有良好的排水系统。

② 高温处理　确认是兔病毒性出血症、野兔热、兔产气荚膜梭菌病等传染病和恶性肿瘤或两个器官发现肿瘤的病兔整个尸体以及从其他患病兔各部分割除下来的病变部分和内脏以及弓形虫病、梨形虫

病、锥虫病等病畜的肉尸和内脏等进行高温处理。高温处理方法有：湿法化制，是利用湿化机，将整个尸体投入化制（熬制工业用油）；焚毁，是将整个尸体或割除下来的病变部分和内脏投入焚化炉中烧毁炭化；高压蒸煮，是把肉尸切成重不超过2千克、厚不超过8厘米的肉块，放在密闭的高压锅内，在112千帕压力下蒸煮1.5～2小时。一般煮沸法是将肉尸切成规定大小的肉块，放在普通锅内煮沸2～2.5小时（从水沸腾时算起）。

（3）病畜产品的无害化处理

① 血液　漂白粉消毒法，用于确认是兔病毒性出血症、野兔热、兔产气荚膜梭菌病等传染病的血液以及血液寄生虫病病畜禽血液的处理。将1份漂白粉加入4份血液中充分搅拌，放置24小时后于专设掩埋废弃物的地点掩埋。高温处理将已凝固的血液切成豆腐方块，放入沸水中烧煮，至血块深部呈黑红色并成蜂窝状时为止。

② 蹄、骨和角　肉尸做高温处理时剔出的病畜禽骨和病畜的蹄、角放入高压锅内蒸煮至骨脱或脱脂为止。

③ 皮毛　处理方法见表7-1。

表 7-1　皮毛的处理方法

| 方法 | 适用范围 | 操　作 |
|---|---|---|
| 盐酸食盐溶液消毒法 | 用于被兔病毒性出血症、野兔热、兔产气荚膜梭菌病污染的和一般病畜的皮毛消毒 | 用2.5%盐酸溶液和15%食盐水溶液等量混合，将皮张浸泡在此溶液中，并使液温保持在30℃左右，浸泡40小时，皮张与消毒液之比为1∶10（质量与体积之比）。浸泡后捞出沥干，放入2%氢氧化钠溶液中，以中和皮张上的酸，再用水冲洗后晾干。也可按100毫升25%食盐水溶液中加入盐酸1毫升配制消毒液，在室温15℃条件下浸泡18小时，皮张与消毒液之比为1∶4。浸泡后捞出沥干，再放入1%氢氧化钠溶液中浸泡，以中和皮张上的酸，再用水冲洗后晾干 |
| 过氧乙酸消毒法 | 用于任何病畜的皮毛消毒 | 将皮毛放入新鲜配制的2%过氧乙酸溶液中浸泡30分钟，捞出，用水冲洗后晾干 |
| 碱盐液浸泡消毒 | 用于兔病毒性出血症、野兔热、兔产气荚膜梭菌病污染的皮毛消毒 | 将病皮浸入5%碱盐液（饱和盐水内加5%烧碱）中，室温（17～20℃）浸泡24小时，并随时加以搅拌，然后取出挂起，待碱盐液流净，放入5%盐酸液内浸泡，使皮上的酸碱中和，捞出，用水冲洗后晾干 |

续表

| 方法 | 适用范围 | 操作 |
|---|---|---|
| 石灰乳浸泡消毒 | 用于口蹄疫和螨病病皮的消毒 | 将 1 份生石灰加 1 份水制成熟石灰,再用水配成 10％或 5％混悬液(石灰乳)。口蹄疫病皮,将病皮浸入 10％石灰乳中浸泡 2 小时;螨病病皮,将皮浸入 5％石灰乳中浸泡 12 小时,然后取出晾干。盐腌消毒,用于布鲁菌病病皮的消毒。用皮重 15％的食盐,均匀撒于皮的表面。一般毛皮腌制 2 个月,胎儿毛皮腌制 3 个月 |

#### 4. 灭鼠

鼠是人、畜多种传染病的传播媒介,鼠还盗食饲料,咬坏物品,污染饲料和饮水,危害极大,兔场必须加强灭鼠。

(1) 防止鼠类进入建筑物　鼠类多从墙基、天棚、瓦顶等处窜入室内,在设计施工时注意墙基最好用水泥制成,碎石和砖砌的墙基,应用灰浆抹缝。墙面应平直光滑,防鼠沿粗糙墙面攀登。砌缝不严的空心墙体,易使鼠隐匿营巢,要填补抹平。为防止鼠类爬上屋顶,可将墙角处做成圆弧形。墙体上部与天棚衔接处应砌实,不留空隙。瓦顶房屋应缩小瓦缝和瓦、椽间的空隙并填实。用砖、石铺设的地面,应衔接紧密并用水泥灰浆填缝。各种管道周围要用水泥填平。通气孔、地脚窗、排水沟(粪尿沟)出口均应安装孔径小于 1 厘米的铁丝网,以防鼠窜入。

(2) 器械灭鼠　器械灭鼠方法简单易行,效果可靠,对人、畜无害。灭鼠器械种类繁多,主要有夹、关、压、卡、翻、扣、淹、粘、电等。近年来还研究和采用电灭鼠和超声波灭鼠等方法。

(3) 化学灭鼠　化学灭鼠效率高、使用方便、成本低、见效快,缺点是能引起人、畜中毒,有些鼠对药物有选择性、拒食性和耐药性。所以,使用时须选好药剂和注意使用方法,以保安全有效。灭鼠药剂种类很多,主要有灭鼠剂、熏蒸剂、烟剂、化学绝育剂等(见表 7-2)。兔场的鼠类以饲料库、兔舍最多,是灭鼠的重点场所。饲料库可用熏蒸剂毒杀。投放的毒饵,要远离兔笼和兔窝,并防止毒饵混入饲料。鼠尸应及时清理,以防被人、畜误食而发生二次中毒。选用鼠吃惯了的食物作饵料,突然投放,饵料充足,分布广泛,以保证灭鼠的效果。

表 7-2　常用的慢性灭鼠药

| 名称 | 特性 | 作用特点 | 用　法 | 注意事项 |
|------|------|----------|--------|----------|
| 敌鼠钠盐 | 为黄色粉末,无臭,无味,溶于沸水、乙醇、丙酮,性质稳定 | 作用较慢,能阻碍凝血酶原在鼠体内的合成,使凝血时间延长,而且其能损坏毛细血管,增加血管的通透性,引起内脏和皮下出血,最后死于内脏大量出血。一般在投药1~2天出现死鼠,第五至第八天死鼠量达到高峰,死鼠可延续10多天 | ①敌鼠钠盐毒饵:取敌鼠钠盐5克,加沸水2升搅匀,再加10千克杂粮,浸泡至毒水全部吸收后,加入适量植物油拌匀,晾干备用。②混合毒饵:将敌鼠钠盐加入面粉或滑石粉中制成1%毒粉,再取毒粉1份,倒入19份切碎的鲜菜中拌匀即成。③毒水:用1%敌鼠钠盐1份,加水20份即可 | 对人、畜、禽毒性较低,但对猫、犬、兔、猪毒性较强,可引起二次中毒。在使用过程中要加强管理,以防家畜误食中毒或发生二次中毒。如发现中毒,可使用维生素K解救 |
| 氯敌鼠(氯鼠酮) | 黄色结晶性粉末,无臭,无味,溶于油脂等有机溶剂,不溶于水,性质稳定 | 是敌鼠钠盐的同类化合物,但对鼠的毒性作用比敌鼠钠盐强,为广谱灭鼠剂,而且适口性好,不易产生拒食性。主要用于毒杀家鼠和野栖鼠,尤其是可制成蜡块剂,用于毒杀下水道鼠类。灭鼠时将毒饵投在鼠洞或鼠活动的地区即可 | 有90%原药粉、0.25%母粉、0.5%油剂3种剂型。使用时可配制成如下毒饵:①0.005%水质毒饵:取90%原药粉3克,溶于适量热水中,待凉后,拌于50千克饵料中,晒干后使用。②0.005%油质毒饵:取90%原药粉3克,溶于1千克热食油中,冷却至常温,撒于50千克饵料中拌匀即可。③0.005%粉剂毒饵:取0.25%母粉1千克,加入50千克饵料中,加少许植物油,充分混合拌匀即成 | |
| 杀鼠灵(华法林) | 白色粉末,无味,难溶于水,其钠盐溶于水,性质稳定 | 属香豆素类抗凝血灭鼠剂,一次投药的灭鼠效果较差,少量多次投放灭鼠效果好。鼠类对其毒饵接受性好,甚至出现中毒症状时仍采食 | 毒饵配制方法如下:①0.025%毒米:取2.5%母粉1份、植物油2份、米渣97份,混合均匀即成。②0.025%面丸:取2.5%母粉1份,与99份面粉拌匀,再加适量水和少许植物油,制成每粒1克重的面丸。以上毒饵使用时,将毒饵投放在鼠类活动的地方,每堆约39克,连投3~4天 | 对人、畜和家禽毒性很小,中毒时维生素K₁为有效解毒剂 |

| 名称 | 特性 | 作用特点 | 用法 | 注意事项 |
|---|---|---|---|---|
| 杀鼠迷 | 黄色结晶粉末，无臭，无味，不溶于水，溶于有机溶剂 | 属香豆素类抗凝血杀鼠剂，适口性好，毒杀力强，二次中毒极少，是当前较为理想的杀鼠药物之一，主要用于杀灭家鼠和野栖鼠类 | 市售有0.75%的母粉和3.75%的水剂。使用时，将10千克饵料煮至半熟，加适量植物油，取0.75%杀鼠迷母粉0.5千克，撒于饵料中拌匀即可。毒饵一般分2次投放，每堆10～20克。水剂可配制成0.0375%饵剂使用 | 对人、畜和家禽毒性很小，中毒时维生素$K_1$为有效解毒剂 |

**5. 杀虫**

　　蚊、蝇、蚤、蜱等吸血昆虫会侵袭兔并传播疫病，因此，在兔生产中，要采取有效的措施防止和消灭这些昆虫。

　　（1）环境卫生　搞好兔场环境卫生，保持环境清洁、干燥，是杀灭蚊蝇的基本措施。蚊虫需在水中产卵、孵化和发育，蝇蛆也需在潮湿的环境及粪便等废弃物中生长。因此，填平无用的污水池、土坑、水沟和洼地。保持排水系统畅通，对阴沟、沟渠等定期疏通，勿使污水储积。对贮水池等容器加盖，以防蚊蝇飞入产卵。对不能清除或加盖的防火贮水器，在蚊蝇滋生季节，应定期换水。永久性水体（如鱼塘、池塘等），蚊虫多滋生在水浅而有植被的边缘区域，修整边岸，加大坡度和填充浅湾，能有效地防止蚊虫滋生。兔舍内的粪便应定时清除，并及时处理，贮粪池应加盖并保持四周环境的清洁。

　　（2）物理杀灭　利用机械方法以及光、声、电等物理方法，捕杀、诱杀或驱逐蚊蝇。我国生产的多种紫外线光或其他光诱器，效果良好。此外，还有可以发出声波或超声波并能将蚊蝇驱逐的电子驱蚊器等，都具有防除效果。

　　（3）生物杀灭　利用天敌杀灭害虫，如池塘养鱼即可达到鱼类治蚊的目的。此外，应用细菌制剂——内菌素杀灭吸血蚊的幼虫，效果良好。

　　（4）化学杀灭　化学杀灭是使用天然或合成的毒物，以不同的剂型（粉剂、乳剂、油剂、水悬剂、颗粒剂、缓释剂等），通过不同途径（胃毒、触杀、熏杀、内吸等），毒杀或驱逐蚊蝇。化学杀虫法具有使用方便、见效快等优点，是当前杀灭蚊蝇的较好方法。常用的杀虫剂及使用方法见表 7-3。

**表 7-3　常用的杀虫剂及使用方法**

| 名称 | 性　　状 | 使 用 方 法 |
|------|---------|-------------|
| 敌百虫 | 白色块状或粉末。有芳香味；低毒、易分解、污染小；杀灭蚊（幼）、蝇、蚤、蟑螂及家畜体表寄生虫 | 25%粉剂撒布，1%喷雾；0.1%畜体涂抹，0.02克/千克体重口服驱除畜体内寄生虫 |
| 敌敌畏 | 黄色、油状液体，微芳香；易被皮肤吸收而中毒，对人、畜有较大毒害，畜舍内使用时应注意安全。杀灭蚊（幼）、蝇、蚤、蟑螂、螨、蜱 | 0.1%～0.5%喷雾，表面喷洒；10%熏蒸 |
| 马拉硫磷 | 棕色、油状液体，强烈臭味；其杀虫作用强而快，具有胃毒、触毒作用，也可作熏杀，杀虫范围广。对人、畜毒害小，适于畜舍内使用。世界卫生组织推荐的室内滞留喷洒杀虫剂；杀灭蚊（幼）、蝇、蚤、蟑螂、螨 | 0.2%～0.5%乳油喷雾，灭蚊、蚤；3%粉剂喷洒灭螨、蜱 |
| 倍硫磷 | 棕色、油状液体，蒜臭味；毒性中等，比较安全；杀灭蚊（幼）、蝇、蚤、臭虫、螨、蜱 | 0.1%的乳剂喷洒，2%的粉剂、颗粒剂喷洒、撒布 |
| 二溴磷 | 黄色、油状液体，微辛辣；毒性较强；杀灭蚊（幼）、蝇、蚤、蟑螂、螨、蜱 | 50%的油乳剂。0.05%～0.1%用于室内外蚊、蝇、臭虫等，野外用5%浓度 |
| 杀螟松 | 红棕色、油状液体，蒜臭味；低毒、无残留；杀灭蚊（幼）、蝇、蚤、臭虫、螨、蜱 | 40%的湿性粉剂灭蚊蝇及臭虫；2毫克/升灭蚊 |
| 地亚农 | 棕色、油状液体，酯味；中等毒性，水中易分解；杀灭蚊（幼）、蝇、蚤、臭虫、蟑螂及体表害虫 | 滞留喷洒0.5%，喷浇0.05%；撒布2%粉剂 |
| 皮蝇磷 | 白色结晶粉末，微臭；低毒，但对农作物有害；杀灭体表害虫 | 0.25%喷涂皮肤，1%～2%乳剂灭臭虫 |
| 辛硫磷 | 红棕色、油状液体，微臭；低毒、日光下短效；杀灭蚊（幼）、蝇、蚤、臭虫、螨、蜱 | 2克/平方米室内喷洒灭蚊蝇；50%乳油灭成蚊或水体内幼蚊 |
| 杀虫畏 | 白色固体，有臭味；微毒；杀灭家蝇及家畜体表寄生虫（蝇、蜱、蚊、蚋） | 20%乳剂喷洒，涂布家畜体表，50%粉剂喷洒体表灭虫 |
| 双硫磷 | 棕色、黏稠液体；低毒稳定；杀灭幼蚊、人蚤 | 5%乳油剂喷洒，0.5～1毫升/升撒布，1毫克/升颗粒剂撒布 |
| 毒死蜱 | 白色结晶粉末；中等毒性；杀灭蚊（幼）、蝇、螨、蟑螂及仓储害虫 | 2克/平方米喷洒物体表面 |

续表

| 名称 | 性　　状 | 使 用 方 法 |
|------|---------|------------|
| 西维因 | 灰褐色粉末；低毒；杀灭蚊（幼）、蝇、臭虫、蜱 | 25％的可湿性粉剂和5％粉剂撒布或喷洒 |
| 害虫敌 | 淡黄色、油状液体；低毒；杀灭蚊（幼）、蝇、蚤、蟑螂、螨、蜱 | 2.5％的稀释液喷洒，2％粉剂，1～2克/平方米撒布，2％气雾 |
| 双乙威 | 白色结晶，芳香味；中等毒性；杀灭蚊、蝇 | 50％的可湿性粉剂喷雾、2克/平方米喷洒灭成蚊 |
| 速灭威 | 灰黄色粉末；中毒；杀灭蚊、蝇 | 25％的可湿性粉剂和30％乳油喷雾灭蚊 |
| 残杀威 | 白色结晶粉末、酯味；中等毒性；杀灭蚊（幼）、蝇、蟑螂 | 2克/平方米用于灭蚊、蝇，10％粉剂局部喷洒灭蟑螂 |
| 胺菊酯 | 白色结晶；微毒；杀灭蚊（幼）、蝇、蟑螂、臭虫 | 0.3％的油剂，气雾剂，须与其他杀虫剂配伍使用 |

### 三、兔场的消毒

兔场消毒就是将养殖环境、养殖器具、动物体表、进入的人员或物品、动物产品等存在的微生物全部或部分杀灭或清除掉的方法。消毒的目的在于消灭被病原微生物污染的场内环境、畜体表面及设备器具上的病原体，切断传播途径，防止疾病的发生或蔓延。因此，消毒是保证兔群健康和正常生产的重要技术措施。

#### （一）消毒的方法

兔场常用的有机械性清除（如清扫、铲刮、冲洗等机械方法和适当通风）、物理消毒（如紫外线和火焰、煮沸与蒸汽等高温消毒）、化学药物消毒（利用化学药物杀灭病原微生物以达到预防感染和传染病的传播和流行的方法）和生物消毒（主要是针对兔粪而言，将一定量的兔粪堆积起来，上面覆盖一层泥土，封闭起来，使里面的微生物大量繁殖、增温、腐熟，从而达到杀灭病原体的目的）等消毒方法。

化学消毒方法生产中较为常用，常用的有浸泡法、喷洒法、熏蒸法和气雾法。

**1. 浸泡法**

主要用于消毒器械、用具、衣物等。一般洗涤干净后再行浸泡，药液要浸过物体，浸泡时间以长些为好，水温以高些为好。在兔舍进门处消毒槽内，可用浸泡药物的草垫或草袋对人员的靴鞋消毒。

**2. 喷洒法**

喷洒地面、墙壁、舍内固定设备等，可用细眼喷壶；对舍内空间消毒，则用喷雾器。喷洒要全面，药液要喷到物体的各个部位。一般喷洒地面、墙壁、顶棚，每平方米面积需要 1～1.5 升药液。

**3. 熏蒸法**

适用于可以密闭的兔舍。这种方法简便、省事，对房屋结构无损，消毒全面，兔场常用。常用的药物有福尔马林（40%的甲醛水溶液）、过氧乙酸水溶液。为加速蒸发，常利用高锰酸钾的氧化作用。实际操作中要严格遵守以下基本要点：畜舍及设备必须清洗干净，因为气体不能渗透到兔粪和污物中去，所以不能发挥应有的效力；畜舍要密封，不能漏气。应将进出气口、门窗和排气扇等的缝隙糊严。

**4. 气雾法**

气雾粒子是悬浮在空气中的气体与液体的微粒，直径小于 200 纳米，分子量极轻，能悬浮在空气中较长时间，可到处漂移穿透到畜舍内的周围及其空隙。气雾是消毒液从气雾发生器中喷射出的雾状微粒，是消灭气携病原微生物的理想办法。

**（二）常用的化学消毒剂**

见表 7-4。

**表 7-4　常用的化学消毒剂**

| 类别 | 概述 | 名称 | 性状和性质 | 使用方法 |
|---|---|---|---|---|
| 含氯消毒剂 | 含氯消毒剂是指在水中能产生具有杀菌作用的活性次氯酸的一类消毒剂，包括有机含氯消毒剂和无机含氯消毒剂，其作用机制是：①氧化作 | 漂白粉（含氯石灰，含有效氯25%～30%） | 白色颗粒状粉末，有氯臭味，久置空气中失效，大部溶于水和醇 | 5%～20%的悬浮液用于圈舍、地面、水沟、水井、粪便、运输工具等消毒；每50升水加1克用于饮水消毒；5%的澄清液用于食槽、玻璃器皿、非金属用具等的消毒，宜现配现用 |
|  |  | 漂白粉精 | 白色结晶，有氯臭味，含氯稳定 | 0.5%～1.5%用于地面、墙壁消毒，0.3～0.4克/千克用于饮水消毒 |

续表

| 类别 | 概述 | 名称 | 性状和性质 | 使 用 方 法 |
|---|---|---|---|---|
| 含氯消毒剂 | 用；②氯化作用；③新生态氧的杀菌作用。目前生产中使用较为广泛 | 氯胺-T(含有效氯24%～26%) | 为含氯的有机化合物，白色微黄晶体，有氯臭味。对细菌的繁殖体及芽孢、病毒、真菌孢子有杀灭作用。杀菌作用慢，但性质稳定 | 0.2%～0.5%水溶液喷雾用于室内空气及表面消毒，1%～2%水溶液用于浸泡物品、器材消毒；3%的溶液用于排泄物和分泌物的消毒；黏膜消毒，0.1%～0.5%；饮水消毒，1升水用4毫克。配制消毒液时，如果加入一定量的氯化铵，可大大提高消毒能力 |
|  |  | 二氯异氰尿酸钠(含有效氯60%～64%，优氯净)，另强力消毒净、84消毒液、速效净等均含有二氯异氰尿酸钠 | 白色晶粉，有氯臭。室温下保存半年仅降低有效氯0.16%。是一种安全、广谱和长效的消毒剂，不遗留残余毒性 | 一般0.5%～1%溶液可以杀灭细菌和病毒，5%～10%的溶液用作杀灭芽孢。3%的水溶液空气喷雾，排泄物和分泌物消毒；饮水消毒，每1升水4～6毫克，作用30分钟；1%～4%的溶液消毒工具、用具、兔舍，可杀灭病毒和细菌。本品宜现用现配(注：三氯异氰尿酸钠，其性质特点和作用和二氯异氰尿酸钠基本相同。球虫囊消毒每10升水中加入10～20克) |
|  |  | 二氧化氯[益康(ClO₂)、消毒王、超氯] | 白色粉末，有氯臭，易溶于水，易湿潮。可快速杀灭所有病原微生物，制剂有效氯含量5%。具有高效、低毒、除臭和不残留的特点 | 可用于畜禽舍、场地、器具、种蛋、屠宰厂、饮水消毒和带畜消毒。含有效氯5%时，环境消毒，每1升水加药5～10毫升，泼洒或喷雾消毒；饮水消毒，100升水加药5～10毫升；用具、食槽消毒，每升水加药5毫克，浸泡5～10分钟。现配现用 |
| 碘类消毒剂 | 是碘与表面活性剂(载体)及增溶剂等形成的稳定的络合物。作用机 | 碘酊(碘酒) | 为碘的醇溶液，红棕色澄清液体，微溶于水，易溶于乙醚、氯仿等有机溶剂，杀菌力强 | 2%～2.5%用于皮肤消毒 |

续表

| 类别 | 概述 | 名称 | 性状和性质 | 使用方法 |
|---|---|---|---|---|
| 碘类消毒剂 | 制是碘的正离子与酶系统中蛋白质所含的氨基起亲电取代反应，使蛋白质失活；碘的正离子具氧化性，能对膜联酶中的巯基进行氧化，破坏酶活性 | 碘伏（络合碘） | 红棕色液体，随着有效碘含量的下降逐渐向黄色转变。碘与表面活化剂及增溶剂形成的不定型络合物，其实质是一种含碘的表面活性剂，主要剂型为聚乙烯吡咯烷酮碘和聚乙烯醇碘等，性质稳定，对皮肤无害 | 0.5%～1%用于皮肤消毒剂，10毫升/升浓度用于饮水消毒 |
| | | 威力碘 | 红棕色液体。本品含碘0.5% | 1%～2%用于畜舍、家畜体表及环境消毒。5%的用于手术器械、手术部位消毒 |
| 醛类消毒剂 | 能产生自由醛基，在适当条件下与微生物的蛋白质及某些其他成分发生反应。作用机理是可与菌体蛋白质中的氨基结合使其变性或使蛋白质分子烷基化。可以和细胞壁脂蛋白发生交联、和细胞磷壁酸中的酯联羟基形成侧链，封闭细胞壁，阻碍微生物对营养物质的吸收和废物的排出 | 福尔马林，含36%～40%甲醛水溶液 | 无色有刺激性气味的液体，90℃下易生成沉淀。对细菌繁殖体及芽孢、病毒和真菌均有杀灭作用，广泛用于防腐消毒 | 2%～4%水溶液，对工具、用具、兔笼、地面消毒；按每立方米空间用28毫升福尔马林对兔舍熏蒸消毒（不能带兔熏蒸） |
| | | 戊二醛 | 无色油状体，味苦。有微弱甲醛气味，挥发度较低。可与水、酒精作任何比例的稀释，溶液呈弱酸性。碱性溶液有强大的灭菌作用 | 2%水溶液，用0.3%碳酸氢钠调整pH值在7.5～8.5范围可消毒，不能用于热灭菌的精密仪器、器材的消毒 |
| | | 多聚甲醛（聚甲醛，含甲醛91%～99%） | 为甲醛的聚合物，有甲醛臭味，为白色疏松粉末，常温下不可分解出甲醛气体，加热时分解加快，释放出甲醛气体与少量水蒸气。难溶于冷水，但能溶于热水，加热至150℃时，可全部蒸发为气体 | 多聚甲醛的气体与水溶液均能杀灭各种类型病原微生物。1%～5%溶液作用10～30分钟，可杀除细菌芽孢以外的各种细菌和病毒；杀灭芽孢时，需8%浓度作用6小时。用于熏蒸消毒，用量为每立方米3～10克，消毒时间为6小时 |

续表

| 类别 | 概述 | 名称 | 性状和性质 | 使 用 方 法 |
|---|---|---|---|---|
| 氧化剂类 | 是一些含不稳定结合态氧的化合物。作用机制是：这类化合物遇到有机物和某些酶可释放出初生态氧，破坏菌体蛋白或细菌的酶系统。分解后产生的各种自由基，如巯基、活性氧衍生物等破坏微生物的通透性屏障、蛋白质、氨基酸、酶等最终导致微生物死亡 | 过氧乙酸 | 无色透明酸性液体，易挥发，具有浓烈刺激性，不稳定，对皮肤、黏膜有腐蚀性。对多种细菌和病毒杀灭效果好 | 400～2000毫克/升，浸泡2～120分钟；0.1%～0.5%用于擦拭物品表面；或0.5%～5%用于环境消毒，0.2%用于器械消毒；5%溶液每立方米空间用2.5毫升喷雾消毒实验室、无菌室 |
| | | 过氧化氢（双氧水） | 无色透明，无异味，微酸苦，易溶于水，在水中分解成水和氧。可快速灭活多种微生物 | 1%～2%用于创面消毒；0.3%～1%用于黏膜消毒 |
| | | 过氧戊二酸 | 有固体和液体两种。固体难溶于水，为白色粉末，有轻度刺激性作用，易溶于乙醇、氯仿、乙酸 | 2%用于器械浸泡消毒和物体表面擦拭；0.5%用于皮肤消毒，雾化气溶胶用于空气消毒 |
| | | 臭氧 | 臭氧（$O_3$）是氧气（$O_2$）的同素异形体，在常温下为淡蓝色气体，有鱼腥臭味，极不稳定，易溶于水。臭氧对细菌繁殖体、病毒、真菌和枯草杆菌黑色变种芽孢有较好的杀灭作用；对原虫和虫卵也有很好的杀灭作用 | 30毫克/立方米，15分钟室内空气消毒；0.5毫克/升10分钟，用于水消毒；15～20毫克/升用于传染源污水消毒 |
| | | 高锰酸钾 | 紫黑色斜方形结晶或结晶性粉末，无臭，易溶于水，溶液以其浓度不同而呈暗紫色至粉红色。低浓度可杀死多种细菌的繁殖体，高浓度（2%～5%）在24小时内可杀灭细菌芽孢，在酸性溶液中可以明显提高杀菌作用 | 0.1%溶液可用于兔的饮水消毒，杀灭肠道病原微生物；0.1%水溶液用于创面和黏膜消毒；0.01%～0.02%水溶液用于消化道清洗；用于体表消毒时使用的浓度为0.1%～0.2% |

续表

| 类别 | 概述 | 名称 | 性状和性质 | 使 用 方 法 |
|------|------|------|-----------|-------------|
| 酚类消毒剂 | 酚类消毒剂是消毒剂中种类较多的一类化合物。作用机制是：①高浓度下可裂解并穿透细胞壁，与菌体蛋白结合，使微生物原浆蛋白质变性；②低浓度下或较高分子的酚类衍生物，可使氧化酶、去氢酶、催化酶等细胞的主要酶系统失去活性 | 苯酚（石炭酸） | 白色针状结晶，弱碱性，易溶于水，有芳香味 | 杀菌力强，3%～5%用于环境与器械消毒，2%用于皮肤消毒 |
| | | 煤酚皂（来苏儿） | 由煤酚和植物油、氢氧化钠按一定比例配制而成。无色，见光和空气变为深褐色，与水混合成为乳状液体。毒性较低 | 3%～5%用于环境消毒；5%～10%用于器械消毒、处理污物；2%的溶液用于术前、术后和皮肤消毒 |
| | | 复合酚（农福、消毒净、消毒灵、菌毒敌） | 由冰醋酸、混合酚、十二烷基苯磺酸、煤焦油按一定比例混合而成，为棕色黏稠状液体，有煤焦油臭味，对多种细菌和病毒有杀灭作用 | 用水稀释100～300倍后，用于环境、禽舍、器具的喷雾消毒，稀释用水温度不低于8℃；1：200杀灭烈性传染病，如口蹄疫；1：（300～400）药浴或擦拭皮肤，药浴25分钟，可以防治猪、牛、羊螨虫等皮肤寄生虫病，效果良好 |
| | | 氯甲酚溶液（菌球杀） | 为甲酚的氯代衍生物，一般为5%的溶液。杀菌作用强，毒性较小 | 主要用于禽舍、用具、污染物的消毒。用水稀释33～100倍后用于环境、畜禽舍的喷雾消毒 |
| 表面活性剂 | 又称清洁剂或除污剂（双链季铵盐类消毒剂）。作用机理是：①可以吸附到菌体表面，改变细胞渗透性，溶解损伤细胞使菌体破裂，细胞内容物外流；②表面活性物在菌体表面浓集，阻碍细菌代谢，使细胞结构 | 新洁尔灭（苯扎溴铵）市售的一般为浓度5%的苯扎溴铵水溶液 | 无色或淡黄色液体，振摇产生大量泡沫。对革兰阴性细菌的杀灭效果比对革兰阳性菌强，能杀灭有囊膜的亲脂性病毒，不能杀灭亲水病毒、芽孢菌、结核菌，易产生耐药性 | 皮肤、器械消毒用0.1%的溶液（以苯扎溴铵计），黏膜、创口消毒用0.02%以下的溶液，0.5%～1%溶液用于手术局部消毒 |
| | | 度米芬（杜米芬） | 白色或微白色片状结晶，能溶于水和乙醇。主要用于细菌病原，消毒能力强，毒性小，可用于环境、皮肤、黏膜、器械和创口的消毒 | 皮肤、器械消毒用0.05%～0.1%的溶液，带畜禽消毒用0.05%的溶液喷雾 |

续表

| 类别 | 概述 | 名称 | 性状和性质 | 使用方法 |
|---|---|---|---|---|
| 表面活性剂 | 素乱；③渗透到菌体内使蛋白质发生变性和沉淀；④破坏细菌酶系统 | 癸甲溴铵溶液(百毒杀)。市售浓度一般为10%癸甲溴铵溶液 | 白色、无臭、无刺激性、无腐蚀性的溶液剂。本品性质稳定,不受环境酸碱度、水质硬度、粪便血污等有机物及光、热影响,可长期保存,且适用范围广 | 饮水消毒,日常1:(2000～4000)倍,可长期使用。疫病期间1:(1000～2000)连用7天;畜禽舍及带畜消毒,日常1:600;疫病期间1:(200～400)喷雾、洗刷、浸泡 |
| | | 双氯苯胍己烷 | 白色结晶粉末,微溶于水和乙醇 | 0.5%用于环境消毒,0.3%用于器械消毒,0.02%用于皮肤消毒 |
| | | 环氧乙烷(烷基化合物) | 常温无色气体,沸点10.3℃,易燃、易爆、有毒 | 50毫克/升密闭容器内用于器械、敷料等消毒 |
| | | 氯己定(洗必泰) | 白色结晶,微溶于水,易溶于醇,禁忌与升汞配伍 | 0.022%～0.05%水溶液,术前洗手浸泡5分钟;0.01%～0.025%用于腹腔、膀胱等冲洗 |
| 醇类消毒剂 | 醇类物质。作用机理是使蛋白质变性沉淀;快速渗透过细菌胞壁进入菌体内,溶解破坏细菌细胞;抑制细菌酶系统,阻碍细菌正常代谢;可快速杀灭多种微生物 | 乙醇(酒精) | 无色透明液体,易挥发,易燃,可与水和挥发油任意混合。无水乙醇含乙醇量为95%以上。主要通过使细菌菌体蛋白凝固并脱水而发挥杀菌作用。以70%～75%乙醇杀菌能力最强。对组织有刺激作用,浓度越大刺激性越强 | 70%～75%用于皮肤、手背、注射部位和器械及手术、实验台面消毒,作用时间3分钟;注意:不能作为灭菌剂使用,不能用于黏膜消毒;浸泡消毒时,消毒物品不能带过多水分,物品要清洁 |
| | | 异丙醇 | 无色透明液体,易挥发,易燃,具有乙醇和丙酮混合气味,与水和大多数有机溶剂可混溶。作用浓度为50%～70%,过浓或过稀,杀菌作用都会减弱 | 50%～70%的水溶液涂擦与浸泡,作用时间5～6分钟。只能用于物体表面和环境消毒。杀菌效果优于乙醇,但毒性也高于乙醇。有轻度的蓄积和致癌作用 |

续表

| 类别 | 概述 | 名称 | 性状和性质 | 使 用 方 法 |
|---|---|---|---|---|
| 强碱类 | 碱类物质。作用机理是氢氧根离子可以水解蛋白质和核酸，使微生物的结构和酶系统受到损害，同时可分解菌体中的糖类而杀灭细菌和病毒。尤其是对病毒和革兰阴性杆菌的杀灭作用最强。但其腐蚀性也强 | 氢氧化钠（火碱） | 白色干燥的颗粒、棒状、块状、片状结晶，易溶于水和乙醇，易吸收空气中的 $CO_2$ 形成碳酸钠或碳酸氢钠盐。对细菌繁殖体、芽孢体和病毒有很强的杀灭作用，对寄生虫卵也有杀灭作用，浓度增大，作用增强 | $2\%\sim4\%$ 的溶液可杀死病毒和繁殖型细菌，$30\%$ 溶液 10 分钟可杀死芽孢，$4\%$ 溶液 45 分钟杀死芽孢，如加入 $10\%$ 食盐能增强杀芽孢能力。$2\%\sim4\%$ 的热溶液用于喷洒或洗刷消毒，如畜禽舍、仓库、墙壁、工作间、入口处、运输车辆、饮饲用具等；$5\%$ 用于炭疽消毒 |
| | | 生石灰（氧化钙） | 白色或灰白色块状或粉末，无臭，易吸水，加水后生成氢氧化钙 | 加水配制 $10\%\sim20\%$ 石灰乳涂刷畜舍墙壁、畜栏等消毒 |
| | | 草木灰 | 新鲜草木灰主要含氢氧化钾。取筛过的草木灰 10～15 千克，加水 35～40 千克，搅拌均匀，持续煮沸 1 小时，补足蒸发的水分即成 $20\%\sim30\%$ 草木灰 | $20\%\sim30\%$ 草木灰可用于圈舍、运动场、墙壁及食槽的消毒。应注意水温在 50～70℃ |

## （三）兔场的消毒程序

### 1. 车辆消毒

进入场门的车辆除要经过消毒池外，还必须对车身、车底盘进行高压喷雾消毒，消毒液可用 $2\%$ 过氧乙酸和 $1\%$ 的灭毒威。严禁车辆（包括员工的摩托车、自行车）进入生产区。进入生产区的料车每周需彻底消毒一次。

### 2. 人员消毒

所有工作人员进入场区大门必须进行鞋底消毒，并经自动喷雾器进行喷雾消毒。进入生产区的人员必须淋浴、更衣、换鞋、洗手，并经紫外线照射 15 分钟。工作服等定期消毒（可放在 $1\%\sim2\%$ 碱水内煮沸消毒）。严禁外来人员进入生产区。进入兔舍人员先踏消毒池

（消毒池的消毒液每3天更换一次），再洗手后方可进入。病兔隔离人员和剖检人员操作前后都要进行严格消毒。

**3. 兔舍消毒**

（1）空舍消毒　兔出售或转出后对兔舍进行彻底的清洁消毒，消毒步骤如下：

① 清扫　首先对空舍的粪尿、污水、残料、垃圾和墙面、顶棚、水管等处的尘埃进行彻底清扫，并整理归纳舍内饲槽、用具，当发生疫情时，必须先消毒后清扫。

② 浸润　对地面、兔栏、出粪口、食槽、粪尿沟、风扇匣、护仔箱进行低压喷洒，并确保充分浸润，浸润时间不低于30分钟，但不能时间过长，以免干燥、浪费水且不好洗刷。

③ 冲刷　使用高压冲洗机，由上至下彻底冲洗屋顶、墙壁、栏架、网床、地面、粪尿沟等。要用刷子刷洗藏污纳垢的缝隙，尤其是食槽、护仔箱壁的下端，冲刷不要留死角。

④ 消毒　晾干后，选用广谱高效消毒剂，消毒舍内所有表面、设备和用具，必要时可选用2%～3%的火碱进行喷雾消毒，30～60分钟后低压冲洗，晾干后用另一种广谱高效消毒药（0.3%好利安）喷雾消毒。

⑤ 复原　恢复原来栏舍内的布置，并检查维修，做好进兔前的充分准备，并进行第二次消毒。

⑥ 进兔前1天再喷雾消毒。

（2）熏蒸消毒　对封闭兔舍冲刷干净、晾干后，最好进行熏蒸消毒。用福尔马林、高锰酸钾熏蒸。方法是：熏蒸前封闭所有缝隙、孔洞，计算房间容积，称量好药品。按照福尔马林：高锰酸钾：水2：1：1的比例配制，福尔马林用量一般为14～42毫升/立方米。容器应大于甲醛溶液加水后容积的3～4倍。放药时一定要把甲醛溶液倒入盛高锰酸钾的容器内，室温最好不低于24℃，相对湿度在70%～80%。先从兔舍一头逐点倒入，倒入后迅速离开，把门封严，24小时后打开门窗通风。无刺激味后再用消毒剂喷雾消毒一次。

（3）带兔消毒　正常情况下选用过氧乙酸或喷雾灵等消毒剂。夏季每周消毒2次，春秋季每周消毒1次，冬季2周消毒1次。如果发生传染病每天或隔日带兔消毒1次，带兔消毒前必须彻底清扫，消毒时不仅限于兔的体表，还包括整个舍的所有空间。应将喷雾器的喷头高举空中，喷嘴向上，让雾料从空中缓慢地下降，雾粒直径控制在80～120微米，压力为0.2～0.3千克/平方厘米。注意不宜选用刺激性大的药物。

**4. 运动场消毒**

对运动场地面进行预防性消毒时，可将运动场最上面一层土铲去3厘米左右，用10％～20％新鲜石灰水或5％漂白粉溶液喷洒地面，然后垫上一层新土夯实。对运动场进行紧急消毒时，要在地面上充分洒上对病原体具有强烈作用的消毒剂，2～3小时后，将最上面一层土铲去9厘米以上，喷洒上10％～20％石灰水或5％漂白粉溶液，垫上一层新土夯实，再喷洒10％～20％新鲜石灰水或5％漂白粉溶液，5～7天后，就可以将兔重新放入。如果运动场是水泥地面，可直接喷洒对病原体具有强烈作用的消毒剂。

**5. 环境消毒**

（1）生产区的垃圾实行分类堆放，并定期收集。

（2）每逢周六进行环境清理、消毒和焚烧垃圾。

（3）消毒时用3％的氢氧化钠喷湿，阴暗潮湿处撒生石灰。

（4）生产区道路、每栋舍前后、生活区、办公区院落或门前屋后4～10月份每7～10天消毒一次，11月至次年3月每半月一次。

**6. 用具消毒**

定期对料槽、产仔箱、喂料器等用具进行消毒。一般先将用具清洗干净后，可用0.1％的新洁尔灭或0.2％～0.5％过氧乙酸消毒，然后在密闭的室内熏蒸24小时。兔笼可以使用火焰喷灯进行喷射消毒（金属笼具）。

**7. 粪便消毒**

患传染病和寄生虫病病畜的粪便可以利用焚烧法、化学药物法、掩埋法和生物法进行消毒。生产中常用的生物热消毒法，其方法有两种：一种是发酵池法；另一种是堆粪法。此法能使非芽孢病原微生物污染的粪便变成无害，且不丧失肥料的应用价值。

**8. 特定消毒**

（1）兽医防疫人员的消毒　兽医防疫人员进入兔舍必须在消毒池内进行鞋底消毒，在消毒盆内洗手消毒。出兔舍时要在消毒盆内洗手消毒；兽医防疫人员在一栋兔舍工作完毕后，要用消毒液浸泡的纱布擦洗注射器和提药盒的周围。

（2）生产过程的消毒

① 兔转群或部分调动时必须将道路和需用的车辆、用具消毒，在用前、用后分别喷雾消毒。参加人员需换上洁净的工作服和胶鞋，并经过紫外线照射 15 分钟。

② 接产母兔有临产征兆时，就要将兔笼、用具设备和兔体洗刷干净，并用 1/600 的百毒杀或 0.1％高锰酸钾溶液消毒。

③ 在剪耳、注射等前后，都要对器械和术部进行严格消毒。消毒可用碘酊或 70％的酒精棉。

（3）术部和器械消毒

① 术部消毒　如阉割手术时，术部首先要用清水洗净擦干，然后涂以 3％的碘酊，待干后再用 70％～75％的酒精消毒，待酒精干后方可实施手术，术后创口涂 3％碘酊。

② 器械消毒　手术刀、手术剪、缝合针、缝合线可用煮沸消毒，也可用 70％～75％的酒精消毒，注射器用完后里外冲刷干净，然后煮沸消毒。医疗器械每天必须消毒一遍。

（4）发生传染病的消毒　发生传染病或传染病平息后，要强化消毒，药液浓度加大，消毒次数增加。

（5）产品消毒　皮革原料和羊毛可采用环氧乙烷气体来进行消毒，此法不仅对病毒、细菌、霉菌、立克次体等均有良好的杀灭作用，对毛皮中的炭疽杆菌芽孢也有较好的消毒效果。消毒的方法是在密闭的容器内（可用聚乙烯或聚氯乙烯薄膜制成的篷布）消毒病原体繁殖型，300～400 毫克/米$^3$，作用 8 小时；消毒芽孢和霉菌，700～950 毫克/米$^3$，作用 24 小时。相对湿度 30％～50％，温度在 18℃以上，54℃以下比较适宜。

（四）消毒注意事项

一是严格按消毒药物说明书的规定配制，药量与水量的比例要准确，不可随意加大或减少药物浓度。不准任意将两种不同的消毒药物混合使用。喷雾时，必须全面湿润消毒物的表面。二是消毒前必须搞好卫生，彻底清除粪尿、污水、垃圾。三是消毒药物定期更换使用。消毒药现配现用，搅拌均匀，并尽可能在短时间内一次用完。四是消毒药物与消毒对象要保持较长的接触时间，最短不少于 30 分钟，以保证杀灭病原。五是消毒记录要完整，记录消毒时间、株号、消毒药品、使用浓度、消毒对象等。

## 四、兔场的免疫接种

免疫接种通常是使用疫苗和菌苗等生物制剂作为抗原接种于兔体内，激发抗体产生特异性免疫力，免疫接种是预防传染病的有效手段。

### (一) 疫苗的种类

疫苗分为活疫苗和灭活苗两类。凡将特定细菌、病毒等微生物毒力致弱制成的疫苗称活疫苗（弱毒苗），具有产生免疫快、免疫效力好、免疫接种方法多和免疫期长等特点，但存在散毒和造成新疫源以及毒力返祖的潜在危险等问题。用物理或化学方法将其灭活的疫苗称为灭活苗，具有安全性好、不存在返祖或返强现象、便于运输和保存、对母源抗体的干扰作用不敏感以及适用于多毒株或多菌株制成多价苗等特点，但存在成本高、免疫途径单一、生产周期长等不足。兔场常用的疫苗见表 7-5。

表 7-5　兔场常用的疫苗

| 名　　称 | 作　　用 | 使用和保存方法 |
|---|---|---|
| 兔病毒性出血症灭活疫苗 | 预防兔瘟。7 日左右产生免疫力，免疫期为 6 个月 | 断乳兔和成年兔每只皮下注射 1 毫升。兔注射 2 次/年 |
| 兔瘟油佐剂灭活疫苗 | 预防兔瘟。7 日左右产生免疫力，免疫期为 1 年 | 断乳日龄以上的兔，每只皮下注射 1 毫升，未曾免疫过的母兔群，其出生 20～30 日龄的幼兔应在第一次预防注射，经过免疫的母兔群，其产下的仔兔应在 45 日龄左右进行预防注射 |
| 黏液瘤兔肾细胞弱毒苗 | 预防黏液瘤病。4 日后产生免疫力，免疫期为 1 年 | 按使用说明书规定的剂量加生理盐水稀释。断乳日龄以上的兔，每兔皮下或肌内注射 1 毫升 |
| 牛痘疫苗 | 紧急预防接种 | 使用方法见疫苗说明书 |
| 兔巴氏杆菌灭活苗 | 免疫期为 6 个月 | 30 日龄以上的兔，每兔皮下或肌内注射 1 毫升，间隔 14 日后，再注射 1 毫升。每兔每年注射 2 次 |

续表

| 名　称 | 作　用 | 使用和保存方法 |
| --- | --- | --- |
| 兔病毒性出血症、兔多杀性巴氏杆菌二联干粉灭活疫苗 | 兔瘟和巴氏杆菌预防接种；7 日产生免疫力。免疫期为半年 | 肌内或皮下注射。按瓶签注明头份，用 20％铝胶生理盐水稀释，成兔每只 1 毫升，45 日龄左右仔兔每只 0.5 毫升 |
| 支气管败血波氏杆菌灭活苗 | 7 日后产生免疫力。免疫期为 6 个月 | 怀孕兔在产前 2～3 周，或配种时；断奶前一周的仔兔、幼兔、成年兔，每兔皮下或肌内注射 1 毫升。每兔每年注射 2 次 |
| 兔波氏杆菌与巴氏杆菌二联苗 | 7 日后产生免疫力。免疫期为半年 | 仔兔断奶前 1 周，怀孕兔妊娠后 1 周，其他幼兔、成年兔于春、秋两季每兔皮下或肌内注射 1 毫升 |
| 兔魏氏梭菌灭活苗 | 免疫期为 6 个月 | 30 日龄以上的兔，每兔皮下或肌内注射 1 毫升，间隔 14 日，再注射 1 毫升。每兔每年注射 2 次 |
| 魏氏梭菌与巴氏杆菌二联苗 | 7 日后产生免疫力。免疫期为半年 | 20～30 日龄幼兔，每兔皮下或肌内注射 1 毫升；30 日龄以上的兔，每兔皮下或肌内注射 2 毫升。每兔每年注射 2 次 |
| 兔伪结核耶新氏杆菌多价灭活苗 | 7 日后产生免疫力。免疫期为半年 | 断奶前 1 周的仔兔、幼兔、成年兔，每兔皮下或肌内注射 1 毫升，每兔每年注射 2 次 |
| 沙门菌灭活苗 | 7 日后产生免疫力。免疫期为半年 | 断奶前 1 周的仔兔，怀孕前或怀孕初期的母兔以及其他幼兔、成年兔，每兔皮下或肌内注射 1 毫升，每兔每年注射 2 次 |
| 兔铜绿假单胞菌多价灭活苗 | 7 日后产生免疫力。免疫期为半年 | 每兔皮下或肌内注射 1 毫升，每兔每年注射 2 次 |
| 假单胞菌、巴氏杆菌与波氏杆菌三联苗 | 7 日后产生免疫力。免疫期为半年 | 仔兔断奶前 1 周，怀孕兔妊娠后 1 周及其他兔。每兔皮下或肌内注射 1.5 毫升，每兔每年注射 2 次 |
| 兔大肠杆菌灭活苗 | 7 日后产生免疫力。免疫期为 4 个月 | 20～30 日龄的仔兔，肌内注射 1 毫升 |

## （二）疫苗的管理

### 1. 疫苗的采购

采购疫苗时，一定要根据疫苗的实际效果和抗体监测结果，以及场际间的沟通和了解，选择规范而信誉高且有批准文号的生产厂家生产的疫苗；到有生物制品经营许可证的经营单位购买；疫苗应是近期生产的，有效期只有 2～3 个月的疫苗最好不要购买。

**2. 疫苗的运输**

运输疫苗要使用放有冰袋的保温箱，做到"苗随冰行，苗到未溶"。途中避免阳光照射和高温。疫苗运输过程中时间越短越好，中途不得停留存放，应及时运往兔场放入 17℃ 恒温冰箱，防止冷链中断。

**3. 疫苗的保管**

保管前要清点数量，逐瓶检查苗瓶有无破损，瓶盖有无松动，标签是否完整，并记录生产厂家、批准文号、检验号、生产日期、失效日期、药品的物理性状与说明书是否相符等，避免购入伪劣产品；仔细查看说明书，严格按说明书的要求贮存；许多疫苗是在冰箱内冷冻保存，冰箱要保持清洁和存放有序，并定时清理冰箱的冰块和过期的疫苗。如遇停电，应在停电前 1 天准备好冰袋，以备停电用，停电时尽量少开箱门。

（三）免疫的接种方法

兔免疫常用的方法是皮下注射法。选在兔颈侧皮肤松弛、易移动的部位，左手拇指、食指和中指捏起皮肤呈三角形，右手如执笔状持注射器，于三角形基部垂直于皮肤迅速刺入针头，放开皮肤，回抽活塞，不见回血后注药。注射完毕拔出针头，用酒精棉球压迫针孔片刻，防止药液流出。注射正确时可见局部鼓起。皮下注射主要用于防疫注射。

（四）免疫参考程序

见表 7-6～表 7-8。

（五）注意事项

**1. 疫苗使用前要检查**

使用前要检查药品的名称、厂家、批号、有效期、物理性状、贮存条件等是否与说明书相符。仔细查阅使用说明书与瓶签是否相符，明确含量、稀释液、每头剂量、使用方法及有关注意事项，并严格遵守，以免影响效果。对过期、无批号、油乳剂破乳上下分层、失真空及颜色异常或不明来源的疫苗禁止使用。

表 7-6　兔的参考免疫程序

| 免疫时间 | 疫苗及作用 | 免疫剂量和方式 |
|---|---|---|
| 25～30 日龄（断奶前后） | 兔瘟及巴氏杆菌二联苗，预防兔瘟（兔病毒性出血症）和多杀性巴氏杆菌病 | 皮下注射 1.1 毫升/只 |
| 30～35 日龄 | 兔大肠杆菌多价苗，预防兔大肠杆菌病 | 皮下注射 1.2 毫升/只 |
| 35～40 日龄 | 兔产气荚膜梭菌苗，预防兔魏氏梭菌病 | 皮下注射 2 毫升/只 |
| 50～55 日龄 | 兔瘟及巴氏杆菌二联苗，加强预防兔瘟及巴氏杆菌病 | 皮下注射 1.5 毫升/只 |

注：基础兔（繁殖种兔）每 5 个月接种免疫 1 次，每次皮下注射兔瘟-巴氏杆菌二联苗 1.5 毫升/只，大肠杆菌病苗 1.5 毫升/只，产气荚膜梭菌病苗 2 毫升/只。每次注射之间应间隔 7～10 天。对易患波氏杆菌病、葡萄球菌病、伪结核病、沙门杆菌病的兔场，应根据实际情况进行免疫接种。

表 7-7　商品肉兔参考免疫程序

| 日龄 | 免疫疫苗 | 免疫途径 | 剂量/毫升 |
|---|---|---|---|
| 21 | 波氏杆菌＋大肠杆菌病蜂胶二联灭活疫苗 | 颈部皮下注射 | 1.0 |
| 30 | 兔波氏杆菌＋巴氏杆菌病蜂胶二联灭活疫苗 | 颈部皮下注射 | 1.0 |
| | 兔球净（长效抗球虫药） | 颈部皮下注射 | 0.2 |
| 40 | 兔瘟蜂胶灭活疫苗或兔瘟＋巴氏杆菌病蜂胶二联灭活疫苗 | 颈部皮下注射 | 2.0 |
| 60 | 兔瘟蜂胶灭活疫苗或兔瘟＋巴氏杆菌＋魏氏梭菌病蜂胶三联灭活疫苗 | 颈部皮下注射 | 1.0 |

注：根据疫区实际情况免疫魏氏梭菌和葡萄球菌病单苗，可在 45 日龄以后免疫一次；如发生兔瘟可使用蜂胶灭活疫苗 4 毫升进行紧急免疫注射，注射时注意局部和注射针头的消毒，以免引发注射部位的脓肿。

表 7-8　种兔的参考免疫程序

| 日龄 | 免疫疫苗 | 免疫途径 | 剂量/毫升 |
|---|---|---|---|
| 21 | 波氏杆菌＋大肠杆菌病蜂胶二联灭活疫苗 | 颈部皮下注射 | 1.0 |
| 30 | 兔波氏杆菌＋巴氏杆菌病蜂胶二联灭活疫苗 | 颈部皮下注射 | 1.0 |
| | 兔球净（长效抗球虫药） | 颈部皮下注射 | 0.2 |
| 40 | 兔瘟蜂胶灭活疫苗或兔瘟＋巴氏杆菌病蜂胶二联灭活疫苗 | 颈部皮下注射 | 2.0 |

| 日龄 | 免疫疫苗 | 免疫途径 | 剂量/毫升 |
|---|---|---|---|
| 60 | 兔瘟蜂胶灭活疫苗或兔瘟＋巴氏杆菌＋魏氏梭菌病蜂胶三联灭活疫苗 | 颈部皮下注射 | 1.0 |
| 首次配种前14天 | 兔波氏杆菌＋巴氏杆菌病蜂胶二联灭活疫苗 | 颈部皮下注射 | 1.5 |
| 首次配种前7天 | 兔葡萄球菌蜂胶灭活苗 | 颈部皮下注射 | 1.5 |

注：1. 配种前免疫以后，兔瘟＋巴氏杆菌病、波氏＋巴氏杆菌病、葡萄球菌病等疫苗一般隔5～6个月免疫一次，兔球净一般隔2个半月注射一次。

2. 根据疫区实际情况，魏氏梭菌，可在首免后5～6个月免疫一次。如发生兔瘟可用兔瘟蜂胶灭活疫苗4毫升进行紧急免疫注射，注射时注意注射局部和注射针头的消毒，以免引发注射部位的脓肿。

### 2. 疫苗稀释

对于冷冻贮藏的疫苗，稀释用的生理盐水，必须提前至少1～2天放置在冰箱冷藏，或稀释时将疫苗同稀释液一起放置在室温中停置10～20分钟，避免两者的温差太大；稀释前先将苗瓶口的胶腊除去，并用酒精棉消毒晾干；用注射器取适量的稀释液插入疫苗瓶中，无需推压，检查瓶内是否真空（真空疫苗瓶能自动吸取稀释液），失真空的疫苗必须废弃；根据免疫剂量、计划免疫头数和免疫人员的工作能力来决定疫苗的稀释量和稀释次数，做到现配现用，稀释后的疫苗在3小时内用完；不能用凉开水稀释，必须用生理盐水或专用稀释液稀释。稀释后的疫苗，放在有冰袋的保温瓶中，并在规定的时间内用完，防止长时间暴露于室温中。

### 3. 免疫操作要规范

注射过程应严格消毒，注射器、针头应洗净煮沸15～30分钟备用，每注射5～10只更换一枚针头，防止传染。吸药时，绝不能用已给动物注射过的针头吸取，可用一个灭菌针头，插在瓶塞上不拔出，裹以挤干的酒精棉花专供吸药用，吸出的药液不应再回注瓶内；液体在使用前应充分摇匀，每次吸苗前再充分振摇；注射的剂量要准确，不漏注、不白注。进针要稳，拔针宜速，不得打"飞针"，以确保苗液真正足量地注射于皮下。

## 五、药物预防

药物对于预防和治疗兔病具有重要意义。不同药物的作用和效果是不同的，要掌握药物特点，合理用药，安全用药。

### (一) 兔场的常用药物

见表 7-9。

**表 7-9　兔场常用抗菌药物**

| 类别 | 名称 | 规格 | 作用与用途 | 剂量与用法 |
|---|---|---|---|---|
| 抗生素类 | 青霉素钾(钠)盐 | 粉针剂，每支20万、40万、80万单位 | 主要用于兔的葡萄球菌病、李氏杆菌病、呼吸道感染、子宫炎、眼部炎症等的治疗 | 注射用水或生理盐水溶解，肌注，每千克体重2万～4万单位，每日2～3次。不可加热助溶，现配现用 |
| | 普鲁卡因青霉素 G 钾(钠)盐 | 粉针剂，每支20万、40万、80万单位 | | 注射用水作成混悬液后肌注，每千克体重2万～4万单位，每日1～2次 |
| | 硫酸链霉素 | 粉针剂 0.5克、1克 | 治疗革兰性杆菌和结核菌病，如出血性败血症、鼻炎、肠道感染等 | 每千克体重20毫克，粉针剂注射用水溶解后肌注；硫酸双氢链霉素注射液直接肌内注射 |
| | 硫酸双氢链霉素 | 注射液2毫升(0.5 克)、4毫升(1.0 克) | | |
| | 硫酸卡那霉素 | 注射液2毫升(0.5 克) | 能杀灭大多数革兰阴性菌，也可杀灭金黄色葡萄球菌 | 每千克体重0.01～0.015 克，肌内注射，不可与钙剂配用 |
| | 硫酸庆大霉素 | 注射液2毫升(4 万单位)、4毫升(8 万单位) | 广谱抗菌药，用于敏感菌所致的各种感染 | 每千克体重1～2毫克肌注或静注 |
| | 盐酸土霉素 | 粉针剂，每支0.2克 | 能抑制细菌的繁殖，用于巴氏杆菌病、大肠杆菌病、沙门菌病等 | 针剂用生理盐水或 5%葡萄糖溶液溶解，肌注或静注，每千克体重5～10毫克；口服粉剂每千克体重30～50毫克 |
| | 强力霉素 | 粉针剂，每支0.1 克，片剂0.25克 | | 每千克体重2～4毫克，静注；片剂口服 |

续表

| 类别 | 名称 | 规格 | 作用与用途 | 剂量与用法 |
|---|---|---|---|---|
| 抗生素类 | 四环素 | 粉剂 0.25 克；片剂 0.25 克 | 对革兰阴性菌、阳性菌有抑制作用，对立克次体、钩端螺旋体和原虫也有作用 | 粉剂用生理盐水或 5% 葡萄糖溶液溶解，肌注或静注，每千克体重 40 毫克；片剂内服，每只 100～200 毫克 |
| | 金霉素 | 粉针剂 0.25 克，片剂 0.25 克，眼膏 | | 粉针剂用法用量同四环素。片剂口服，每只 100～200 毫克。眼膏眼部涂搽 |
| 磺胺类药物 | 磺胺嘧啶（SD） | 片剂 0.5 克 | 对大多数革兰阴性菌和阳性菌有抑制作用，但链球菌、肺炎球菌、沙门菌、化脓性棒状杆菌、大肠杆菌等对磺胺类药高度敏感；次敏感的细菌有葡萄球菌、变形杆菌、巴氏杆菌、魏氏梭菌、肺炎杆菌、李氏杆菌等。主要用于治疗敏感菌所致的感染。使用时应注意：①严格掌握适应证，对病毒性疾病不宜使用。②用量适当，一般首次用量加倍，然后间隔一定时间给维持量。③用药期间充分供水。④加等量的碳酸氢钠，可防止析出损害肝脏。⑤不要与普鲁卡因、可卡因等合用。⑥急性病例用针剂 | 每千克体重首次量 0.2～0.3 克，维持量 0.1～0.15 克。内服或拌料，每 12 小时 1 次 |
| | | 钠盐针剂 2 毫升 0.4 克，10 毫升 1 克 | | 每千克体重 0.05 克，肌注或静注 |
| | 磺胺噻唑（ST） | 片剂 0.5 克、1 克 | | 剂量同 SD 片剂，内服或拌料，每 8 小时 1 次 |
| | | 钠盐针剂 2 毫升 0.4 克，10 毫升 1 克 | | 一次剂量每千克体重 0.07 克，肌注或静注，8～12 小时 1 次 |
| | 磺胺甲基嘧啶（SM₁） | 片剂 0.5 克 | | 片剂同上 |
| | | 针剂 1 克 10 毫升 | | 同上针剂 |
| | 磺胺二甲基嘧啶（SM₂） | 片剂 0.5 克、1 克 | | 片剂同上 |
| | | 钠盐针剂 100 毫升 10 克，50 毫升 5 克 | | 每千克体重 0.07 克，肌注或静注，12 小时 1 次 |
| | 磺胺甲基异噁唑（SMZ，新诺明） | 片剂 0.5 克 | | 每千克体重首次量 0.1 克，维持量 0.07 克。内服或拌料，每 12 小时 1 次 |
| | 磺胺间甲氧嘧啶（SMM） | 片剂 0.5 克 | | 每千克体重首次量 0.05 克，维持量 0.025 克。内服，每 24 小时 1 次 |

续表

| 类别 | 名称 | 规格 | 作用与用途 | 剂量与用法 |
|---|---|---|---|---|
| 磺胺类药物 | 复方磺胺间甲氧嘧啶TMP-SMM | 片剂 0.5 克（TMP 0.1 克＋SMM 0.4 克） | | 每千克体重 30 毫克，内服，每 24 小时 1 次 |
| | 磺胺脒（SG） | 片剂 0.5 克 | | 每千克体重 0.12 克，内服，24 小时 1 次 |
| | 复方新诺明（SMZ-TMP） | 片剂 TMP0.08 克＋SMZ 0.4 克 | | 每千克体重 30 毫克，内服，每 12 小时 1 次 |
| | | 针剂 10 毫升（TMP 0.2 克＋SMZ 1.0 克） | | 每千克体重 20～25 毫克，肌注或静注，1 日 1 次 |
| 其他 | 呋喃唑酮 | 片剂 0.1 克 | 用于急性消化道感染，不作全身感染用药 | 每千克体重 5～10 毫克，内服，每 12 小时 1 次，连用 3～5 天 |
| | 新肿凡钠明 | 粉针剂，每支 0.15 克、0.3 克 | 对兔梅毒和兔螺旋体作用强。毒性大 | 每千克体重 40～60 毫克，配成 5％溶液静注 |
| | 左旋咪唑 | 片剂 0.1 克 | 对多种寄生虫有效 | 每千克体重 25 毫克，口服 |
| | 精制敌百虫（兽用） | 结晶 | 对多种寄生虫有效 | 口服，每千克体重 0.1～0.2 克 |
| | | 粉末 | 外用对疥螨有杀灭作用 | 1％～2％溶液喷洒 |
| | 伊维菌素（阿维菌素） | 针剂，1 毫升（1 万单位）、2 毫升（2 万单位）、5 毫升（5 万单位）、50 毫升（50 万单位）、100 毫升（100 万单位） | 可同时驱杀肠道线虫及疥螨 | 皮下注射，每千克体重 0.03～0.06 毫升 |
| | 盐酸氯苯胍 | 粉片剂 | 对球虫及弓形体有效 | 口服，每千克体重 15 毫克（预防），治疗量 2～3 倍 |
| | 杀虫脒 | 油乳剂 | 外用杀疥螨 | 0.1％～0.2％喷洒 |

## （二）兔场的药物保健

兔群保健预防用药就是在兔容易发病的几个关键时期，提前用药物预防，能够起到很好的保健作用，降低兔场的发病率。这比发病后再治，既省钱省力，又能确保兔正常繁殖生长，还可以用比较便宜的药物达到防病的目的，收到事半功倍的效果，提高养兔经济效益。兔场保健预防用药的时间和方法见表7-10。

**表 7-10　兔场保健预防用药**

| 时间 | 药物及使用方法 |
|---|---|
| 3 日龄 | 滴服复方黄连素 2～3 滴/只，预防仔兔黄尿病 |
| 15～16 日龄 | 滴服痢菌净 3～5 滴/只，每日 1 次，连续 2 天，预防仔兔胃肠炎 |
| 25～83 日龄 | 选用抗球虫药，配伍抗生素，预防球虫病及细菌性疾病，连续用药 3～4 个疗程。每个疗程 7 天，停药 10 天，再开始下一个疗程。配伍与饮用方法：球速杀 50 克，沙拉沙星 10 克，兑水 50 千克，饮用 3 天；百球威克 50 克，烟酸诺氟沙星 10 克，兑水 50 千克，饮用 2 天；地克珠利（球敌、球霸）10 毫升，恩诺沙星 10 克，兑水 50 千克，饮用 2 天；或第 1 个疗程用一种药，第 2、3 个疗程换另一种药。抗球虫药和抗生素种类较多，除抗球王、克球粉不能用于兔外，任选 3 种以上按说明配伍使用即可。饮水较拌料防球虫病效果更好 |
| 仔兔补料阶段 | 注意预防肚胀、拉稀、消化不良、胃肠炎等 |
| 60～70 日龄 | 内服丙硫苯咪唑 25 毫克/只，连续用药 3 次，每次间隔 3 天；或皮下注射伊力佳 0.5 毫升/只，1 次即可，预防寄生虫病 |
| 每年的 6 月、7 月、8 月份 | 每兔每次内服磺胺嘧啶 1/4 片，病毒灵 1/2 片，维生素 $B_1$ 和维生素 $B_2$ 各 1/2 片，成年兔加倍，每天 1 次，连续 3～5 天。每个月用药 1 个疗程，预防传染性口炎。如此期间气温在 30℃ 以上，饲料中应添加消瘟败毒散或饮用抗热应激药物 |
| 基础兔 | 每个月饮用抗球虫药配伍抗生素 5～7 天，预防球虫病和细菌性疾病；每 3 个月驱虫 1 次，其方法同 60～70 日龄预防寄生虫病的方法。每年的 7～8 月份皮下注射伊力佳 1 毫升/只，隔 10 天再注射 1 次，预防疥螨病，也可饮水防治兔患豆状囊尾蚴病。同时，对护场犬也要定期驱虫，且不能让犬进入兔场，以免犬的粪便污染兔用饲料 |
| 母兔产仔前后 | 内服复方新诺明 1 片/只，日 1 次，连用 3～5 天；或用葡萄糖 2500 克、含碘食盐 450 克、电解多维 30 克、抗生素 10～15 克，兑水 50 千克，用量为 300 毫升/只，每天 1 次，连用 3～5 天，预防乳房炎、子宫炎、阴道炎和仔兔黄尿病，同时增强母兔体质，促进泌乳 |
| 发生应激 | 凡遇天气突变、调运、转群等应激情况，饮用葡萄糖盐水（同母兔产仔前后饮用的混合液）1～2 次，增加兔体抗病力 |
| 出栏前 15 天 | 停用任何药物 |

### 六、疫病扑灭措施

#### （一）隔离

当兔群发生传染病时，应尽快作出诊断，明确传染病性质，立即采取隔离措施。一旦病性确定，对假定健康兔可进行紧急预防接种。隔离开的兔群要专人饲养，用具要专用，人员不要互相串门。根据该种传染病潜伏期的长短，经一定时间观察不再发病后，再经过消毒后可解除隔离。

#### （二）封锁

在发生及流行某些危害性大的烈性传染病时，应立即报告当地政府主管部门，划定疫区范围进行封锁。封锁应根据该疫病流行情况和流行规律，按"早、快、严、小"的原则进行。封锁是针对传染源、传播途径、易感动物群三个环节采取相应措施。

#### （三）紧急预防和治疗

一旦发生传染病，在查清疫病性质之后，除按传染病控制原则进行诸如检疫、隔离、封锁、消毒等处理外，对疑似病兔及假定健康兔可采用紧急预防接种，预防接种可应用疫苗，也可应用抗血清。

#### （四）淘汰病畜

淘汰病畜，也是控制和扑灭疫病的重要措施之一。

# 第二节　兔场常见病防治

### 一、传染病

#### （一）兔病毒性出血症（兔瘟或兔出血症）

兔病毒性出血症是由兔病毒性出血症病毒（RHDV）引起的兔的一种急性、高度接触性传染病，特征为呼吸道出血、肝坏死、实质性脏器水肿、淤血及出血性变化。本病是兔的一种烈性传染病，危害极大，曾造成数千万只兔死亡。

【病原】兔出血症病毒是一种正链 RNA 杯状病毒。病毒存在于病兔所有器官组织、体液、分泌物和排泄物中，以肝、脾、肺中含量高。病毒对氯仿和乙醚不敏感，能耐酸和 50℃ 40 分钟处理。病毒对紫外线和干燥等不良环境的抵抗力较强。1%氢氧化钠 4 小时，1%～2%甲醛、1%的漂白粉 3 小时，2%农乐 1 小时才能被灭活。生石灰、草木灰对病毒几乎无作用。

【流行病学】本病主要危害青年兔和成年兔（只侵害兔），40 日龄以下幼兔和部分老龄兔不易感，哺乳仔兔不发病。一年四季均可发生，以春、秋、冬季发病较多，炎热夏季也有发病。病死兔和带毒兔是传染源，不断向外界散毒，通过排泄物、分泌物、死兔的内脏器官、血液、兔毛等污染饮水、饲料、用具、笼具、空气，引起易感兔发病流行；人、鼠、其他畜禽等机械性传播病毒；因收购兔毛及剪毛者的流动，将病原从一个地方带至另一个地方，也可引起本病的流行。在新疫区，本病的发病率和死亡率很高，易感兔几乎全部发病，绝大部分死亡，发病急，病程短，几天内几乎全群覆灭。目前，普遍重视本病的预防，发病率大为下降，但仍有发生，主要原因是忽视了使用优质疫苗及执行合理的免疫程序，或根本不进行预防注射。本病的潜伏期为 30～48 小时。

【临床症状】

（1）最急性型　常发生在新疫区。在流行初期，患兔死前无任何明显症状，往往表现为突然蹦跳几下并惨叫几声即倒毙。死后角弓反张，少数兔鼻孔流出红色泡沫样液体，肛门松弛，周围有少量淡黄色黏液附着。

（2）急性型　病程一般为 12～48 小时，患兔精神委顿，不爱活动，食欲减退，喜饮水，呼吸迫促，体温达 41℃。临死前表现为在笼中狂奔，常咬笼，倒地后四肢划动，抽搐或惨叫，很快死亡。少数死兔鼻孔流出少量泡沫状血液。

（3）亚急性型　多发于 2 月龄以内的幼兔，兔体严重消瘦，被毛焦枯无光泽，病程 2～3 天或更长，后死亡。

【病理变化】感染后病毒先侵害肝脏，然后释放入血液，发生病毒血症，引起全身性损害，特别是引起急性弥散性血管凝血和大量的血栓形成。结果造成本病病程短促、死亡迅速和特征性的病理变化。病死兔剖检时肉眼可见全身实质器官淤血、出血。气管软骨环淤血，气管内有泡沫状血样液体；胸腺水肿，并有针帽至粟粒大小出血点；

肺有出血、淤血、水肿、大小不等的出血点；肝脏肿大，间质变宽，质地变脆，色泽变淡呈土黄色；胆囊充满稀薄胆汁；脾脏肿大、淤血呈黑紫色；部分肾脏淤血、出血，包膜下见有大量针头至针尖大小的出血点；部分十二指肠、空肠出血，肠腔内有黏液。

【诊断】由于肝脏含毒滴度最高，是病原鉴定最适合的器官。常规实验室诊断可用人 O 型红细胞进行血凝和血凝抑制试验。其他如免疫电子显微镜负染、夹心酶联免疫吸附试验和免疫组织学染色，均具有高度的特异性和敏感性。

【防治】

(1) 预防措施

① 加强隔离卫生　平时坚持自繁自养，认真执行兽医卫生防疫措施，定期消毒，禁止外人进入兔场，更不准兔及兔毛商贩进入兔舍购兔、剪毛。引进兔要隔离至少 2 周，确认无病后方可入群饲养。

② 免疫接种　定期注射脏器组织灭活苗进行预防。一年免疫 2 次，剂量 1 毫升/只，注苗后 7～10 天产生免疫力，保护力可靠。60 日龄以下幼兔主动免疫效果不确实，建议 40 日龄用 2 倍疫苗注射 1 次，60～65 日龄加强免疫 1 次。

(2) 发病后措施　应用 3～4 倍量单苗进行注射紧急预防，或用抗兔瘟高免血清每兔皮下注射 4～6 毫升，7～10 天后再注射疫苗；重病兔扑杀，尸体和病兔深埋；病、死兔污染的环境和用具彻底消毒。

## (二) 传染性口炎

传染性口炎是由水疱性口炎病毒引起兔的一种以口腔黏膜水疱性炎症为特征的急性传染病。特征是舌、唇、口腔黏膜发炎，局部有糜烂、溃疡。唾液腺红肿。

【病原】水疱性口炎病毒属弹状病毒科，主要存在于病兔的水疱液、水疱皮及局部淋巴结内，在 4℃ 时存活 30 天；－20℃ 时能长期存活；加热至 60℃ 及在阳光的作用下，很快失去毒力。

【流行病学】本病多发生于春、秋两季，自然感染的主要途径是消化道。潜伏期为 5～7 天。主要侵害 1～3 月龄的幼兔，最常见的是断奶后 1～2 周龄的仔兔，成年兔较少发生，本病不感染其他家畜。对兔口腔黏膜人工涂布感染，发病率达 67%，肌内注射也可感染。

健康兔食入被病兔口腔分泌物或坏死黏膜污染的饲料或水，即可感染。饲喂发霉饲料或存在口腔损伤等情况时，更易发病。

【临床症状】本病潜伏期 3～4 天，发病初期唇和口腔黏膜潮红、充血。继而出现粟粒至黄豆大小不等的水疱，部分外生殖器也有。水疱破溃后形成溃疡，易引起继发感染，伴有恶臭。口腔中流出多量液体，唇下、颌下、颈部、胸部及前爪兔毛潮湿、结块。下颌等局部皮肤潮湿、发红，毛易脱落。患兔精神沉郁。因口腔炎症，吃草料时疼痛，多数减食或停食，常并发消化不良和腹泻，表现消瘦。常于病后 2～10 天死亡。

【病理变化】可见兔唇、舌和口腔黏膜有糜烂和溃疡，咽和喉头部聚集有多量泡沫样唾液，唾液腺轻度肿大发红。胃内有少量黏稠液体和稀薄食物，酸度增高。肠黏膜尤其是小肠黏膜，有卡他性炎症。

【诊断】可采取患兔口腔中的水疱液、水疱皮以及唾液作为被检材料，进行鸡胚绒毛尿囊腔接种或用兔肾原代细胞、禽胚原代单层细胞等进行培养，观察鸡胚和细胞病变。血清中和试验和动物保护试验也是常用的方法之一。

【防治】

（1）预防措施

① 加强饲养管理，不喂霉烂变质的饲料。笼壁平整，以防尖锐物损伤口腔黏膜。不引进病兔，春秋两季做好卫生防疫工作。

② 对健康兔可用磺胺二甲基嘧啶预防，每千克精料拌入 5 克，或 0.1 克/千克体重口服，每日 1 次，连用 3～5 天。

（2）发病后措施　发病后要立即隔离病兔，并加强饲养管理。兔舍、兔笼及用具等用 20% 火碱溶液、20% 热草木灰水或 0.5% 过氧乙酸消毒；进行局部治疗，可用消毒防腐药液（2% 硼酸溶液、2% 明矾溶液、0.1% 高锰酸钾溶液、1% 盐水等）冲洗口腔，然后涂擦碘甘油；用磺胺二甲基嘧啶治疗，0.1 克/千克体重口服，每日 1 次，连服数日，并用小苏打水作饮水；或采用中药青黛散治疗：青黛 10 克、黄连 10 克、黄芩 10 克、儿茶 6 克、冰片 6 克、明矾 3 克研细末即成，涂擦或撒布于病兔口腔，1 日 2 次，连用 2～3 天。

（三）兔的黏液瘤病

兔的黏液瘤病是由黏液瘤病毒引起的一种高度接触性和高度致病

性传染病，特征为全身皮肤尤其是面部和天然孔周围发生黏液瘤样肿胀。

【病原】痘病毒科黏液瘤病毒（RMV）。本病毒包括几个不同的毒株，各毒株的毒力和抗原性互有差异。病毒抵抗力低于大多数痘病毒。不耐 pH4.6 以下的酸性环境。对热敏感，55℃ 10 分钟、60℃ 以上的温度几分钟内灭活，但病变皮肤中的病毒可在常温下活存几个月。对干燥抵抗力相当强。对福尔马林较敏感。

【流行病学】全年均可发生，发病死亡率可达 100%。主要流行于澳洲、美洲、欧洲，在我国尚未见报道。本病的主要传播方式是直接与病兔及其排泄物、分泌物接触或与被污染饲料、饮水和用具接触。蚊子、跳蚤、蚋、虱等吸血昆虫也是病毒传播者。兔是本病的唯一易感家畜。

【临床症状】临床上身体各天然孔周围及面部皮下水肿是其特征。最急性时仅见到眼睑轻度水肿，1 周内死亡。急性型症状较为明显，眼睑水肿，严重时上、下眼睑互相粘连；口、鼻孔周围和肛门、外生殖器也可见到炎症和水肿，并常见有黏液脓性鼻分泌物。耳朵皮下水肿可引起耳下垂。头部皮下水肿严重时呈狮子头状外观，故有"大头病"之称。病至后期可见皮肤出血，眼黏液脓性结膜炎，羞明流泪和出现耳根部水肿，最后全身皮肤变硬，出现部分肿块或弥漫性肿胀。死前常出现惊厥，但濒死前仍有食欲，病兔在 1～2 周内死亡。

【病理变化】患病部位的皮下组织聚集多量微黄色、清澈的水样液体。在胃肠浆膜下和心外膜有出血斑点；有时脾脏、淋巴结肿大、出血。

【诊断】用细胞培养的方法分离病毒。病毒存在于病兔全身各处的体液和脏器中，尤以眼垢中和病变部的皮肤渗出液中含毒量最高，以其接种兔肾（胀）原代细胞和传代细胞系，24～48 小时后可观察细胞病变。此外，也可取病变组织匀浆、冻融并经超声处理使细胞裂解，释放病毒粒子，用此病毒抗原作琼脂凝胶扩散试验。方法简便、快速，24 小时内可获得结果。

【防治】

（1）预防措施

① 加强饲养管理　消灭吸血昆虫；病兔和可疑兔应隔离饲养，

待完全康复后再解除隔离。兔笼、用具及场所必须彻底消毒；应严禁从有本病的国家进口兔和未经消毒、检疫的兔产品，以防本病传入。

② 免疫接种　用兔纤维瘤活疫苗及弱毒黏液瘤活疫苗进行免疫注射预防。

（2）发病后措施　发现本病时，应严格隔离、封锁、消毒，并用杀虫剂喷洒，控制疾病扩散流行。口服病毒灵治疗，每日 3 次，每次 0.1 克/千克体重，连服 7 天。

### （四）多杀性巴氏杆菌病（兔出血性败血症）

兔多杀性巴氏杆菌病是由多杀性巴氏杆菌引起兔的全身出血性败血症症状，是一种常见的、危害性很大的传染病。

【病原】多杀性巴氏杆菌为革兰阴性、无芽孢的短杆菌，无鞭毛，瑞氏染色法染色呈两极着染。多杀性巴氏杆菌需氧或兼性厌氧，最适生长温度为 37℃，最适 pH 值 7.2～7.4。在加有血清或血液的培养基上生长良好，在血清琼脂平板培养基上生长出露滴状小菌落。兔通常能分离到 A 型和 D 型。猪、禽巴氏杆菌对兔也有很强的毒力。本菌的抵抗力不强，在直射阳光和干燥的情况下迅速死亡；60℃10 分钟可杀死；一般消毒药在几分钟或十几分钟内可杀死。3%石炭酸和 0.1%升汞水在 1 分钟内可杀菌，10%石灰乳及常用的甲醛溶液 3～4 分钟内可使之死亡。在无菌蒸馏水和生理盐水中迅速死亡，但在尸体内可存活 1～3 个月，在厩肥中亦可存活一个月。

【流行病学】病兔的分泌物、排泄物如唾液、鼻液、粪、尿等带病原菌，通过呼吸道、消化道和皮肤、黏膜的伤口等传染给健康兔。一般情况下，病原菌寄生在兔鼻腔黏膜和扁桃体内，成为带菌者，在各种应激因素刺激下，如过分拥挤、通风不良、空气污浊、长途运输、气候突变等或在其他致病菌的协同作用下，机体抵抗力下降，细菌毒力增强，容易发生本病。各种年龄、品种的兔都易感染，尤以 2～6 月龄兔发病率和死亡率较高。本病一年四季均可发生，但以冬春最为多见，常呈散发或地方性流行。当暴发流行时，若不及时采取措施，常会导致全群覆没。本病病原也可感染家禽。本病的潜伏期长短不一，一般从几小时至数天不等，主要取决于兔的抵抗力、细菌的毒力和感染数量以及入侵部位等。

【临床症状】可分为急性型、亚急性型和慢性型三种。急性型发病最急，病兔呈全身出血性败血症症状，往往生前未及时发现任何症状就突然死亡。亚急性型又称地方性肺炎，主要表现为胸膜肺炎症状，病程可拖延数日甚至更长。病兔体温高达 40℃以上，食欲废绝，精神委顿，腹式呼吸，有时出现腹泻。慢性型的症状依细菌侵入的部位不同可表现为鼻炎、中耳炎、结膜炎、生殖器官炎症和局部皮下脓肿。患鼻炎兔鼻孔流出浆液性或白色黏液脓性分泌物，因分泌物刺激鼻黏膜，常打喷嚏。由于病兔经常用前爪擦鼻部，致使鼻孔周围被毛潮湿、缠结。有的鼻分泌物与食屑、兔毛混合结成痂，堵塞鼻孔，使患兔呼吸困难。临床表现为鼻炎时发时愈。一部分病菌在鼻腔内生长繁殖，毒力增强，侵入肺部，导致胸膜肺炎或侵入血液引起败血症死亡。中耳炎俗称歪头病或斜颈，病菌由中耳侵入内耳，导致病兔头颈歪向一侧，运动失调，在受到外界刺激时会向一侧转圈翻滚。一般治疗无效，常可拖延数月后死亡。结膜炎又称烂眼病，多发于青年兔和成年兔，因病菌侵入结膜囊，引起眼睑肿胀，结膜潮红，有脓性分泌物流出。患兔羞明流泪，严重时分泌物与眼周围被毛粘结成痂，糊住眼睛，有时可导致失明。生殖器官炎症主要因配种时被病兔传染，公兔患睾丸炎，睾丸肿大；母兔患子宫炎，常自阴户流出脓性分泌物，多数丧失种用价值。由于许多养兔者提高了防疫密度，急性病例较少发生，临床上以亚急性型及鼻炎、中耳炎和结膜炎等慢性病例为多见。

【病理变化】急性型可见各实质脏器如心、肝、脾以及淋巴结充血、出血；喉头、气管、肠道黏膜有出血点。亚急性型可见胸腔积液，有时有纤维素性渗出物；心脏肥大，心包积液；肺充血、出血，甚至发生肝变，严重者胸腔蓄积纤维素性脓液或肺部化脓。

【诊断】从病变部位取样作细菌分离培养，以便确诊。血清学的方法则有 ELISA 法、琼脂扩散试验等。

【防治】

（1）预防措施　坚持自繁自养，定期检疫，净化兔群，建立无多杀性巴氏杆菌的种兔群；定期进行疫苗注射，同时注意环境卫生，加强消毒措施。兔场应与其他养殖场分开，严禁其他畜、禽进入，杜绝病原的传播。

（2）发病后措施　将发病兔尽快隔离或淘汰，兔舍及用具用 3%

的来苏儿或 2％ 的火碱消毒；青、链霉素各 10 万单位，肌内注射，每天 2 次，连用 3～5 天。使用庆大霉素、氯霉素、四环素治疗也有一定效果；或磺胺嘧啶，100～200 毫克/千克体重，每天 2 次，口服，连用 5～7 天。喹乙醇，兔 25 毫克/千克体重，口服，每天 1 次，连用 3 天，效果也不错；或黄连、黄芪各 3 克，黄柏 6 克，水煎服。或用金银花 9 克、野菊花适量，水煎服。也可用穿心莲 3 克，水煎服。有条件的兔场，可分离病原作药敏试验后，选用高敏药物防治则效果更佳。

### （五）兔波氏杆菌病（兔支气管败血波氏杆菌病）

兔波氏杆菌病是由支气管败血波氏杆菌引起兔的一种常见的呼吸道传染病。本病特征表现慢性鼻炎、支气管肺炎和咽炎。

【病原】支气管败血波氏杆菌（波氏杆菌）是一种细小的杆菌，革兰染色呈阴性，有周身鞭毛，能运动，不形成芽孢，多形态，由卵圆形至杆状，常呈两极着染；严格需氧菌，在普通琼脂培养基上生长后，形成光滑、湿润、烟灰色、半透明、隆起的中等大菌落。

【流行病学】本病传播广泛，常呈地方性流行，一般以慢性经过为多见，急性败血性死亡较少。该菌常存在于兔的上呼吸道黏膜上，在气候骤变的秋冬之交极易诱发本病。这主要是由于兔受到体内、外各种不良因素的刺激，导致抵抗力下降，波氏杆菌得以侵入机体内引起发病。本病主要通过呼吸道传播。带菌兔或病兔的鼻腔分泌物中大量带菌，常可污染饲料、饮水、笼舍和空气或随着咳嗽、喷嚏飞沫传染给健康兔。

【临床症状】可分为鼻炎型、支气管肺炎型和败血型。其中以鼻炎型较为常见，常呈地方性流行，多与多杀性巴氏杆菌病并发。多数病例鼻腔流出浆液性或黏液脓性分泌物，症状时轻时重。支气管肺炎型多呈散发，由于细菌侵害支气管或肺部，引起支气管肺炎。有时鼻腔流出白色黏性脓性分泌物，病后期呼吸困难，常呈犬坐式姿势，食欲不振，日渐消瘦而死。败血型即为细菌侵入血液引起败血症，不加治疗，很快死亡。

【病理变化】鼻炎型兔可见鼻腔黏膜充血，有黏液，鼻甲骨变形。支气管肺炎型病死兔肺、心包有病变或有大小不等的凸出表面的脓疱，脓疱外有一层致密的包膜，包膜内积满脓汁，黏稠、奶油状。

【诊断】可从病变组织或鼻分泌物中作细菌分离培养，以便确诊。血清学的诊断方法有凝集反应、琼脂扩散试验等。

【防治】

(1) 预防措施

① 严格饲养管理　坚持自繁自养。对新引进的兔，必须隔离观察1个月以上，经细菌学与血清学检查为阴性者方可入群；加强饲养管理，改善饲养环境，做好防疫工作。

② 疫苗预防　可用分离到的支气管败血波氏杆菌，制成蜂胶或氢氧化铝灭活菌苗，进行预防注射，每只兔皮下注射1毫升，每年2次。也可用兔巴氏杆菌-波氏杆菌二联苗或巴氏杆菌-波氏杆菌-兔病毒性出血症三联苗。

(2) 发病后措施　本病较难治愈，常用的药物有：卡那霉素，每只兔每次20～40毫克，肌内注射，每天2次；或庆大霉素，每只兔每次1万～2万单位，肌内注射，每天2次；或四环素，每只兔每次1万～2万单位，肌内注射，每天2次；或氯霉素，每只兔每次50～100毫克，肌内注射，每天2次。鼻炎型病例也可用氯霉素或链霉素滴鼻，每天2次，连用3天。本病常与巴氏杆菌混合感染。兔群一旦发病，必须查明原因，消除外界刺激因素，隔离感染兔，以控制病原传播。

## (六)　大肠杆菌病

兔大肠杆菌病是由一定血清型的致病性大肠杆菌（称大肠埃希菌）及其毒素引起的仔兔、幼兔肠道传染病，以水样或胶冻样粪便和严重脱水为特征。

【病原】大肠埃希菌为革兰阴性、无芽孢、有鞭毛的短小杆菌，该菌血清型较多，引起兔致病的大肠杆菌，主要有30多个血清型。本菌对一般消毒剂敏感，对抗生素及磺胺类药等极易产生耐药性。

【流行病学】本病多引起断奶后仔兔腹泻，青年兔腹泻，成年兔的便秘。各种年龄兔可发生急性败血症，哺乳仔兔有时会发生肺炎、胸腔积液而死亡。一年四季均可发生，尤以冬、春季较多发。

【临床症状】便秘病兔常精神沉郁，被毛粗乱，废食，有的磨牙，兔粪细小，呈老鼠屎状，常卧于兔笼一角逐渐消瘦死亡；腹泻病兔，拉稀便，食欲减退，尾及肛周有粪便污染，精神差，病后期两耳发凉，卧伏不动，不时从肛门中流出稀便。急性病例通常在 1～2 天内死亡，少数可拖至 1 周，一般很少自然康复。

【病理变化】腹泻病兔剖检可见胃臌大，充满多量液体和气体，胃黏膜上有针尖状出血点；十二指肠充满气体并被胆汁黄染；空肠、回肠肠壁薄而透明，内有半透明胶冻样物和气体；结肠和盲肠黏膜充血，浆膜上有时有出血斑点，有的盲肠壁呈半透明，内有多量气体；胆囊亦可见胀大，膀胱常胀大，内充满尿液。便秘病死兔剖检可见盲肠、结肠内容物较硬且成型，上有胶冻，肠壁有时有出血斑点。败血型可见肺部充血、淤血，局部肺实变。仔兔胸腔内有多量灰白色液体，肺实变，纤维素渗出，胸膜与肺粘连。

【诊断】从自然感染发病死兔的肠道中，特别是从结肠、盲肠以及蚓突内容物和败血型病例中，容易分离到本菌。此外，在水肿的肠系膜淋巴结、脾脏、肝脏的坏死病灶中均能分离培养到本菌。分离时可选用伊红美蓝琼脂作为选择性培养基。如果需要，尚需进一步通过血清定型和动物试验等综合判定。

【防治】

(1) 预防措施

① 严格饲养管理　平时加强饲养管理，搞好兔舍卫生，定期消毒。减少应激因素，特别是在断奶前后不能突然改变饲料，以免引起仔兔肠道菌群紊乱。

② 疫苗预防　常发生本病的兔场，可用从本病兔中分离出的大肠杆菌制成灭活苗，每年进行 2 次预防注射，有一定疗效。

(2) 发病后措施　兔一旦发病，应立即隔离或淘汰，死兔应焚烧深埋，兔笼、兔舍用 0.1%新洁尔灭或 2%火碱水进行消毒；药物治疗方案如下。

① 肌内注射链霉素，兔 20～30 毫克/千克体重，每天 2 次，连用 3～5 天。氯霉素，每只兔 50～100 毫克，肌内注射，每天 2 次，连用 3～5 天。多黏菌素，每只兔 2.5 万单位，连用 3～5 天。庆大霉素，每只 2 万～4 万单位，每天 2 次，肌内注射，连用 3～5 天。以上药物可单独使用，也可配合使用。有条件的地方可先做药敏试验，再选用药物进行治疗。

② 痢特灵，兔 15 毫克/千克体重，口服，每天 2 次，连用 2～3

天。促菌生制剂，按兔 50 毫克/千克体重，日服 1~2 次，连用 3 天。

③ 中药治疗：穿心莲 6 克，金银花 6 克，香附 6 克，水煎服，每天 2 次，连用 7 天。也可用丹参、金银花、连翘各 10 克，加水 1000 毫升，煎至 300 毫升，口服，每天 2 次，每次 3~4 毫升，连用 3~4 天。

### （七）兔产气荚膜梭菌（A 型）病（兔魏氏梭菌病）

兔产气荚膜梭菌（A 型）病是由 A 型魏氏梭菌产生外毒素引起的肠毒血症，以发病突然，急性腹泻，排黑色水样或带血的胶冻样、腥臭粪便，盲肠浆膜出血斑和胃黏膜出血、溃疡为主要特征，是一种严重危害兔生产的急性传染病，其发病率、死亡率均高。

【病原】产气荚膜梭菌（A 型），又称魏氏梭菌（A 型）。A 型魏氏梭菌菌体革兰染色为阳性，菌体较大，芽孢位于菌体中间或偏端。A 型魏氏梭菌主要产生 α 毒素。该毒素只能被 A 型抗血清中和，具有致坏死、溶血和致死作用，仅对兔和人有致病力。

【流行病学】多呈地方性流行或散发。各品种、年龄的兔皆可感染。一般 20 日龄后的兔即会发病，尤以膘情好、食欲旺盛的兔发病率为高。病兔排出的粪便中大量带菌，极易污染食具、饲料、饮水、笼具、兔舍和场地等，经消化道感染健康兔，病菌在肠道中产生大量外毒素，引起发病和死亡。本病一年四季均可发生，尤以冬、春季为发病高峰期。

【临床症状】兔发病后精神沉郁，不食，喜饮水；下痢，粪稀呈水样，污褐色，有特殊腥臭味，稀便沾污肛周及后腿皮毛；外观腹部膨胀，轻摇兔身可听到"咣当咣当"的拍水声。提起患兔，粪水即从肛门流出。患病后期，可视黏膜发绀，双耳发凉，肢体无力，严重脱水。发病后最快的在几小时内死亡，多数当日或次日死亡，少数拖至 1 周后最终死亡。

【病理变化】打开腹腔即可闻到特殊的腥臭味。胃多胀满，可见有大小不一的溃疡斑，胃黏膜脱落、溃疡；小肠充气，肠管薄而透明；大肠特别是盲肠浆膜黏膜上有鲜红色的出血斑，肠内充满褐色或黑绿色的粪水或带血色粪及气体；肝质脆；膀胱多充满深茶色尿液；心脏表面血管怒张，呈树枝状充血。

【诊断】取病死兔空肠、回肠和盲肠内容物涂片，革兰染色镜检，发现两端稍钝圆的革兰阳性杆菌。接种肉汤培养基，37℃培养，5~6小时后，培养基变浑浊，并产生大量气体，培养物涂片，染色镜检，发现两端稍钝圆的革兰阳性杆菌，可以初步诊断。

【防治】

（1）预防措施

① 加强饲养管理　搞好环境卫生，少喂高蛋白饲料，兔舍内避免拥挤，注意灭鼠灭蝇；严禁引进病兔。

② 预防接种　繁殖母兔于春、秋季各注射 1 次 A 型魏氏梭菌氢氧化铝灭活苗，仔兔断奶后立即注射疫苗。

（2）发病后措施　发生疫情后，立即隔离或淘汰病兔。兔笼、兔舍用 5％热碱水消毒，病兔分泌物、排泄物等一律焚烧深埋；药物治疗方案如下。

① 病初可用特异性高免血清进行治疗，按兔 3~5 毫升/千克体重皮下或肌内注射，每天 2 次，连用 2~3 天，疗效显著。

② 抗菌药物治疗。金霉素，每千克饲料加 10 毫克，或按兔 20~40 毫克/千克体重肌内注射，每天 2 次，连用 3 天。或红霉素，兔 20~30 毫克/千克体重肌内注射，每天 2 次，连用 3 天。卡那霉素，兔 20~30 毫克/千克体重肌内注射，每天 2 次，连用 3 天。在使用抗生素的同时，也可在饲料中加活性炭、维生素 $B_{12}$ 等辅助药物；口服喹乙醇，兔 5 毫克/千克体重，每天 2 次，连用 3 天；注意配合对症治疗，口服食母生（5~8 克/只）和胃蛋白酶（1~2 克/只），腹腔注射 5％葡萄糖生理盐水，可提高疗效。可从死兔的肠系膜淋巴结、脾脏及盲肠内容物中分离培养致病菌，并进一步作细菌学鉴定以确诊，也可选用血清学方法检查，如酶联免疫吸附试验、间接血凝试验、对流免疫电泳试验等。

（八）兔沙门菌病（兔副伤寒）

兔沙门菌病是由鼠伤寒沙门菌和肠炎沙门菌引起兔的一种消化道传染病。主要表现腹泻、流产和急性死亡，也可呈败血症，对妊娠母兔危害大。

【病原】沙门菌属肠杆菌科，革兰阴性的小杆菌，广泛存在于自然界和动物体内（肠道寄生菌）。本菌对于干燥、腐败、日光等有一定抵抗力，但对化学剂的抵抗力不强。主要经过消化道感染。病原是鼠伤寒沙门杆菌或肠炎沙门杆菌。

【流行病学】本病常年发生，一般以春、秋季发病较多。发病兔无品种、年龄、性别差异，发病死亡率高达 90％以上，尤其以幼兔和妊娠母兔发病率和死亡率最高。本病也是幼兔拉稀死亡的主要原因之一。患兔的粪便中含大量病菌，是主要传染源，野鼠及苍蝇等昆虫是本病的传播者。消化道是主要的传染途径。健康兔通过接触被病菌污染的饲料、饮水、笼具、垫草等途径引起感染。

【临床症状】除个别病例因败血症突然死亡外，一般表现为下痢、粪便呈糊状带泡沫，稍有臭味。病兔体温升高至 41℃左右，无食欲、精神差、伏卧不起，病程 3～10 天，绝大多数死亡。部分兔有鼻炎症状。母兔从阴道流出脓样分泌物，怀孕母兔通常发病突然，烦躁不安、减食或废食，饮水增加，体温高至 41℃并发生流产。流产的胎儿多数已发育完全，有的皮下水肿，也有的胎儿木乃伊化或腐烂。

【病理变化】急性病例大多数内脏器官充血、出血，腹腔内有大量渗出液或纤维素性渗出物。腹泻病例可见部分肠黏膜充血、出血、水肿；肠系膜淋巴结肿大；脾脏肿大呈暗红色；部分兔胆囊外表呈乳白色，较坚硬，内为干酪样坏死组织；在圆小囊和蚓突处可见到浆膜下有弥漫性灰白色坏死病灶，其大小由针尖到粟粒大不等。流产母兔的子宫肿大，浆膜和黏膜充血，壁增厚，有化脓性或坏死性炎症，局部黏膜上覆盖一层淡黄色纤维素性脓液，有些病例子宫黏膜出血或溃疡。

【诊断】一般可用有病变的肝脏、脾脏、死兔心血、肠系膜淋巴结、子宫或阴道分泌物、流产胎儿的内脏器官作为被检材料。有肠炎的病例，可从肠道内容物或排泄物中，直接或增菌后，进行细菌学检查。

【防治】

(1) 预防措施

① 加强饲养管理　兔场应与其他畜场分隔开；兔场要做好灭蝇、灭鼠工作，经常用 2％火碱或 3％来苏儿消毒。搞好饲养管理和环境卫生，消除各种应激因素，可减少本病的发生；兔场要进行定期检疫，淘汰感染兔。引进的种兔要进行隔离观察，淘汰感染兔、带菌

兔，建立健康的兔群。

② 疫苗免疫　对怀孕初期的母兔可注射鼠伤寒沙门菌灭活苗，每次颈部皮下或肌内注射 1 毫升，每年注射 2 次。

（2）发病后措施　发病兔、病死兔应及时治疗、淘汰或销毁；药物治疗：氯霉素，肌内注射，每次 2 毫升，每天 2 次，连用 3～5 天（如口服，兔 20～50 毫克/千克体重，每天 1 次，连用 3 天）。或链霉素，肌内注射，每次 10 万单位，每天 2 次，连用 3 天。也可用四环素、土霉素、环丙沙星、蒽诺沙星等进行治疗。或磺胺二甲嘧啶，口服，兔 100～200 毫克/千克体重，每天 1 次，连用 3～5 天。痢特灵，兔 5～10 毫克/千克体重，口服，每天 2 次，连用 3 天。或中药治疗：黄连 5 克，黄芩 10 克，马齿苋 15 克，水煎服。或取 1 份大蒜捣碎后，加 5 份水，调成汁，每只兔服 5 毫升，每天 2～3 次，连用 5 天。

（九）泰泽病

兔泰泽病是由毛样芽孢杆菌引起的以严重下痢、脱水和迅速死亡为特征的急性肠道传染病。

【病原】毛样芽孢杆菌为细长多样性的非抗酸染色的革兰阴性杆菌，能产生芽孢，能运动。这种细菌对外界环境抵抗力较强，在土壤中可存活 1 年以上。

【流行病学】本病死亡率高达 95％。由于病原菌在人工培养基上不能生长，在我国报道较少，但实际上在兔、实验用鼠和家畜等时有发生。多发于秋末至春初。仔兔和成年兔虽均可感染，但主要危害 1.5～3 月龄的幼兔。主要经过消化道感染。病兔是主要传染源，排出的粪便污染饲料、饮水和垫草，健康兔采食后即可发生感染。病原侵入小肠、盲肠和结肠的黏膜上皮，开始时增殖缓慢，组织损伤甚少，多呈隐性感染。遇有拥挤、过热、运输或饲养管理不良时，即可诱发本病，病菌迅速繁殖，引起肠黏膜和深层组织坏死，出现全身感染，造成组织器官严重损害。

【临床症状】发病急，以严重水泻为主。患兔精神沉郁、不食、虚脱并迅速脱水，发病后 12～24 小时死亡。少数病兔即使耐过也食欲不振，生长停滞。

【病理变化】尸体脱水、消瘦；回肠及盲肠后段、结肠前段的浆膜充血，浆膜下有出血点，盲肠壁水肿增厚，有出血及纤维素性渗出，盲肠和结肠内含有褐色粪水；肝脏肿大，有大量针帽大、灰白色或灰红色的坏死灶；脾脏萎缩，肠系膜淋巴结肿大；部分兔心肌上有灰白色或淡黄色条纹状坏死。

【诊断】本病的剖检病变虽较典型，但须在受害组织的细胞浆中找到毛样芽孢杆菌才可确诊。可取肝脏压片，姬姆萨染色镜检，或取回盲部组织制成匀浆染色镜检。镜下可见蓝色的毛样芽孢杆菌，呈细长、成簇、成堆或散在排列。

【防治】

(1) 预防措施　加强饲养管理，改善环境条件，定期进行消毒，消除各种应激因素；对已知有本病感染的兔群，在有应激因素作用的时间内使用抗生素，可预防本病发生。

(2) 发病后措施　隔离或淘汰病兔；兔舍全面消毒，兔排泄物发酵处理或烧毁，防止病原菌扩散；兔发病初期用抗生素治疗有一定效果。用 0.006%～0.01% 土霉素饮水，疗效良好。青霉素，兔 2 万～4 万单位/千克体重肌内注射，每天 2 次，连用 3～5 天。链霉素，兔 20 毫克/千克体重肌内注射，每天 2 次，连用 3～5 天。青霉素与链霉素联合使用，效果更明显。红霉素，兔 10 毫克/千克体重，分 2 次内服，连用 3～5 天。此外，用金霉素、四环素等治疗也有一定效果。治疗用量为兔每天 2 克/千克体重。对病情严重者，可将上述药物煎汁，用纱布过滤，加少量白糖灌服。

(十) 密螺旋体病 (兔梅毒病)

兔密螺旋体病是由兔密螺旋体引起的一种慢性传染病。以外生殖器、颜面、肛门等皮肤及黏膜发生炎症、结节和溃疡，患部淋巴结发炎为特征。

【病原】病原为兔密螺旋体，呈纤细的螺旋状构造，通常用姬姆萨或石炭酸复红染色，但着色力差，如果用暗视野显微镜检查，可见到旋转运动。主要存在于病兔的外生殖器官及其他病灶中，目前尚不能用人工培养基培养。螺旋体的致病力不强，一般只引起肉兔的局部病变而不累及全身。抵抗力也不强，有效的消毒药为 1% 来苏儿、2% 氢氧化钠溶液、2% 甲醛溶液。兔密螺旋体为螺旋体科密螺旋体属的细长、弯曲的螺旋形微生物，姬姆萨染色呈红色。

【流行病学】病兔是主要的传染源。主要通过交配经生殖道传播，所以发病的绝大多数是成年兔。此外，被病兔的分泌物和排泄物污染的垫草、饲料、用具等也是传播途径。兔局部发生损伤可增加感染机会。这种病菌只对兔和野兔有致病性，对人和其他动物不致病。兔群发病率高但病死率低，育龄母兔的发病率为65％、公兔为35％。

【临床症状】本病的潜伏期为2～10周。患病公兔可见龟头、包皮和阴囊肿大。患病母兔先是阴道边缘或肛门周围的皮肤和黏膜潮红、肿胀、发热，形成粟粒大的结节，随后从阴道流出黏液性、脓性分泌物，结成棕色的痂，轻轻剥下痂皮，可露出溃疡面，创面湿润，稍凹陷，边缘不齐，易出血，周围组织出现水肿。病灶内有大量病菌，可因兔的搔抓而由患部带至鼻、眼睑、唇和爪及其他部位，造成脱毛。慢性感染部位多呈干燥鳞片状，稍有突起，腹股沟淋巴结或腘淋巴结可肿大。患病公兔不影响性欲，患病母兔的受胎率大大降低。病兔精神、食欲、体温、大小便等无明显变化。

【病理变化】病变仅限于患部的皮肤和黏膜，多不引起内脏器官的病变。病变表皮有棘皮症和过度角化现象。溃疡区表皮与真皮连接处有大量多形核白细胞。腹股沟淋巴结和腘淋巴结增生，生发中心增大，有许多未成熟的淋巴网状细胞。

【诊断】直接镜检：采病变部皮肤压出的淋巴液包皮洗出液置于玻片上，在暗视野显微镜下观察，如见有活泼的细长螺旋状菌，可助诊断。也可用印度墨汁染色、镀银染色或姬姆萨染色，观察菌体形态。

【防治】

（1）预防措施　兔场要严防引进病兔。新引进的兔必须隔离观察1个月，确定无病时方可入群；配种时要详细进行临床检查或做血清学试验，健康者方可配种。

（2）发病后措施　对病兔立即进行隔离治疗，病重的都应淘汰。彻底清除污物，用1％～2％火碱或2％～3％的来苏儿消毒兔笼和用具；药物治疗：用新肿凡纳明（九一四）治疗，兔40～60毫克/千克体重，配成5％溶液静脉注射，必要时隔7天再注射1次。同时配合抗生素进行治疗，效果更佳。青霉素10万单位/千克体重肌内注射，每天3次，连用5天。链霉素15～20毫克/千克体重肌内注射，每天

2 次，连用 3～5 天。局部可用 0.1％高锰酸钾溶液等消毒药清洗，然后涂上碘甘油或青霉素软膏。

## 二、兔的寄生虫病

### （一）兔球虫病

【病原】兔球虫是艾美尔属的一种单细胞原虫。成虫呈圆形或卵圆形，球虫卵囊随兔的粪便排出体外，在温暖潮湿的环境中形成孢子化卵囊后即具有感染力。据初步调查，在我国各地常见的兔球虫有 14 个种，危害最严重的是斯氏艾美尔球虫、肠艾美尔球虫、中型艾美尔球虫等。

【流行病学】各品种的兔对球虫均有易感性，断奶至 3 个月龄的幼兔最易感，且死亡率高。在卫生条件较差的兔场，幼兔球虫病的感染率可达 100％，死亡率在 80％左右；成年兔抵抗力较强，多为隐性感染，但生长发育受到影响。本病主要通过消化道传染，母兔乳头沾有卵囊，饲料和饮水被病兔粪便污染，都可传播球虫病。本病也可通过兔笼、用具及苍蝇、老鼠传播。球虫病多发生在温暖多雨季节，常呈地方流行性。病兔及治愈兔长期带虫，成为重要的传染源。

【临床症状】球虫病的潜伏期一般为 2～3 天，有时潜伏期更长一些。病兔的主要症状为精神不振，食欲减退，伏卧不动，眼、鼻分泌物增多，眼黏膜苍白，腹泻，尿频。按球虫寄生部位本病可分为肠球虫病、肝球虫病及混合型球虫病，以混合型居多。肠型以顽固性下痢，病兔肛门周围被粪便污染，死亡快为典型症状。肝型则以腹围增大下垂，肝肿大，触诊有痛感，可视黏膜轻度黄染为特征。发病后期，幼兔往往出现神经症状，表现为四肢痉挛，麻痹，最终因极度衰弱而亡。病兔死亡率为 40％～70％，有时高达 80％以上。

【病理变化】

（1）肝球虫病　病兔肝肿大，表面有白色或淡黄色结节病灶，呈圆形，大如豌豆，沿胆管分布。切开病灶可见浓稠的淡黄色液体，胆囊肿大，胆汁浓稠色暗。在慢性肝病中，可发生间质性肝炎，肝管周围和小叶间部分结缔组织增生，使肝细胞萎缩，肝体积缩小，肝硬化。

（2）肠球虫病　可见十二指肠、空肠、回肠、盲肠黏膜发炎、充血，有时有出血斑。十二指肠扩张、肥厚，小肠内充满气体和大量黏液。慢性病例肠黏膜呈淡灰色，上有许多小的白色小点或结节，有时有小的化脓性、坏死性病灶。肠系膜淋巴结肿大，膀胱积黄色浑浊尿液，膀胱黏膜脱落。

（3）混合型球虫病　各种病变同时存在，而且病变更为严重。

【诊断】可采用饱和盐水漂浮法检查粪便中的卵囊，或将肠黏膜刮屑物或肝脏病灶刮屑物制成涂片，镜检球虫卵囊、裂殖体或裂殖子。如在粪便中发现大量卵囊或在病灶中发现各个不同阶段的球虫，即可确诊。

【防治】

（1）预防措施

① 严格饲养管理　兔舍应保持清洁、干燥。保证饲料、用具的清洁卫生，不被兔粪污染。加强消毒，兔笼、饲槽至少每周用热碱水消毒 1 次，也可将其在日光下曝晒；选作种用的公、母兔，必须经过多次粪便检查，健康者方可留作种用。购进的新兔也须隔离观察15～20 天，确定无球虫病时方可入群。成年兔和幼兔要分开饲养。幼兔断奶后要立即分群。

② 隔离消毒　及时将发病兔隔离治疗，病兔的尸体和内脏要烧掉或深埋；注重对环境设备和用具的消毒。

（2）药物防治

① 氯苯胍，按 0.03％浓度拌料喂，连用 7 天，以后改用0.015％浓度拌料长期饲喂。预防时可按 0.015％浓度拌料，连喂 45天；磺胺二甲氧嘧啶与二甲氧苄氨嘧啶按 5：1 混合后，按0.012％～0.013％浓度拌料饲喂，连喂 5～7 天，隔 7 天后再按上述浓度拌料饲喂 5～7 天；球痢灵（硝苯酰胺）与 3 倍量的磷酸钙共研细末，配成 25％预混物，用于预防时按 0.0125％浓度拌料饲喂，治疗时按0.025％浓度拌料饲喂，连喂 3～5 天。复方敌菌净，每天按兔每千克体重 30 毫克（首次饲喂时药量加倍）拌料，连喂 3～5 天；呋喃唑酮（痢特灵），1 月龄内的兔按 3 毫克/千克体重，1 月龄以上兔按 4 毫克/千克体重，连用 7 天。

② 中药治疗　白僵蚕 50 克，桃仁 5 克，白术 15 克，白茯苓 15克，猪苓 15 克，大黄 25 克，地鳖虫 25 克，桂枝 15 克，泽泻 5 克，

共研末，每只兔每天按 5 克拌料饲喂，连喂 2～3 天；黄柏、黄连各 10 克，大黄 7.5 克，黄芩 25 克，甘草 15 克，共研细末，每只兔每天 7.5 克，连喂 3 天；紫花地丁、鸭舌草、蒲公英、车前草、铁苋菜和新鲜苦楝树叶，每只兔每天各喂 30～50 克（苦楝树叶喂量少于 30 克），隔天喂 1 次。

由于大多数药物对球虫的早期发育阶段——裂殖生殖有效，所以用药必须及时。当兔群中有个别兔发病时，应立即使用药物对整群兔进行防治。此外，要注意药物的交替使用，以免球虫对药物产生抗药性。

（二）螨病

【病原】主要有疥螨、痒螨、背肛螨、毛囊螨等。兔疥螨为圆形，灰白色，长 0.2～0.5 毫米，背部隆起，腹面扁平，身体背面有许多细的横纹、鳞片及刚毛，腹面有 4 对粗而短的腿，肛门在虫体背面，距虫体后缘较近。兔痒螨为长圆形，长 0.5～0.9 毫米，虫体前端有圆锥状的口器，腹面有 4 对足，前面的两对足粗大，后面的两对足细长，突出身体边缘。雄虫腹面后部有两个大的突起，突起上有毛。

【流行病学】本病多发生于秋、冬季及初春季节，具有高度传染性。病兔是该病的传染源。健兔与病兔直接接触可致染病，被病兔污染的环境、兔舍、工具等可传播病原，狗及其他动物也能成为传播媒介。笼舍潮湿、饲养密集、卫生不良等均可促使本病蔓延。瘦弱和幼龄兔易遭侵袭。

【临床症状】

（1）疥螨病　常发生于兔的头部、嘴唇四周、鼻端、面部和四肢末端毛较短的部位，严重时可感染全身。患部皮肤充血，稍微肿胀，局部脱毛。病兔发痒不安，常用嘴咬腿爪或用脚爪搔抓嘴及鼻孔。皮肤被搔伤或咬伤后发生炎症，逐渐形成痂皮。随病情的发展，病兔脚爪出现灰白色的痂皮，患部逐渐扩大、蔓延到鼻梁、眼圈、脚爪底面，同时伴有消瘦、结痂等症状。严重时病兔会衰竭死亡。

（2）痒螨病　一般在兔耳壳基部开始发病。病初在耳内出现灰白色至黄褐色渗出物，渗出物干燥后形成黄色痂皮，严重时可堵塞耳孔。局部脱毛。病兔不安，消瘦、食欲减退，不断摇头，用脚爪抓挠耳朵，严重时可引起中耳炎、耳聋和癫痫等。

【病理变化】本病病变主要在皮肤。皮肤发生炎性浸润、发痒，发痒处形成结节及水泡。当结节、水泡被咬破或蹭破时，流出渗出液，渗出液与脱落的细胞、被毛、污垢等混杂一起，干燥后结痂。痂皮被擦破后，又会重新结痂。随着病情的发展，毛囊和汗腺受到侵害，皮肤角质角化过度，患部脱毛，皮肤肥厚，失去弹性而形成皱褶。

【诊断】选择病兔患病皮肤交界处，剪毛消毒后，用蘸有少量50%甘油水溶液的外科手术刀刮取皮屑，直到皮肤微出血。将刮下的皮屑放于载玻片上，滴几滴煤油使皮屑透明，然后放上盖玻片，在低倍显微镜下观察查找虫体。也可将刮取的皮屑放在培养皿内或黑纸上，在阳光下曝晒，或用热水或火等对皿底或黑纸底面加温至40～50℃，30～40分钟后移去皮屑，在黑色背景下，肉眼见到白色虫体爬动，即可确诊。

【防治】

(1) 预防措施 兔舍应保持干燥卫生，通风透光，勤换垫草，勤清粪便；经常检查兔群，发现病兔及时隔离治疗，对笼舍及用具消毒；新购进的兔要隔离饲养，确定无病后再混群；已治愈的兔应治愈20～30天后再混群。

(2) 发病后的措施 2%敌百虫溶液擦洗病兔患部，每天1次，连用2天，7～10天后再擦洗1次；或用"兔癣一次净"，按说明书使用；或杀虫脒（氯苯脒），配成0.15%溶液喷洒或药浴；或20%杀灭菊酯（速灭杀丁）稀释100倍，局部涂搽或药浴，7～10天后再用1次；或先将患部剪毛除痂，用温水洗净，涂克霉咪唑癣药水，每天2次，连涂2天；或灭螨威，先用菜油将1%灭螨威稀释成0.05%浓度，然后患部涂搽。

### (三) 豆状囊尾蚴病

【病原】豆状囊尾蚴是豆状带绦虫的中绦期，它寄生于兔的肝脏、肠系膜以及腹腔内，也可寄生于啮齿动物。豆状囊尾蚴呈白色的囊泡状，豌豆大小，有的呈葡萄串状。囊壁透明，囊内充满液体，有一白色头节，上有4个吸盘和两圈角质钩。

【流行病学】成虫寄生于狗、狐狸等肉食兽的小肠中，带有大量虫卵的孕卵节片随其粪便排出体外。兔食入了孕节和虫卵污染的饲料和饮水后即可感染本病。卵内的六钩蚴在兔的消化道内孵出，钻入肠壁，随血流至肝脏等部位发育成豆状囊尾蚴，使兔出现豆状囊尾蚴病的症状。含有豆状囊尾蚴的动物内脏被狗、狐狸等吞食后，囊尾蚴在其体内发育为成虫，动物即出现豆状带绦虫病的症状。

【临床症状】兔轻度感染豆状囊尾蚴病后一般没有明显的症状，仅表现为生长发育缓慢。感染严重时（囊尾蚴数目达 $100\sim200$ 个），可导致肝脏发炎，肝功能严重受损。慢性病例表现为消化紊乱，不喜活动等；病情进一步恶化时，表现为腹围增大，精神不振，嗜睡，食欲减退，逐渐消瘦，最终因体力衰竭而死亡。豆状囊尾蚴侵入大脑时，可破坏中枢和脑血管，急性发作时可引起病兔突然死亡。

【病理变化】剖检时常在肠系膜、网膜、肝脏表面及肌肉中见到数量不等、大小不一的灰白色透明的囊泡。囊泡常呈葡萄串状。肝脏肿大，肝实质有幼虫移行的痕迹。急性肝炎病兔，肝表面和切面有黑红色或黄白色条纹状病灶。病程较长的病例可转为肝硬变。病兔尸体多消瘦，皮下水肿，有大量的黄色腹水。

【诊断】从尸检中发现豆状囊尾蚴即可确诊。生前诊断可采用囊尾蚴囊液抗原凝集反应、间接血凝试验和酶联免疫吸附试验，其中间接血凝试验较常用，但生前确诊较为困难。

【防治】

（1）预防措施 兔场内禁止养狗、猫，以防止其粪便污染兔的饲料和饮水。同时也应阻止外来狗、猫等动物等与兔舍接触；对兔尸肉和内脏进行检疫，严禁用含有豆状囊尾蚴的动物脏器和肉喂狗、猫。同时对狗、猫定期驱虫，驱虫药可用吡喹酮，用量按动物 5 毫克/千克体重口服，驱虫后对其粪便严格消毒。

（2）发病后措施 吡喹酮每 25 毫克/千克体重皮下注射，每天 1 次，连用 5 天；或甲苯唑或丙硫苯咪唑 35 毫克/千克体重，口服，每天 1 次，连用 3 天；或早晨空腹服生南瓜子 50 克（或炒熟去皮碾成末），2 小时后喂服槟榔 $80\sim100$ 克煎剂，再经半小时喂服硫酸镁溶液。

## 三、营养代谢病

### （一）佝偻病和软骨症

维生素 D（$V_D$）缺乏或钙、磷缺乏以及钙、磷比例失调都可以造成骨质疏松，引起幼兔的佝偻病或成年兔的软骨症。本病是一种营养性骨病，各种年龄的兔均可发生，但尤以妊娠母兔、哺乳母兔、生长较快的幼兔多发。

【病因】

（1）钙、磷是机体重要的常量元素，参与兔骨骼和牙齿的构成，并具有维持体液酸碱平衡及神经肌肉的兴奋性、构成生物膜结构等多种功能。一旦饲料中钙、磷总量不足或比例失调则必然引起代谢的紊乱。

（2）维生素 D 是一种脂溶性维生素，具有促进机体对钙、磷的吸收的作用。在舍饲条件下，兔得不到阳光照射，必须从饲料中获得，当饲料中维生素 D 含量不足或缺乏，都可引起兔体维生素 D 缺乏，从而影响钙、磷的吸收，导致本病的发生。

（3）日粮中矿物质比例不合理或有其他影响钙、磷吸收的成分存在。许多二价金属元素间存在抑制作用，例如饲料中锰、锌、铁等过高可抑制钙的吸收；含草酸盐过多的饲料也能抑制钙的吸收。

（4）此外，肝脏疾病以及各种传染病、寄生虫病引起的肠道炎症均可影响机体对钙、磷以及维生素 D 的吸收，从而促进本病的发生。

【临床症状】幼兔、仔兔典型的佝偻病主要表现为骨质松软，腿骨弯曲，脊柱弯曲成弓状，骨端粗大；青年兔表现消化机能紊乱，异食、骨骼严重变形，易发生骨折等；妊娠母兔表现为分娩后瘫痪。典型病兔患病初期食欲下降或废绝，精神沉郁，有的表现轻度兴奋，随即后肢瘫痪。

【诊断】根据典型的临床症状和饲料分析结果即可确诊。

【防治】平时注意合理配制日粮中钙、磷的含量及比例，饲喂含钙磷丰富的饲料，如豆科干草、糠麸等；由于钙磷的吸收代谢依赖于维生素 D 的含量，故日粮中应有足够的维生素 D 供应，加强阳光照射；严重病例除了添加优质骨粉外，可肌内注射维丁胶性钙，每次 1000~5000 国际单位，每日一次，连用 3~5 天。或肌内注射维生素 AD，每次 0.5~1 毫升，每日一次，连用 3~5 天。

（二）维生素 A 缺乏症

维生素 A（$V_A$）对于兔的正常生长发育和保持黏膜的完整性以

及良好的视觉都具有重要作用。维生素 A 缺乏症主要表现为生长发育不良，器官黏膜损害，并以干眼病和夜盲症为特征。本病主要发生于冬季和早春季节。

【病因】

（1）日粮中维生素 A 或胡萝卜素含量不足或缺乏。兔可以从植物性饲料中获得胡萝卜素维生素 A 原，可在肝脏转化为维生素 A。当长期使用谷物、糠麸、粕类等胡萝卜素含量少的饲料时，极易引起维生素 A 的缺乏。

（2）消化道及肝脏的疾病，影响维生素 A 的消化吸收。由于维生素 A 是脂溶性的物质，它的消化吸收必须在胆汁酸的参与下进行，肝胆疾病、肠道炎症影响脂肪的消化，阻碍维生素 A 的吸收。此外，肝脏的疾病也会影响胡萝卜素的转化及维生素 A 的贮存。

（3）饲料贮存时间太长或加工不当，降低饲料中维生素 A 的含量，如黄玉米贮存期超过 6 个月，约损失 60% 的维生素 A；颗粒饲料加工过程中可使胡萝卜素损失 32% 以上，夏季添加多维素拌料后，堆积时间过长，使饲料中的维生素 A 遇热氧化分解而遭破坏。

【临床症状】兔缺乏维生素 A 时，可表现出生长停滞、体质衰弱、被毛蓬松、步态不稳、不能站立、活动减少。有时可出现与寄生虫性耳炎相似的神经症状，即头偏向一侧转圈，左右摇摆，倒地或无力回顾，或腿麻痹或偶尔惊厥。幼兔出现下痢，严重者死亡。母兔发情率与受胎率低，并出现妊娠障碍，表现为早产、死胎或难产，分娩衰弱的仔兔或畸形；患隐性维生素 A 缺乏症的母兔虽然能正常产仔，但仔兔在产后几周内出现脑水肿或其他临床症状。成兔和幼兔都出现眼的损害，发生化脓性结膜炎、角膜炎，病情恶化则出现溃疡性坏死。机体的上皮细胞受损，可引起呼吸器官和消化器官炎症，泌尿器官系统黏膜损伤（炎症、感染），能引起尿液浓度、比例关系紊乱和形成尿结石。有的病例出现干眼及夜盲。

【病理变化】

可以发现明显眼和脑的病变，眼结膜角质化，患病母兔所产的仔兔发生脑内积水，呼吸道、消化道及泌尿生殖系统炎性变化。

【诊断】

根据饲养史和临床症状初步诊断。确诊须靠病理损伤特征、血浆和肝脏中维生素 A 及胡萝卜素的水平（血浆中维生素 A 的含量低于 0.2～0.3 毫克/毫升）进行判断。

【防治】

饲料中添加含有多种维生素的添加剂或维生素 A、维生素 D₃ 粉等，日粮中常补给青绿饲料，如绿色蔬菜、胡萝卜等。不可饲喂存放过久或霉败变质饲料，及时给妊娠母兔和哺乳期母兔添加鱼肝油或维生素 A 添加剂，每天每千克体重添加维生素 A 250 单位。

病兔可注射鱼肝油制剂，按 0.2 毫升/千克给量。也可使用维生素 A、维生素 D₃ 粉或鱼肝油混入饲料中喂给。也可使用水可弥散性维生素制剂如速补-14 等饮水。但应注意，维生素 A 摄入过多会引起中毒。

（三）维生素 E 及硒缺乏症

维生素 E 又叫生育酚，属脂溶性维生素，具有抗不育的作用。维生素 E 是一种天然的抗氧化剂，其主要生理功能是维持正常的生殖器官、肌肉和中枢神经系统机能。维生素 E 不仅对兔的繁殖产生影响，而且参加新陈代谢，调节腺体功能和影响包括心肌在内的肌肉活动。

【病因】植物种子中含有较丰富的维生素 E，动物的内脏（肝、肾、脑等）、肌肉贮存维生素 E。但维生素 E 不稳定，易被饲料中矿质元素、不饱和脂肪酸及其他氧化物质氧化。饲料中维生素 E 含量不足，饲料或添加剂中矿质元素或不饱和脂肪酸含量较高而又缺乏一定的保护剂，造成饲料中维生素 E 的部分或全部破坏，以及兔的球虫病等使肝脏、骨骼肌及血清中维生素 E 的浓度降低，致使对维生素 E 的需要量增加而导致本病发生。维生素 E 和硒的营养作用密切相关，地方性缺硒也会引起相对性的维生素 E 缺乏，二者同时缺乏会加重缺乏症的严重程度。

【临床症状】患兔表现不同程度的肌营养不良，可视黏膜出血，触摸皮下有液体渗出，出现肌酸尿，肢体发僵，而后进行性肌无力，食欲下降或不食，体重减轻，喜卧少动或不动，不同程度的运动障碍，步态不稳，甚至瘫软，有的可出现神经症状，最终衰竭死亡。幼兔生长发育受阻。母兔受胎率下降，发生流产或死胎。公兔可导致睾丸损伤和精子生成受阻，精液品质下降。初生仔兔死亡率高。

【病理变化】肉眼可见全身性渗出和出血，膈肌、骨骼肌萎缩、变性、坏死，外观苍白。心肌变性，有界限分明的病灶。肝肿大、坏死，急性病例肝脏呈紫黑色，质脆易碎，呈豆腐渣样，体积约为正常肝的2倍；慢性病例肝表面凹凸不平，体积变小，质地变硬。

【诊断】可根据临床症状和剖解变化确诊。

【防治】进行饲料的合理调配和加工，最好使用全价配合饲料，适当添加多种维生素或含多种维生素类添加剂；加强对妊娠、哺乳母兔及幼兔的饲养管理，补充青饲料，避免饲喂霉败变质饲料，及时治疗肝脏疾病；由于维生素E和硒有协同作用，适当补充硒可减少维生素E的添加量，使用含硒添加剂可有效防治维生素E缺乏；发病后可按每千克体重0.32~1.4毫克维生素E添加饲料中饲喂，也可使用市售的亚硒酸钠维生素E。严重病例可肌内注射维生素E制剂，每次1000国际单位，每天2次，连用2~3天；肌注0.2%的亚硒酸钠溶液1毫升，每隔3~5天注射1次，共2~3次。也可使用水可弥散性维生素制剂如速补-14等饮水。

（四）B族维生素缺乏症

见表7-11。

表7-11　B族维生素缺乏症

| 种类 | 原因 | 症状 | 诊断 | 防治 |
|---|---|---|---|---|
| 维生素B₁缺乏症 | 饲料中维生素B₁含量不足或饲料处理不当；慢性肠道疾病使维生素B₁合成与吸收减少，长期使用抗生素药物 | 兔食欲减退，腹泻或便秘，逐渐消瘦，精神不振，不爱活动，活动时易发生抽搐和痉挛，共济失调，软弱瘫痪，怀孕母兔易发生死胎、畸形胎或木乃伊化胚胎，甚至导致妊娠母兔死亡 | 根据饲料分析和临床症状可以确诊 | (1)预防：首先注意日粮调配，日粮中可适当添加酵母和谷物等。禁止饲喂变质饲料，不能长期服用抗生素类药物，在母兔妊娠期和哺乳期补充维生素B₁或使用复合维生素添加剂。不要大量长期使用氨丙啉类抗球虫药物，使用时应配合使用维生素B₁ (2)治疗：早期可在饲料中添加维生素B₁，按10~20毫克/千克，连用1~2周，也可以肌内注射5%的维生素B₁注射液0.2~0.5毫克/次，每天1次，连用3~5天。也可使用速补-14等饮水 |

续表

| 种类 | 原因 | 症状 | 诊断 | 防治 |
|---|---|---|---|---|
| 维生素 $B_2$ 缺乏症 | 日粮中缺少维生素 $B_2$，饲料变质或加工不当，或患有胃肠炎和吸收障碍也可以发生本病 | 维生素 $B_2$ 缺乏主要表现为消瘦，厌食，生长缓慢，被毛粗糙、易脱落脱色；黏膜黄染，流泪，流涎；长期缺乏，母兔不育或所产仔兔畸形，泌乳减少，繁殖率下降，新生仔兔灰黄色 | 据日粮组成、临床特征、加维生素 $B_2$ 有疗效可确诊 | (1)预防：由于兔肠道细菌可以合成其机体所需的维生素 $B_2$，高碳水化合物有助于肠道细菌合成维生素 $B_2$，合理调配日粮，适当添加动物性饲料和酵母或饲喂含维生素 $B_2$ 的添加剂，可有效预防本病发生<br>(2)治疗：最有效的方法是及时给予维生素 $B_2$，按每千克饲料 20 毫克添加，连用 1～2 周，之后减半，也可皮下或肌内注射维生素 $B_2$，一般连用 1 周，效果很好。也可使用如速补-14 等饮水 |
| 维生素 $B_{12}$ 缺乏症 | 饲料中不使用动物性饲料，并且未添加维生素 $B_{12}$，而导致本病的发生；饲料中缺乏微量元素钴和铁时，维生素 $B_{12}$ 合成不足，肠道疾病可阻止微生物合成，或使之吸收利用出现障碍等，也可诱发本病的发生 | 患兔的主要症状是厌食，营养不良，贫血，消瘦，黏膜苍白，幼兔、仔兔生长发育停滞，也出现胃肠炎、腹泻、便秘。血液稀薄，颜色发淡，肝脏黄色而脆，肝细胞坏死和脂肪变性。全身贫血 | 据临床症状、病理变化特点和日粮的配合进行综合分析确诊 | (1)预防：饲料中添加含维生素 $B_{12}$ 及含钴和铁的添加剂；饲料中适当添加动物性饲料和酵母等，能够起到补充维生素 $B_{12}$ 的作用。由于兔肠道内微生物可以合成维生素 $B_{12}$，可以让兔适当采食健康兔的软粪来获得维生素 $B_{12}$。母兔在妊娠期要提高维生素 $B_{12}$ 的添加量，每千克饲料含维生素 $B_{12}$ 0.04 毫克<br>(2)治疗：病兔可按每千克饲料添加维生素 $B_{12}$ 0.4 毫克，同时添加含钴和铁的添加剂，病情好转后再恢复到预防量。有价值的种兔可肌内注射维生素 $B_{12}$ 注射液治疗 |
| 维生素 $B_6$ 缺乏症 | 日粮中维生素 $B_6$ 不足；饲料加工调制不当，使饲料中维生素 $B_6$ 被破坏；肠道疾病，使肠道不能合成足量的维生素 $B_6$ 等。另外，由于喂含高蛋白质饲料对维生素 $B_6$ 的需要增多，也能引起缺乏 | 一般轻微缺乏时对兔的影响不大，严重缺乏时，引起兔皮肤的损害，兔耳周边出现皮肤增厚和鳞片，鼻端或爪出现疮痂，眼睛发生结膜炎，神经功能紊乱，骚动不安，生长发育受阻，不孕率增高，死胎增加，妊娠后期出现尿石症；仔兔生长缓慢 | 据日粮分析和临床症状初步诊断；根据血液检测转氨酶活性降低和临床特征进行确诊 | (1)防治：使用全价配合饲料，适当添加鱼粉、肉骨粉、酵母等饲料。或适当加入维生素 $B_6$ 添加剂或复合多种维生素添加剂。每千克日粮加 0.6～1 毫克维生素 $B_6$ 可预防本病的发生<br>(2)治疗：可用维生素 $B_6$ 制剂，发病期 1.2 毫克/千克体重，被毛生长前期每千克体重 0.9 毫克，被毛生长后期每千克体重 0.6 毫克，可得到良好的治疗效果。也可使用水可弥散性维生素制剂如速补-14 等饮水 |

## 四、中毒性疾病

### （一）霉变饲料中毒

【病因】饲料被烟曲霉、镰刀菌、黄曲霉菌、赭曲霉、白霉菌、黑霉菌等污染，霉菌产生毒素，兔采食而发生中毒。烟曲霉菌的营养菌丝有隔膜；分生孢子梗直立，顶囊呈倒烧瓶状，直径为 20～30 微米，与分生孢子梗一样带绿色。分生孢子呈球形或近球形，淡绿色，表面有细刺，直径为 2～3 微米。在察氏培养基上 28℃培养，最初为白色绒毛状菌落，形成孢子时呈蓝绿色，进而变成烟绿色。

【临床症状】由于毒源极多，症状复杂。病兔口唇、皮肤发紫，全身衰弱、麻痹，初期食欲减退甚至拒食，精神不振，可视黏膜黄染，被毛干燥粗乱，不愿活动，常将两后肢膝关节凸出于臀部呈山字形爬卧在笼内。粪便软稀、带有黏液或血液。随病情加重，出现神经症状，后肢软瘫，全身麻痹死亡。日龄小的仔兔、幼兔及日龄大而体弱的兔发病多，死亡率高。妊娠母兔可发生流产，发情母兔不受孕，公兔不配种。

【病理变化】剖检可见肠胃为出血性坏死性炎症，胃与小肠充血、出血；肝肿大、质脆易碎，表面有出血点；肺水肿，表面有小结节；肾脏瘀血。

【诊断】饲喂过霉变饲料，结合症状与病变不难做出诊断。必要时将饲料送实验室检查或做动物试验。

【防治】平时应加强饲料保管，防止霉变。霉变饲料不能喂兔。霉菌中毒尚无特效、特定的药物治疗，一般采取对症治疗措施。首先停喂有毒饲料，采取洗胃的办法清除毒物。如出现肌肉痉挛或全身痉挛，可肌内注射盐酸氯丙嗪 3 毫升/千克体重，或静脉注射 5％的水合氯醛 1 毫升/千克体重。也可试用制霉菌素、两性霉素 B 等抗真菌药物治疗。饮用稀糖水和维生素 C，或将大蒜捣烂，每只成年兔每日 2～5 克，分 2 次拌料饲喂，亦有一定疗效。病情严重者可静脉注射 10％葡萄糖 6 毫升/千克，维生素 C 2 毫升/千克。

### （二）有机磷农药中毒

【病因】有机磷农药是我国目前应用最广泛的一类高效杀虫剂，引起兔中毒的主要农药有 1605、1059、3911、马拉硫磷、乐果等。

兔中毒多是由于采食了喷洒过这类农药的蔬菜、青草粮食等引起，有些则是由于用敌百虫治疗体表寄生虫病时引起的。当有机磷农药经消化道或皮肤等途径进入机体而被吸收后，则使体内乙酰胆碱在胆碱能神经末梢和突触部蓄积而出现一系列临床症状。

【临床症状】兔常在采食含有有机磷农药的饲料后不久出现症状，初期表现流涎，腹痛，腹泻，兴奋不安，全身肌肉震颤、抽搐，心跳加快，呼吸困难等症状，严重者表现可视黏膜苍白，瞳孔缩小，最后昏迷死亡。轻度中毒病例只表现流涎和腹泻。

【病理变化】急性中毒病例，剖开肠胃，可闻到肠胃内容物散发出有机磷农药的特殊气味，胃肠黏膜充血、出血、肿胀，黏膜易剥脱，肺充血水肿。

【诊断】中毒兔有与有机磷农药接触病史，并且症状与病变典型，一般可做出诊断。必要时采肠胃内容物作毒物鉴定。

【防治】喷洒过有机磷农药尚有残留的植物和各种菜类不能用来喂兔。用有机磷药物进行体表驱虫时，应掌握好剂量与浓度，并加强护理，严防舔食。经口中毒的可用清水洗胃或盐水洗胃，并灌服活性炭。此外还应迅速注射解磷定和阿托品，解磷定按 15 毫克/千克体重静脉或皮下注射，每日 2～3 次，连用 2～3 天；阿托品每次皮下注射 1～2 毫升，每日 2～3 次，直至症状消失为止。

（三）有机氯中毒

【病因】有机氯毒物主要有农药"六六六"、"滴滴涕"，由于其化学性质稳定，在饲料、饮水中的残效期长，农作物副产品、籽实及草料被污染的可能性较大。

【临床症状】中毒后，兔表现为精神较差，无食欲或表现兴奋、痉挛，呼吸和心跳加快，嘴唇发绀，瞳孔扩大，死亡率高。

【防治】有机氯中毒尚无有效的治疗方法，一般采取对症治疗，如中断毒源，灌服 2%的碳酸氢钠或石灰水，也可灌服盐类泻药，皮肤中毒可用肥皂水、石灰水冲洗后，再用清水冲洗。

## 五、普通病

（一）便秘

兔的便秘主要是由于肠内容物停滞、变干、变硬，致使排粪困难，严重时可造成肠阻塞的一种腹痛性疾病。它是兔消化道疾病的常见病症之一，其中幼兔、老龄兔多见。

【病因】主要是由于精、粗饲料搭配不当，精料过多，饮水不足；缺少新鲜青绿饲料，长期饲喂单一的干硬饲料，如甘薯秧、豆秸、稻草、稻糠等；采食含有大量泥沙、被毛等异物使粪球变大，从而使胃肠蠕动减弱；环境的突然改变，运动不足，打乱正常排便习惯或继发其他疾病等多种因素均可导致便秘发生。

【临床症状】病初肠道不完全阻塞时，食欲减退，排粪困难，粪量少，粪球干硬，粪粒两头尖；完全阻塞时，食欲废绝，数天不见排粪，腹痛不安。有的频做排粪姿势，但无粪排出。当阻塞前段肠管产气、积液时，可见腹部膨胀，不安；触疹腹部，在盲肠与结肠部可触到内容物坚硬似腊肠或念珠状坚硬的粪块。剖检，盲肠和结肠内充满干硬颗粒状粪便。

【防治】

(1) 合理的搭配精、粗、青绿饲料，饲喂要定时定量，防止贪食过多，并保证充足饮水。

(2) 适当增加运动，保持料槽的清洁卫生，及时清除槽内泥沙、被毛等异物。

(3) 治疗。发病初期可适当喂青绿多汁饲料，待粪便变软后减少饲喂量。对病重的兔要立即停食，增加饮水量并且按摩兔的腹部，慢慢地压碎粪球、粪块，同时使用药物促进肠蠕动，增加肠腺的分泌，以软化粪便。成年兔，硫酸钠 2～8 克或人工盐 10～15 克加温水适量 1 次灌服，幼兔可减半灌服；此外，用液体石蜡、植物油，成年兔 10～20 毫升，加温水适量 1 次灌服，必要时可用温水灌肠，促进粪便排出。操作方法是：用粗细能插入肛门的橡皮管或软塑料管，事先涂上液体石蜡或植物油，缓缓插入肛门 5～8 厘米，灌入 40～45℃的温肥皂水或 2％碳酸氢钠水，为了防止肠内容物发酵、产气，可口服 5％乳酸 5 毫升、食醋 15 毫升。

(二) 积食

积食又称胃扩张。一般 2～6 月龄的幼兔容易发生，常见于饲养管理不当、经验不多的初养兔的养兔场。

【病因】兔贪食过量适口性好的饲料。特别是含露水的豆科饲料，较难消化的玉米，小麦，食后易产生臌胀的饲料，腐败和冰冻饲料等导致本病发生。积食也可继发于其他疾病，如肠便秘、肠臌气，或球虫病的过程中。

【临床症状】通常在采食几小时后开始发病。病兔卧伏不动或不安，胃部肿大，流涎，呼吸困难，表现痛苦，眼半闭或睁大，磨牙，四肢集于腹下，时常改变蹲伏的位置。触诊腹部，可以感到胃体积明显胀大，如果胃继续扩张，最后导致胃破裂死亡。慢性发作的常伴有肠臌气和胃肠炎，如不及时治疗，可于1周内死亡。剖检：可见胃体积显著增大，内容物酸臭，胃黏膜脱落；胃破裂的病死兔，胃局部有裂口，胃内容物污染整个腹腔。

【防治】平时饲喂要定时定量，加强管理，切勿饥饱不匀。幼兔断奶不宜过早；更换干、青饲料时要逐渐过渡。禁止喂给雨淋、带露水的饲料，要晾干再喂；禁止饲喂腐败、冰冻饲料，少喂难消化的饲料。

发生积食应立即采取措施，停止饲喂，灌服植物油或石蜡油10～20毫升、萝卜汁10～20毫升、食醋40～50毫升，口服小苏打片和大黄片1～2片，服药后，人工按摩病兔腹部，增加运动，使内容物软化后移。必要时皮下注射新斯的明注射液0.1～0.25毫克。多给饮水，后可给易消化的柔软的青绿饲料。

（三）毛球病

毛球病主要是由于兔食入被毛所引起的，临床上较多发生，长毛兔多发。

【病因】饲养管理不当（如兔笼太小，互相拥挤而吞食其他兔的绒毛或长毛兔身上久未梳理的毛，兔不适而咬毛吞食；未及时清理脱落在饲料内、垫草上的绒毛而被兔吞食；母兔分娩前拉毛营巢，吃产箱内垫料时，连毛吃入体内等）、饲料营养物质不全（尤其是缺乏微量元素镁时，导致兔掉毛，吃毛；长期饲喂低维生素的日粮或日粮中蛋白质不足，尤其是含硫氨基酸含量不足时，也会造成兔吃毛；缺乏维生素A和B族维生素，兔形成异食癖，舔食自己的被毛）以及当患有皮炎和疥癣时，因发痒，兔啃咬被毛而引起毛球病。

【临床症状】病兔表现为食欲不振，好卧，喜饮水，大便秘结，粪便中带毛，有时成串。由于饲料、绒毛混合成毛团，阻塞肠道，当形成肠阻塞和肠梗阻时，病兔停止采食，因为胃内饲料发酵产气，所以胃体积大且臌胀。触诊能感觉到胃内有毛球。患兔贫血、消瘦、衰弱甚至死亡。

【防治】

（1）加强饲养管理　保证供给全价日粮，增加矿物质和富含维生素的青饲料，补充含蛋氨酸、胱氨酸较多的饲料；及时治疗兔的皮肤病；经常清理兔笼或兔舍，防止发生拥挤。

（2）治疗　灌服植物油（菜籽油、豆油）使毛球软化，肛门松弛，毛球润滑并向后部肠道移动。对于较小的毛球，可口服多酶片，每日 1 次，每次 4 片，使毛球逐渐酶解软化，然后灌服植物油使毛球下移，也可用温肥皂水灌肠，每日 3 次，每次 50～100 毫升，兴奋肠蠕动，利于毛球排出。毛球排出后，应给予易消化的饲料，口服健胃药如酵母等，促进胃肠功能恢复。

（四）胃肠炎

胃肠炎是胃肠表层黏膜及其深层组织炎症过程。不同年龄的兔都可发生，幼兔发生后死亡率比较高。

【病因】兔采食品质不良的草料，如霉败、霜冻饲料以及有毒植物、化学药品处理过的种子等，或者是饲料饮水不清洁。兔舍潮湿，饲草被泥水污染均可导致本病的发生。断奶幼兔，体质较差，常因贪食过多饲料发生肠臌气，在此基础上继发胃肠炎。继发性胃肠炎见于胃扩张、胃臌气、出血性败血症、副伤寒及球虫病等。

【临床症状】初期，只表现胃黏膜浅层轻度炎症，食欲下降，消化不良，排出的粪便带有黏液。时间延长，炎症加重，胃肠内容物停滞，且发生发酵、腐败，助长肠道有害菌的危害作用。当细菌产生的毒素被机体吸收后，导致严重的代谢紊乱，消化障碍，病兔食欲废绝，精神迟钝，舌苔重，口恶臭，四肢、鼻端等末梢发凉。腹泻是胃肠炎的主要特征之一，先便秘，后拉稀，肠管蠕动剧烈，肠音较亮，粪便恶臭混有黏液、组织碎片及未消化的饲料，有时混有血液；肛门沾有污粪，尿呈酸性、乳白色。后期肠音减弱或停止，肛门松弛，排便失禁，腹泻时间较长者呈现里急后重现象。全身症状严重，兔眼球下陷，脉搏弱而快，迅速消瘦，皮温不均，随病情恶化，体温常降至正常以下；当严重脱水时，血液黏稠，尿量减少，肾脏机能因循环障碍受阻。被毛逆立无光泽，腹痛、不安，出现全身肌肉抽搐、痉挛或昏迷等神经症状。若不及时治疗则很快死亡。

【防治】

（1）加强日粮管理，给以营养平衡的饲料，不可突然改变饲料，防止贪食；定时定量给食。严禁饲喂腐败变质饲料，保持兔舍卫生。对于断奶的幼兔要给予优质全价饲料。

（2）发病后治疗。对肠炎引起的脱水，可通过口服补液，即口服补液盐让病兔自由饮用。制止炎症发展可采用抗菌类药物，内服链霉素粉 0.01～0.02 克/千克或新霉素 0.025 克/千克。清肠止泻，保护胃黏膜，可投服药用炭悬浮液，也可内服小苏打，每次 0.25～0.1 克/千克，1 日 3 次。严重者应静脉注射或腹腔注射葡萄糖氯化钠注射液 500～1000 毫升，皮下注射维生素 C。增强病兔抵抗力，防止脱水。中药方剂对胃肠炎有较好的效果，可用郁金散和白头翁汤等治疗。

（五）肠臌气

肠臌气多为急性发生，如不及时进行治疗，很快导致死亡。在肠内发酵是造成臌气的主要原因，尤其在盲肠内产生大量气体，臌气迅速形成。

【病因】兔采食容易发酵的饲料，如大豆秸、紫云英、三叶草，堆积发热的青草，腐败冰冻饲料，以及多汁、易发酵的青贮料，或突然更换饲料，造成贪食也可发病。一般 2～6 周龄的幼兔最易发病。本病也可继发结肠阻塞、便秘等肠阻塞病。

【临床症状】兔吃料后，精神不好，腹部逐渐胀大，像绷紧的鼓皮，若以手指敲弹，呈鼓音，患兔呼吸困难，心率加快，可视黏膜潮红，甚至发绀，偶尔拱腰，鸣叫。

【防治】严禁给兔饲喂大量易发酵、易臌胀饲料。注意加强饲料保管，防止发霉、冰冻、腐烂，一旦变质，不能用来喂兔。更换饲料要逐渐进行，以免兔贪食。对短时间内形成的急性肠臌气，需要立刻动手术，先用手按住腹部以固定肠道，在臌气最突出的地方剪毛、消毒后，用 12 号针头，穿刺放气，消退后，灌服大黄苏打片 2～4 片，为预防霉菌性肠炎，用制霉菌素 5 万单位，每天 3 次，连用 2～3 天。对于病情比较稳定的患兔，可应用如下治疗方案：①内服适量植物油，不仅能疏通肠道，且对泡沫性臌气有效。②应用制酵药，大蒜（捣烂）6克，醋15～30毫升，一次内服，或醋30～60毫升内服，或姜酊2毫升、大黄酊1毫升，加温水适量内服。对轻微病例可辅助性按摩腹壁，兴奋肠活动，排出气体。③对于便秘性臌气，可用硫酸镁10克、液状石蜡10毫升，一次灌服。为缓解心肺功能障碍，可肌注10%安钠咖注射液0.5毫升，若去除肠臌气，患兔还需隔一段时间喂料，以免复发。最好喂易消化的干草，再逐步过渡到正常饲料。

### （六）无乳或少乳症

母兔无乳和缺乳症是指母兔分娩后在哺乳期内出现无乳或少乳的一种综合征。无乳症是母兔围产期出现泌乳阻塞或停止的一种症状。母兔无乳和缺乳症会导致产后几天内成窝或许多仔兔的死亡，因此本病对养兔生产有极大的危害。

【病因】母兔在孕期或哺乳期，饲料营养低下或怀孕后期过量饲喂含蛋白质高的精料，使初期的乳汁过稠，堵塞乳腺泡导致缺乳；母兔患有某些传染病或其他慢性疾病也可引起无乳症。此外，母兔年龄过大，乳腺萎缩或过早交配，乳腺发育不全等均可引起无乳。

【临床症状】母兔无乳症时表现为仔兔呈饥饿状，挤压母兔乳头仅见少量稀乳或根本无乳，拉稀。母兔体温高于正常，精神委顿，食欲不振，乳腺组织紧密、充血，但乳头却松弛。

【防治】

（1）加强饲养管理，饲喂全价饲料，增加日粮中的精、绿饲料，防止早配，淘汰过老母兔，选育、饲养母性好、泌乳足的种母兔。

（2）发病后治疗。可内服人用催乳灵1片，每日1次，连用3～5天；激素治疗，用垂体后叶素10单位，一次皮下或肌内注射；苯甲酸雌二醇0.5～1毫升，肌内注射。选用催乳和开胃健脾的中草药王不留行20克，通草、穿山甲、白术各7克，白芍、山楂、陈皮、党参各10克，研磨，分数次拌料喂给病兔，这样有助于疾病的恢复。

### （七）乳房炎

母兔的乳房炎是母兔泌乳期中常发的疾病，多发生于产后3周内的母兔。

【病因】母兔分娩前后因增加饲料过量，使乳汁分泌量增多，且变稠，仔兔体弱，吸奶无力或母兔产仔少，吃奶不多，使乳汁长时间地停留在乳房内，通过细菌感染而变质是引起母兔乳房炎的内因。母兔乳头被仔兔咬破，乳房因产箱或笼舍不光滑或有尖锐物被损伤，致使病原菌如葡萄球菌、链球菌等入侵而感染，是导致母兔乳房炎的外因。

【临床症状】

（1）急性型　母兔食欲减退，精神不振，拒绝哺乳，体温升高41℃以上，乳房红肿发热，触摸有痛感，时间稍长变为蓝紫色或青紫色，粪便干小如鼠粪状，有的排出胶冻样黏液，如不及时治疗，多在2～4天内因败血症而死亡，即使存活预后不良。

（2）慢性型　乳房局部红肿，触之有灼热感，皮肤紧张发亮，部分乳头焦干不见，可摸到栗子样的硬块，乳量减少，母兔拒绝哺乳，精神委顿，食欲降低，体温多在40℃以上。

（3）化脓性　食欲减退，体温升高，乳房能触摸到面团样脓肿，有的甚至变为坏疽。

【防治】

（1）科学饲养管理　母兔产前产后3天内控制精料及多汁饲料的喂给量，产仔4天后根据母兔的哺乳只数来增加或减少精料的喂量，保持兔舍产箱的清洁卫生，注意定期消毒。消除环境中能损伤母兔乳房或皮肤的尖锐物。经常发生乳房炎的兔场和养殖户在母兔产仔前后2天投服磺胺类药物，以预防本病的发生。

（2）发病后治疗　乳房炎初期可采用以下疗法：用温热毛巾敷乳房，每次15分钟，每天2～3次，同时肌注庆大霉素（3～5毫克/千克），每天2～3次。肌注青霉素20万国际单位，每日2次，控制病情后，口服复方新诺明，每次1片，每日2次，连用3天。采用封闭疗法，青霉素20万国际单位、0.25％的盐酸普鲁卡因20毫升混合，在乳房患部周边封闭，每日1次，连用3天。适量仙人掌去皮，捣成糊状，涂抹患处，每日1次，同时肌注青霉素20万国际单位，每日2次，连用3天。对已经成熟的脓肿可切开排脓，乳腺体腐烂的要彻底切除，后用高锰酸钾或3％的双氧水冲洗疮面再涂以紫药水或魏氏流浸膏等药物，并交替肌注青霉素（20万国际单位）与庆大霉素。

# 附　　录

## 附录一　兔的常用饲料营养成分

### 附表1　兔的常用饲料成分及营养价值

| 饲料名称 | 消化能/(兆焦/千克) | 粗蛋白/% | 干物质/% | 粗纤维/% | 钙/% | 磷/% | 赖氨酸/% | 蛋氨酸＋胱氨酸/% | 苏氨酸/% |
|---|---|---|---|---|---|---|---|---|---|
| 玉米 | 14.18 | 8.6 | 88.40 | 2.0 | 0.04 | 0.21 | 0.27 | 0.31 | 0.31 |
| 高粱 | 14.11 | 8.5 | 87.0 | 1.50 | 0.09 | 0.36 | 0.22 | 0.20 | 0.25 |
| 小米 | 12.85 | 12.0 | 87.0 | 1.30 | 0.04 | 0.27 | 0.15 | 0.47 | 0.34 |
| 稻谷 | 11.6 | 6.8 | 88.6 | 8.2 | 0.03 | 0.27 | 0.31 | 0.22 | 0.28 |
| 糙米 | 14.27 | 8.8 | 87.0 | 0.70 | 0.04 | 0.25 | 0.29 | 0.28 | 0.28 |
| 碎米 | 14.69 | 6.9 | 87.6 | 1.20 | 0.14 | 0.25 | 0.34 | 0.36 | 0.29 |
| 大米 | 14.32 | 8.50 | 87.5 | 0.8 | 0.06 | 0.21 | 0.15 | 0.47 | 0.34 |
| 大麦(皮) | 12.18 | 10.50 | 88.0 | 6.5 | 0.08 | 0.30 | 0.37 | 0.35 | 0.36 |
| 大麦(裸) | 13.86 | 10.70 | 87.4 | 2.2 | 0.07 | 0.32 | 0.47 | 0.35 | 0.48 |
| 小麦 | 13.60 | 11.10 | 86.1 | 2.40 | 0.05 | 0.32 | 0.33 | 0.44 | 0.34 |
| 燕麦 | 12.01 | 9.90 | 89.6 | 8.90 | 0.15 | 0.23 | 0.40 | 0.37 | 0.47 |
| 荞麦 | 11.09 | 12.5 | 87.9 | 12.30 | 0.13 | 0.29 | 0.54 | 0.39 | 0.38 |
| 黑麦 | 12.85 | 11.30 | 87.0 | 8.0 | 0.05 | 0.48 | 0.47 | 0.32 | 0.35 |
| 青稞 | 13.56 | 9.90 | 87.0 | 2.80 | 0.00 | 0.42 | 0.43 | 0.34 | 0.33 |
| 四号粉 | 14.57 | 14.00 | 88.10 | 0.62 | 0.08 | 0.31 | 0.90 | 0.56 | 0.41 |
| 三等粉 | 11.93 | 13.40 | 97.8 | 0.71 | 0.12 | 0.13 | 0.51 | 0.16 | 0.45 |
| 大豆 | 16.58 | 37.1 | 88.8 | 5.10 | 0.25 | 0.55 | 2.30 | 0.95 | 1.41 |
| 黑豆 | 16.41 | 37.9 | 91.0 | 6.70 | 0.27 | 0.52 | 2.18 | 0.92 | 1.49 |
| 蚕豆 | 12.89 | 24.5 | 87.3 | 7.50 | 0.09 | 0.38 | 1.66 | 0.64 | 0.94 |
| 豌豆 | 12.98 | 22.2 | 87.3 | 5.90 | 0.14 | 0.34 | 1.61 | 0.56 | 0.93 |
| 小豆 | 13.35 | 20.70 | 88.2 | 0.00 | 0.07 | 0.31 | 1.60 | 0.24 | 0.87 |
| 甘薯粉 | 14.44 | 3.10 | 89.0 | 2.30 | 0.34 | 0.11 | 0.14 | 0.09 | 0.15 |
| 木薯粉 | 14.65 | 3.70 | 87.2 | 2.80 | 0.07 | 0.05 | 0.09 | 0.06 | 0.07 |

| 饲料名称 | 消化能/(兆焦/千克) | 粗蛋白/% | 干物质/% | 粗纤维/% | 钙/% | 磷/% | 赖氨酸/% | 蛋氨酸+胱氨酸/% | 苏氨酸/% |
|---|---|---|---|---|---|---|---|---|---|
| 米糠 | 11.34 | 11.60 | 86.70 | 9.20 | 0.06 | 1.58 | 0.56 | 0.45 | 0.46 |
| 三七统糠 | 3.18 | 5.40 | 90.00 | 31.7 | 0.36 | 0.43 | 0.21 | 0.30 | 0.9 |
| 小米糠 | 4.44 | 8.60 | 89.60 | 29.00 | 0.17 | 0.47 | 0.21 | 0.25 | 0.21 |
| 高粱糠 | 12.10 | 10.3 | 89.60 | 6.90 | 0.30 | 0.44 | 0.38 | 0.39 | 0.36 |
| 玉米糠 | 10.93 | 9.9 | 88.4 | 9.10 | 0.08 | 0.48 | 0.29 | 0.14 | 0.33 |
| 大麦麸 | 12.39 | 15.4 | 87.50 | 5.10 | 0.33 | 0.48 | 0.32 | 0.33 | 0.27 |
| 小麦麸 | 10.59 | 13.5 | 88.0 | 9.20 | 0.22 | 1.09 | 0.47 | 0.33 | 0.45 |
| 其二小麦麸 | 12.43 | 14.2 | 87.90 | 7.30 | 0.14 | 1.06 | 0.54 | 0.17 | 0.51 |
| 三八小麦麸 | 11.76 | 15.4 | 89.80 | 8.20 | 0.12 | 0.85 | 0.54 | 0.58 | 0.54 |
| 黑麦麸 | 12.85 | 13.7 | 88.0 | 8.00 | 0.04 | 0.48 | 0.69 | 0.44 | 0.63 |
| 苜蓿干草粉 | 6.57 | 15.7 | 89.80 | 13.90 | 1.25 | 0.23 | 0.61 | 0.36 | 0.64 |
| 紫云英草粉 | 6.87 | 22.3 | 89.60 | 19.50 | 1.42 | 0.43 | 0.85 | 0.34 | 0.83 |
| 沙打旺草粉 | 7.28 | 12.3 | 88.0 | 29.00 | 1.95 | 0.12 | 0.50 | 0.25 | 0.78 |
| 仫食豆草粉 | 5.27 | 18.2 | 93.70 | 31.40 | 1.70 | 0.37 | 0.70 | 0.43 | 0.55 |
| 紫穗槐叶 | 10.55 | 12.3 | 89.00 | 12.90 | 1.40 | 0.40 | 1.45 | 0.82 | 1.17 |
| 玉米秸粉 | 2.30 | 3.30 | 90.60 | 33.40 | 0.67 | 0.23 | 0.25 | 0.07 | 0.10 |
| 青干草粉 | 2.47 | 8.90 | 88.80 | 33.70 | 0.54 | 0.25 | 0.31 | 0.21 | 0.32 |
| 花生藤粉 | 6.91 | 12.2 | 90.6 | 21.80 | 2.80 | 0.10 | 0.40 | 0.27 | 0.32 |
| 大豆饼 | 13.10 | 41.6 | 90.0 | 5.40 | 0.32 | 0.57 | 2.54 | 1.16 | 1.85 |
| 大豆粕 | 13.56 | 45.6 | 88.0 | 5.70 | 0.26 | 0.50 | 2.45 | 1.08 | 1.74 |
| 黑豆饼 | 13.60 | 39.8 | 88.0 | 6.90 | 0.42 | 0.27 | 2.46 | 0.74 | 1.19 |
| 花生粕 | 12.26 | 47.4 | 92.0 | 13.00 | 0.20 | 0.65 | 2.30 | 1.21 | 1.23 |
| 花生饼 | 14.06 | 43.8 | 89.6 | 5.30 | 0.33 | 0.58 | 1.35 | 0.94 | 1.50 |
| 芝麻饼 | 14.02 | 35.4 | 91.7 | 7.20 | 1.49 | 1.16 | 0.86 | 1.43 | 1.32 |
| 棉仁粕 | 10.13 | 32.6 | 89.8 | 15.10 | 0.23 | 0.81 | 1.29 | 0.74 | 1.55 |
| 棉仁饼 | 11.55 | 32.3 | 92.2 | 13.60 | 0.36 | 0.90 | 1.11 | 1.30 | 1.15 |
| 菜籽粕 | 11.47 | 41.4 | 89.8 | 11.80 | 0.79 | 0.98 | 1.11 | 1.30 | 1.55 |
| 菜籽饼 | 11.60 | 37.4 | 92.2 | 10.70 | 0.61 | 0.95 | 1.23 | 1.22 | 1.52 |
| 亚麻饼 | 12.60 | 35.9 | 91.1 | 9.20 | 0.39 | 0.87 | 1.20 | 1.00 | 1.29 |
| 胡麻饼 | 10.93 | 31.1 | 90.5 | 9.80 | 0.45 | 0.54 | 1.18 | 0.75 | 1.20 |

续表

| 饲料名称 | 消化能/(兆焦/千克) | 粗蛋白/% | 干物质/% | 粗纤维/% | 钙/% | 磷/% | 赖氨酸/% | 蛋氨酸+胱氨酸/% | 苏氨酸/% |
|---|---|---|---|---|---|---|---|---|---|
| 蓖麻饼 | 8.79 | 31.4 | 80.0 | 33.0 | 0.32 | 0.86 | 0.87 | 0.82 | 0.91 |
| 大豆秸粉 | 0.71 | 8.9 | 93.2 | 39.80 | 0.87 | 0.05 | 0.31 | 0.12 | 1.08 |
| 甘薯藤粉 | 5.23 | 8.10 | 88.0 | 28.50 | 1.55 | 0.11 | 0.26 | 0.16 | 0.27 |
| 椰子饼 | 11.22 | 24.7 | 91.2 | 14.40 | 0.04 | 0.06 | 0.51 | 0.53 | 0.58 |
| 向日葵饼 | 7.62 | 31.5 | 90.3 | 22.80 | 0.40 | 0.50 | 1.17 | 1.36 | 1.50 |
| 向日葵粕 | 10.88 | 35.7 | 89.0 | 19.80 | 0.40 | 0.40 | 1.13 | 1.66 | 1.22 |
| 玉米胚芽饼 | 13.48 | 16.8 | 91.8 | 5.50 | 0.04 | 1.48 | 0.69 | 0.57 | 0.62 |
| 米糠粕 | 11.51 | 14.9 | 89.9 | 12.00 | 0.14 | 1.02 | 0.52 | 0.42 | 0.52 |
| 米糠饼 | 10.76 | 13.6 | 91.5 | 8.90 | 0.07 | 0.87 | 0.63 | 0.45 | 0.56 |
| 进口鱼粉 | 15.53 | 60.5 | 89.0 | 3.91 | 3.91 | 2.90 | 4.35 | 2.21 | 2.35 |
| 国产鱼粉 | 19.27 | 55.1 | 91.2 | 0.00 | 4.59 | 1.17 | 3.64 | 1.95 | 2.22 |
| 等外鱼粉 | 9.42 | 38.6 | 91.2 | 0.00 | 6.13 | 1.03 | 2.12 | 1.30 | 1.75 |
| 猪肉粉 | 22.44 | 55.4 | 90.0 | 0.00 | 0.19 | 0.54 | 2.20 | 0.79 | 2.38 |
| 肉粉 | 12.56 | 54.4 | 92.0 | 0.00 | 8.27 | 4.10 | 3.00 | 1.43 | 1.80 |
| 肉骨粉 | 12.10 | 45.0 | 92.4 | 0.00 | 11.0 | 5.90 | 2.49 | 1.02 | 1.63 |
| 血粉 | 10.93 | 78.0 | 89.3 | 0.00 | 0.30 | 0.23 | 8.07 | 1.14 | 2.78 |
| 蚕蛹 | 20.72 | 54.6 | 90.5 | 0.00 | 0.02 | 0.53 | 3.07 | 1.23 | 1.86 |
| 蚕蛹渣 | 12.73 | 69.7 | 90.5 | 0.00 | 0.30 | 0.77 | 0.86 | 2.00 | 2.54 |
| 蝇蛆 | 11.05 | 47.2 | 86.0 | 0.00 | 2.76 | 3.14 | 3.37 | 0.15 | 1.92 |
| 蚕沙 | 10.05 | 14.8 | 90.2 | 10.50 | 0.10 | 0.61 | 0.40 | 0.33 | 0.40 |
| 小虾糠 | 10.72 | 46.9 | 89.9 | 11.10 | 7.34 | 1.56 | 1.94 | 1.17 | 1.37 |
| 酵母 | 12.22 | 47.1 | 91.7 | 0.00 | 0.45 | 1.48 | 3.10 | 1.16 | 2.58 |
| 饲料酵母 | 16.62 | 45.5 | 91.1 | 5.10 | 1.15 | 1.27 | 2.57 | 1.00 | 2.18 |
| 啤酒酵母 | 14.82 | 52.4 | 91.7 | 0.60 | 0.16 | 1.02 | 3.38 | 1.00 | 2.33 |
| 酪蛋白 | 15.32 | 89.1 | 91.3 | 0.00 | 0.00 | 0.00 | 0.00 | 0.00 | 0.00 |
| 玉米蛋白粉 | 15.03 | 25.4 | 92.3 | 1.40 | 0.12 | 0.02 | 0.53 | 0.62 | 0.00 |
| 全脂奶粉 | 22.52 | 21.4 | 98.0 | 0.00 | 1.62 | 0.66 | 2.26 | 1.02 | 1.03 |
| 水解羽毛粉 | 19.32 | 85.0 | 90.0 | 0.00 | 0.04 | 0.12 | 1.70 | 4.17 | 4.50 |
| 土霉素渣 | 11.47 | 43.6 | 90.7 | 5.30 | 1.61 | 0.48 | 1.27 | 0.60 | 1.82 |
| 青霉素渣 | 8.33 | 20.8 | 91.7 | 0.60 | 2.95 | 0.54 | 0.00 | 0.00 | 0.00 |

续表

| 饲料名称 | 消化能/(兆焦/千克) | 粗蛋白/% | 干物质/% | 粗纤维/% | 钙/% | 磷/% | 赖氨酸/% | 蛋氨酸＋胱氨酸/% | 苏氨酸/% |
|---|---|---|---|---|---|---|---|---|---|
| 动物油 | 32.26 | 0.00 | 97.4 | 0.00 | 0.00 | 0.00 | 0.00 | 0.00 | 0.00 |
| 甘薯 | 3.68 | 1.00 | 25.0 | 0.90 | 0.13 | 0.05 | 0.13 | 0.11 | 0.00 |
| 胡萝卜 | 2.13 | 1.30 | 13.4 | 0.80 | 0.53 | 0.06 | 0.03 | 0.03 | 0.00 |
| 南瓜 | 1.72 | 1.50 | 10.9 | 0.90 | 0.00 | 0.00 | 0.02 | 0.01 | 0.00 |
| 马铃薯 | 3.47 | 2.30 | 23.5 | 0.90 | 0.33 | 0.07 | 0.09 | 0.06 | 0.07 |
| 冰草 | 3.06 | 3.80 | 28.8 | 9.40 | 0.12 | 0.09 | 0.00 | 0.00 | 0.00 |
| 苜蓿草 | 2.22 | 4.60 | 19.6 | 5.00 | 0.20 | 0.06 | 0.21 | 0.10 | 0.24 |
| 三叶草 | 2.30 | 4.90 | 18.5 | 3.10 | 0.01 | 0.09 | 0.04 | 0.04 | 0.10 |
| 黑麦草 | 2.55 | 2.40 | 18.0 | 4.20 | 0.13 | 0.05 | 0.16 | 0.09 | 0.13 |
| 豆腐渣 | 0.88 | 2.80 | 10.0 | 1.70 | 0.05 | 0.03 | 0.19 | 0.09 | 0.13 |
| 薯类粉渣 | 1.76 | 0.60 | 15.0 | 1.70 | 0.07 | 0.01 | 0.03 | 0.07 | 0.04 |
| 玉米粉渣 | 2.01 | 1.80 | 15.0 | 0.50 | 0.02 | 0.01 | 0.03 | 0.07 | 0.04 |
| 糖渣 | 3.93 | 7.0 | 22.6 | 5.30 | 0.01 | 0.04 | 0.22 | 0.43 | 0.25 |
| 醋渣 | 2.43 | 2.40 | 25.0 | 3.40 | 0.06 | 0.03 | 0.08 | 0.16 | 0.09 |
| 酱渣 | 2.80 | 7.10 | 22.4 | 2.40 | 0.11 | 0.03 | 0.14 | 0.10 | 0.27 |
| 甜菜渣 | 1.13 | 1.20 | 12.0 | 3.80 | 0.06 | 0.01 | 0.05 | 0.03 | 0.06 |
| 啤酒渣 | 2.68 | 3.40 | 25.0 | 7.50 | 0.09 | 0.12 | 0.18 | 0.25 | 0.18 |
| 玉米酒糟 | 3.81 | 5.80 | 35.0 | 10.50 | 0.15 | 0.17 | 0.02 | 0.06 | 0.04 |
| 酒糟 | 2.39 | 7.50 | 32.5 | 1.10 | 0.19 | 0.20 | 0.56 | 0.29 | 0.66 |
| 水花生 | 0.54 | 1.10 | 6.0 | 0.90 | 0.08 | 0.02 | 0.03 | 0.01 | 0.02 |
| 水葫芦 | 0.42 | 0.80 | 5.0 | 2.50 | 0.08 | 0.03 | 0.04 | 0.04 | 0.04 |
| 甘薯藤 | 1.13 | 2.10 | 13.0 | 0.50 | 0.20 | 0.05 | 0.07 | 0.03 | 0.07 |
| 大白菜 | 0.80 | 1.40 | 6.0 | 0.70 | 0.03 | 0.04 | 0.04 | 0.04 | 0.02 |
| 小白菜 | 0.92 | 1.60 | 5.4 | 1.60 | 0.04 | 0.06 | 0.04 | 0.06 | 0.04 |
| 甘蓝 | 1.00 | 1.80 | 9.90 | 11.0 | 0.08 | 0.04 | 0.09 | 0.00 | 0.00 |
| 槐叶粉 | 10.00 | 18.10 | 90.3 | 12.90 | 2.21 | 0.21 | 0.00 | 0.00 | 0.00 |
| 紫穗槐叶粉 | 10.55 | 23.00 | 90.6 | 0.00 | 1.40 | 0.40 | 0.00 | 0.00 | 0.00 |
| 脱胶骨粉 | 0.00 | 0.00 | 96.0 | 0.00 | 36.4 | 16.4 | 0.00 | 0.00 | 0.00 |
| 骨粉 | 0.00 | 0.00 | 99.0 | 0.00 | 30.12 | 13.46 | 0.00 | 0.00 | 0.00 |
| 磷酸钙 | 0.00 | 0.00 | 80.0 | 0.00 | 27.91 | 14.38 | 0.00 | 0.00 | 0.00 |

| 饲料名称 | 消化能/(兆焦/千克) | 粗蛋白/% | 干物质/% | 粗纤维/% | 钙/% | 磷/% | 赖氨酸/% | 蛋氨酸＋胱氨酸/% | 苏氨酸/% |
|---|---|---|---|---|---|---|---|---|---|
| 磷酸氢钙 | 0.00 | 0.00 | 79.6 | 0.00 | 23.10 | 18.7 | 0.00 | 0.00 | 0.00 |
| 碳酸钙 | 0.00 | 0.00 | 99.0 | 0.00 | 40.0 | 0.00 | 0.00 | 0.00 | 0.00 |
| 石粉 | 0.00 | 0.00 | 99.0 | 0.00 | 35.00 | 0.00 | 0.00 | 0.00 | 0.00 |
| 蛋壳粉 | 0.00 | 0.00 | 98.0 | 0.00 | 37.0 | 0.15 | 0.00 | 0.00 | 0.00 |
| 赖氨酸 | 0.00 | 0.00 | 98.0 | 0.00 | 0.00 | 0.00 | 0.00 | 0.00 | 0.00 |
| 蛋氨酸 | 0.00 | 0.00 | 98.0 | 0.00 | 0.00 | 0.00 | 0.00 | 0.00 | 0.00 |

# 附录二　兔病鉴别诊断

附表 2　兔病鉴别诊断表

| 病名 | 流行特点 | 鼻分泌物 | 流泪 | 流涎 | 呼吸困难 | 粪便异常 | 流产 | 脱毛 | 不孕 | 急性死亡 | 特征症状 | 特征病变 |
|---|---|---|---|---|---|---|---|---|---|---|---|---|
| 兔巴氏杆菌病 | 无季节性 | √ | √ | | √ | | √ | √ | √ | | 眼睑肿胀、鼻炎、皮下脓肿、乳房炎、肺炎 | 肝有坏死点，脾脏大、出血 |
| 波氏杆菌病 | 春秋 | √ | | | | | | | | | 鼻炎、鼻中隔萎缩 | 肺炎 |
| 葡萄球菌病 | 外伤感染 | √ | | | | √ | | √ | | | 鼻炎、皮下脓肿、乳房炎、脚皮炎 | 肠黏膜黏液性出血、肺炎 |
| 沙门菌病 | 幼兔和怀孕母兔发病率高 | √ | | | | √ | √ | | √ | √ | 下痢、流产、子宫内膜炎、阴道炎 | 肠黏膜充血、出血，肝有坏死点，胸腹腔渗出，肠系膜淋巴结肿大 |
| 李斯特菌病 | 突然死亡 | √ | | | | √ | √ | | √ | | 眼结膜炎、子宫内膜炎、阴道排红色分泌物，流产 | 肝变性有坏死点，肠系膜淋巴结肿大，水肿 |

续表

| 病名 | 流行特点 | 鼻分泌物 | 流泪 | 流涎 | 呼吸困难 | 粪便异常 | 流产 | 脱毛 | 不孕 | 急性死亡 | 特征症状 | 特征病变 |
|---|---|---|---|---|---|---|---|---|---|---|---|---|
| 兔痘 | 传播快 | √ | √ | | √ | | √ | | | | 皮肤、口、生殖器官有丘疹，角膜炎 | 肝有坏死灶，脾有坏死区，肺有斑疹 |
| 兔病毒性出血 | 污染或引进新兔时暴发，青壮年兔多发 | √ | √ | | √ | | | | | √ | 突然死亡，鼻流血或泡沫 | 喉气管黏膜、心外膜出血，肺肾肿大出血，肝脾肿大淤血，肠黏膜充血出血，淋巴结硬肿 |
| 铜绿假单胞菌病 | 机遇性感染，如外伤 | √ | √ | | √ | √ | | | | | 突然发病，鼻眼流分泌物，结膜炎，皮肤脓肿有特殊气味 | 心包、胸、腹腔有血样液体 |
| 类鼻疽 | 条件性致病菌 | √ | √ | | √ | | √ | | | | 结膜炎、鼻黏膜充血有结节，子宫内膜炎、睾丸坏死 | 胸、腹浆膜点状坏死灶，肺结节，颈淋巴结肿大坏死 |
| 水疱性口炎 | 1~3月龄幼兔，有一定季节性 | | | √ | | | | | | | 口、唇、舌水疱，大量流涎 | |
| 坏死杆菌病 | 外伤感染 | × | | √ | | | | | | | 口、唇、皮下坏死，恶臭 | 肝、脾、肺有坏死点、脓肿，淋巴结肿大坏死，心包炎 |
| 兔黏液瘤 | 直接接触或节肢动物 | | √ | | √ | | | | | √ | 头部水肿，皮下肿瘤、水肿，鼻炎 | 脏器灶性出血，肠黏膜出血，心外膜有出血点 |
| 兔伪结核病 | 条件性致病菌 | | | | √ | | | | | | 逐渐消瘦，病程长 | 回盲部圆小囊肿大变硬，浆膜有结节，肠系膜淋巴结肿大，有灰色结节 |

续表

| 病名 | 流行特点 | 鼻分泌物 | 流泪 | 流涎 | 呼吸困难 | 粪便异常 | 流产 | 脱毛 | 不孕 | 急性死亡 | 特征症状 | 特征病变 |
|---|---|---|---|---|---|---|---|---|---|---|---|---|
| 魏氏梭菌病 | 条件剧变 | | | | | ✓ | | | | ✓ | 急剧下痢、水泻、便血、腥臭 | 胃溃疡、肠黏膜弥漫性出血 |
| 兔大肠杆菌病 | 仔兔暴发,高死亡 | | | | | ✓ | | | | ✓ | 水样或胶冻样腹泻、脱水 | 肠黏膜、浆膜充血或有出血点,肝变性有坏死点 |
| 泰泽病 | 6~12周龄,应激 | | | | | ✓ | | | | ✓ | 严重水泻、脱水,迅速死亡 | 回肠、结肠黏膜出血、浆膜出血,肝变性有坏死点 |
| 兔链球菌病 | 春秋多发 | | | | | ✓ | | | | | 体温高,绝食、沉郁、呼吸困难,间歇性下痢 | 皮下出血性浸润、出血性肠炎,肝肾脂肪变性 |
| 兔轮状病毒病 | 30~60日龄仔兔 | | | | | ✓ | | | | | 灰白或血痢,腥臭 | 小肠、结肠黏膜有出血斑 |
| 螨病 | 冬季 | | | | | ✓ | | ✓ | | | 脱毛、皮屑、血痂 | |
| 布氏杆菌病 | 易胎性感染 | | | | | | ✓ | | ✓ | | 流产、子宫炎,阴道流出大量分泌物,睾丸肿胀 | 肝、脾、肺有坏死灶、脓肿,腹淋巴结肿大 |

# 参 考 文 献

[1] 谷子林，薛家宾主编.现代养兔实用百科全书.北京：中国农业出版社，2006.

[2] 蔡宝祥主编.家畜传染病学.北京：中国农业出版社，2002.

[3] 长江主编.肉兔饲养与兔肉加工.北京：中国农业科学技术出版社，2005.

[4] 谷子林主编.兔饲料的配制与配方.北京：中国农业出版社，2001.

[5] 任锋.规模兔场的管理和防疫.四川畜牧兽医，2009，2：38-39.

[6] 张龙现，宁长申.规模化兔场寄生虫驱虫程序及其应用效果.中国养兔杂志，2000，2：25.

[7] 魏刚才主编.兔高效安全生产技术.北京：化学工业出版社，2012.